高等学校虚拟现实技术系列教材

U0645617

虚拟现实技术导论

李建 张慧 杨婷婷 主编

邱一城 范钊 郭欣 副主编

清华大学出版社

北京

内 容 简 介

本书依据教育部高等学校计算机类专业教学指导委员会、"新工科"联盟虚拟现实教育工作委员会有关会议精神,结合当前该领域最新技术编写而成。全书共 7 章,详细介绍虚拟现实的概念和发展现状、关键技术、硬件设备和相关软件,三维全景制作技术,虚拟现实应用开发流程,以及虚拟现实技术专业就业指导等。

本书配套提供授课电子课件、案例配套素材、课后习题答案和微课视频等,并在超星学习通建立了课程网站,相关资源也可以在出版社网站下载。

本书适合作为高等学校"虚拟现实技术""数字媒体技术""虚拟现实技术应用"等专业的教材,也为所有对虚拟现实技术感兴趣的读者提供了一本较为实用的入门教程。

图书在版编目(CIP)数据

虚拟现实技术导论 / 李建,张慧,杨婷婷主编. -- 北京:清华大学出版社,2025.7.
(高等学校虚拟现实技术系列教材). -- ISBN 978-7-302-69676-6

Ⅰ. TP391.98

中国国家版本馆 CIP 数据核字第 2025YU7004 号

责任编辑:郭 赛
封面设计:刘 键
责任校对:郝美丽
责任印制:刘海龙

出版发行:清华大学出版社
  网 址:https://www.tup.com.cn,https://www.wqxuetang.com
  地 址:北京清华大学学研大厦 A 座   邮 编:100084
  社 总 机:010-83470000   邮 购:010-62786544
  投稿与读者服务:010-62776969,c-service@tup.tsinghua.edu.cn
  质量反馈:010-62772015,zhiliang@tup.tsinghua.edu.cn
  课件下载:https://www.tup.com.cn,010-83470236
印 装 者:小森印刷(天津)有限公司
经 销:全国新华书店
开 本:185mm×260mm   印 张:11.75   字 数:312 千字
版 次:2025 年 8 月第 1 版   印 次:2025 年 8 月第 1 次印刷
定 价:59.90 元

产品编号:109711-01

前 言
PREFACE

虚拟现实(Virtual Reality,VR)是指采用计算机技术为核心的现代高科技手段生成的一种虚拟环境,是一种多源信息融合的交互式三维动态视景和实体行为的系统仿真,使用户沉浸到该环境中,与虚拟世界中的物体进行自然的交互,从而通过视觉、听觉和触觉等获得与真实世界相同的感受。作为新一代信息技术的重要前沿方向,虚拟现实技术将深刻改变人类的生产生活方式。

自20世纪50年代起,虚拟现实技术从模糊的概念、缓慢发展、快速成长到产品落地,并运用到军事、工业、地理与规划、建筑可视化、教育文化等领域。近年来,随着高清显示技术、显卡GPU并行渲染和3D实时建模能力,以及5G、6G网络等技术的快速发展,带来了VR设备的轻量化、便捷化和精细化,大幅提升了VR设备的沉浸式体验效果。未来,虚拟现实技术有望进一步与人工智能(AI)技术深度融合,提升用户体验和应用场景的智能化水平。2021年,以虚拟现实为基础的"元宇宙"(Metaverse)概念及相关报道扑面而来。在未来的"元宇宙"中,人们通过VR、AR、MR这样的虚拟现实技术可以完成生活体验,进而塑造自己的虚拟身份和虚拟社群,并通过虚拟世界丰富自己的精神生活。甚至,人们还可以通过开发虚拟房产、虚拟艺术品、数字货币来构建一整套经济系统。

面对硬件技术的日益成熟,VR内容设计和产出方面的技术人才仍然是制约VR产业发展的重要瓶颈。随着VR人才需求的增加,国内不少教育机构和高校也积极布局VR教育,把VR开发及相关课程纷纷列入人才培养和教学计划之中。2018年9月,教育部正式宣布在《普通高等学校高等职业教育(专科)专业目录》中增设"虚拟现实应用技术"专业;2019年,普通高等学校新增设了"虚拟现实技术"本科专业。2022年11月,工信部、教育部、文化和旅游部、国家广播电视总局、国家体育总局五大部委联合印发《虚拟现实与行业应用融合发展行动计划(2022—2026年)》,该文件强调,我国"十四五"规划将"虚拟现实和增强现实"列入数字经济重点产业,并提出鼓励加大虚拟现实相关基础理论、关键技术与应用技术的研发投入。该文件明确,支持高等院校加强虚拟现实相关学科专业建设,鼓励产学研合作,推进高校、科研机构与企业联合精准育才,加强人才引进,扩大定向培养,培育一批复合型人才。

为满足社会和高校对虚拟现实专业建设的需求,我们编写了本书。本书较系统地介绍了虚拟现实技术的概念、发展历程、未来趋势,虚拟现实的关键技术,虚拟现实系统的硬件设备和相关软件、三维全景制作技术、虚拟现实应用开发流程,以及虚拟现实技术专业就业指导等,并期望通过介绍虚拟现实技术的最新发展和未来趋势,虚拟现实技术的开发工具、编程语言和开发流程,帮助学生掌握必要的实践技能,激发学生的创新思维,鼓励他们探索新技术的可能性和潜力。

本书主要内容如下。

第1章介绍虚拟现实技术的概念、特性、发展历程,虚拟现实技术的应用前景,分析VR、AR、MR、XR,以及数字孪生、元宇宙的概念、区别和联系。

第 2 章介绍虚拟现实技术的关键技术,包括立体高清显示技术、三维建模技术、三维虚拟声音技术、人机交互技术等。

第 3 章介绍虚拟现实技术的硬件设备,包括生成设备、输入设备和输出设备等。

第 4 章介绍虚拟现实开发的相关软件,包括 3ds Max、Maya、C4D 等三维建模软件,Unity、Unreal Engine 等虚拟现实开发平台,以及 C♯、C++、OpenGL 等相关开发语言。

第 5 章介绍三维全景的基本概念,三维全景图及 VR 全景漫游的制作方法。

第 6 章介绍虚拟现实应用开发的基本流程。

第 7 章介绍虚拟现实国家职业技术技能标准,虚拟现实技术行业前景及就业岗位要求,并对虚拟现实技术专业的学生职业规划进行指导。

本书由李建、张慧、杨婷婷担任主编,邱一城、范钊、郭欣担任副主编。李建、范钊撰写了第 1、3 章,李建、邱一城撰写了第 4、5 章,郭欣撰写了第 2 章,张慧撰写了第 7 章,杨婷婷撰写了第 6 章。李建对全书进行了审校和统稿。

在本书的编写过程中,作者参阅了大量的书籍、文献资料和网络资源。清华大学出版社郭赛编辑及部门同事对本书的编写提出了许多具体的建议,在此表示衷心的感谢。

由于作者水平所限,加之虚拟现实技术发展迅速、日新月异,书中难免存在不足之处,欢迎广大读者不吝指正。

作　者

2025 年 5 月于郑州

目 录

CONTENTS

第 1 章

概　　述

　　虚拟现实是 20 世纪末逐渐兴起的技术,它通过计算机技术和感知设备模拟出的数字化环境,使用户能够身临其境地体验和探索未知的数字世界。虚拟现实技术囊括计算机、电子信息、仿真技术,其基本实现方式是以计算机技术为主,利用并综合三维图形技术、多媒体技术、仿真技术、显示技术、伺服技术等多种科技的最新发展成果,借助计算机等设备产生一个具有逼真的三维视觉、触觉、嗅觉等多种感官体验的虚拟世界。随着社会生产力和科学技术的不断发展,各行各业对虚拟现实技术的需求日益旺盛。

1.1　什么是虚拟现实

　　"虚拟现实"是从英文 Virtual Reality 一词翻译过来的,简称 VR,是由美国 VPL Research 公司创始人 Jaron Lanier 在 1989 年提出的,Lanier 认为：Virtual Reality 指的是由计算机产生的三维交互环境,用户参与到这些环境中可以获得虚拟化身,从而得到各种体验。

视频 1-1　虚拟现实技术概念与应用

1.1.1　基本概念

　　近年来,许多学者对 VR 的概念进行了深入探讨,从各自的角度对 VR 进行了定义。

　　Nicholas Lavroff 在《虚拟现实游戏室》一书中将虚拟现实定义为,使你进入一个真实的人工环境,并对你的一举一动所做出的反应与在真实世界中的一模一样。

　　Ren Pimentel 和 Kevin Teixeira 在《虚拟现实：透过新式眼镜》一书中将虚拟现实定义为一种浸入式体验,参与者戴着被跟踪的头盔,看着立体图像,听着三维声音,在三维世界里自由地探索并与之交互。

　　L.Casey Larijani 在《虚拟现实初阶》一书中认为,虚拟现实潜在地提供了一种新的人机接口方式,通过用户在计算机创造的世界中扮演积极的参与者角色,虚拟现实正在试图消除人机之间的差别。

　　钱学森教授认为 VR 是视觉的、听觉的、触觉的甚至嗅觉的信息,使参与者感到身临其境,但这种临境感不是真的亲临其境,只是感受而已,是虚的。为了使人们便于理解和接受 VR 技术的概念,钱学森教授按照我国传统文化的语义,将 Virtual Reality 称为"灵境"技术。

　　我国著名计算机科学家汪成为教授认为,虚拟现实技术是指在计算机软硬件及各种传感器(如高性能计算机、图形图像生产系统、特制服装、特制手套、特制眼镜等)的支持下生成的一个逼真的、三维的,具有一定视、听、触、嗅等感知能力的环境,使用户在这些软硬件设备的支持下,以简捷、自然的方法与这一由计算机所产生的"虚拟"世界中的对象进行交互。VR 是现代高性能计算机系统、人工智能、计算机图形学、人机接口、立体影像、立体声像、测量控制、模拟仿真等技术综合集成的结果,目的是建立一个更为和谐的人工环境,如图 1-1 所示。

图 1-1　VR 场景示意图

我国虚拟现实领域的资深学者赵沁平院士认为,虚拟现实是指以计算机技术为核心,结合相关的科学技术,生成与一定范围内的真实环境在视、听、触感等方面高度近似的数字化环境。用户借助必要的装备与数字化环境中的对象进行交互作用、相互影响,可以产生亲临对应真实环境的感受和体验。

总之,目前学术界普遍认为,虚拟现实技术是指采用以计算机技术为核心的现代高新技术,生成逼真的视觉、听觉、触觉一体化的虚拟环境,参与者可以借助必要的装备,以自然的方式与虚拟环境中的物体进行交互并相互影响,从而获得等同于真实环境的感受和体验。

传统的人机交互方式主要依赖于键盘、鼠标和触摸屏等设备,这些方式虽然有效,但在某些方面限制了用户的沉浸感和交互效率。VR 技术通过手势跟踪、眼球追踪、语音命令等自然交互方式,使得用户能够以更加直观和自然的方式与虚拟环境进行互动。这种交互方式的革新不仅提高了用户的交互效率,还为用户提供了更加丰富的交互体验,如图 1-2 所示。

虚拟现实系统中的虚拟环境包括以下几种形式。

(1)模拟真实世界中的环境。例如地理环境、建筑场馆、文物古迹等。这种真实环境可能是已经存在的,也可能是已经设计好但还没有建成的,或者是曾经存在但现在已经发生变化、受到

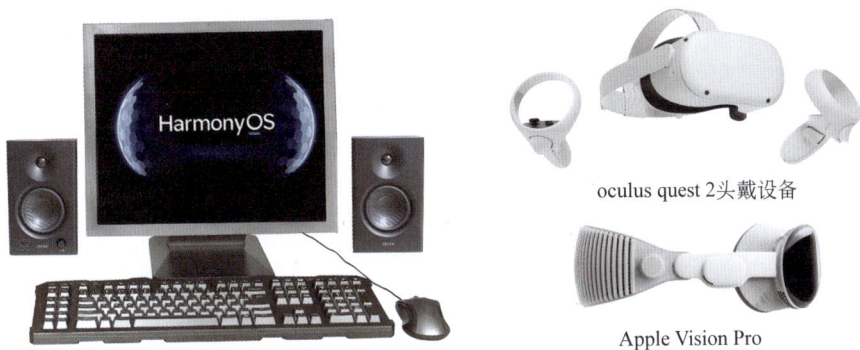

图 1-2　交互方式的改变

破坏或者消失的。

（2）人类主观构造的环境。例如影视制作中的科幻场景、电子游戏中的三维虚拟世界。此类环境完全是虚构的，是用户也可以参与并与之进行交互的非真实世界，如图 1-3 所示。

图 1-3　电视剧《三体》中的用户通过 VR 设备进入游戏场景

（3）模仿真实世界中人类不可见的环境。例如分子的结构，空气中的速度、温度、压力的分布等。这种环境是真实环境中客观存在的，但是人类受到视觉、听觉器官的限制不能感应到，如图 1-4 所示。

虚拟现实技术是仿真技术的一个重要方向，它综合了计算机图形技术、多媒体技术、传感器技术、显示技术等，为用户提供更加沉浸式的虚拟体验，是一门富有挑战性的交叉技术前沿学科和研究领域。

• 补充：虚拟现实技术与仿真技术的联系。

虚拟现实技术（VR）专注于创建一个与现实世界相似或完全不同的虚拟环境，使用户能够沉浸其中并通过多种感官与虚拟世界进行交互。

仿真技术则更广泛地涉及利用计算机技术模拟现实世界或虚构世界的方法，以探索或预测

图 1-4　模拟的分子结构

其行为、性质或效果。

虚拟现实技术在娱乐、教育、医疗、工业等领域有广泛应用，为用户提供逼真的虚拟环境。

仿真技术则广泛应用于航空航天、电力、化工、交通等领域，用于系统设计和性能优化。

1.1.2　虚拟现实技术的特性

虚拟现实基于动态环境建模技术、立体显示和传感器技术、系统开发工具应用技术、实时三维图形生成技术、系统集成技术等多项核心技术，主要围绕虚拟环境表示的准确性、虚拟环境感知信息合成的真实性、人与虚拟环境交互的自然性，通过解决实时显示、图形生成、智能技术等问题，使得用户能够身临其境地感知虚拟环境，从而达到探索、认识客观事物的目的。

1994 年，美国科学家 G.Burdea 和 P.Coiffet 在《虚拟现实技术》一书中提出，虚拟现实具有以下三个重要特征，分别是沉浸感（Immersion）、交互性（Interaction）和构想性（Imagination），称为虚拟现实的 3I 特征。

1. 沉浸感

沉浸感是指用户感受到被虚拟世界所包围，好像完全置身于虚拟世界之中一样。虚拟现实技术最主要的技术特征是让用户觉得自己是计算机系统所创建的虚拟世界的一部分，使用户由观察者变成参与者，沉浸其中并参与虚拟世界的活动。

与人们熟悉的二维空间不同的是，成熟的虚拟现实的视觉空间、视觉形象是三维的，音响效果也是精密仿真的三维效果。虚拟现实是根据现实世界的真实存在由计算机模拟出来的，它客观上并不存在，但一切都是符合客观规律的，它所实现的是使用户进入三维世界中，运用多重感受完全参与到形成的"真实"世界中去。

虚拟现实系统根据人类的视觉、听觉的生理和心理特点，通过外部设备及计算机产生逼真的三维立体图像，并利用头盔式显示器或其他设备把参与者的视觉、听觉和其他感觉封闭起来，提供一个新的、虚拟的、非常逼真的感觉空间。参与者戴上头盔显示器和数据手套等交互设备，便可将自己置身于虚拟环境中，成为虚拟环境中的一员。当参与者移动头部时，虚拟环境中的图像也会实时地随之变化；做拿起物体的动作可使物体随着手的移动而运动。这种沉浸感是多方面的，你既可以看到，而且可以听到、触及到嗅到虚拟世界中发生的一切，并且给人的感觉相当真实，以至于能使人全方位地临场参与到这个虚幻的世界之中。

虚拟现实系统应该具备人在现实世界中具有的所有感知功能，但鉴于目前技术的局限性，在现在的虚拟现实系统的研究与应用中，较为成熟或相对成熟的主要是视觉沉浸、听觉沉浸、触觉沉浸技术，而有关味觉与嗅觉的感知技术正在研究之中，目前还不成熟。

2. 交互性

交互性是指用户对模拟环境内物体的可操作程度和从环境得到反馈的自然程度。交互性的产生主要借助于虚拟现实系统中的特殊硬件设备,如数据手套、力反馈装置等,使用户能通过自然的方式产生同真实世界中一样的感觉。虚拟现实系统比较强调人与虚拟世界之间进行自然的交互,交互性的另一方面主要表现在交互的实时性上。

例如,在虚拟模拟驾驶系统中,用户可以控制包括方向、挡位、刹车、座位调整等各种信息,系统也会根据具体变化瞬时传达反馈信息。用户可以用手直接抓取模拟环境中的虚拟物体,这时手有握着东西的感觉,并可以感觉到物体的重量,视野中被抓的物体也能立刻随着手的移动而移动。崎岖颠簸的道路上,用户会感觉到身体的震颤和车的抖动;上下坡路上,用户会感受到惯性的作用;漆黑的夜晚,用户会感觉到观察路况的不便等。

交互性能的好坏是衡量虚拟系统的一个重要指标。虚拟现实系统中的人机交互是一种近乎自然的交互,使用者不仅可以利用计算机键盘、鼠标进行交互,而且能够通过特殊的头盔、数据手套等传感设备交互。参与者不是被动地感受,而是可以通过自己的动作改变感受的内容。计算机能够根据使用者的头、手、眼、语言及身体的运动来调整系统呈现的图像及声音。参与者通过自身的感官、语言、身体运动或肢体动作等,就能对虚拟环境中的对象进行观察或操作。

3. 构想性

构想性是指虚拟的环境是人想象出来的,同时这种想象体现出了设计者相应的思想,因此可以用来实现一定的目标。虚拟现实虽然是根据现实进行模拟的,但所模拟的对象却是虚拟存在的,它以现实为基础,可能创造出超越现实的情景,所以它可以充分发挥人的认识和探索能力,从定性和定量等综合集成的思维中得到感性和理性的认识,从而进行理念和形式的创新,以虚拟的形式真实地反映设计者的思想,传达用户的需求。

虚拟现实技术不仅是一个媒体或一个高级用户界面,还是为解决工程、医学、军事等方面的问题而由开发者设计出来的应用软件。虚拟现实技术的应用为人类认识世界提供了一种全新的方法和手段,可以使人类跨越时间与空间,去经历和体验世界上早已发生或尚未发生的事件;可以使人类突破生理上的限制,进入宏观或微观世界进行研究和探索;也可以模拟因条件限制等原因而难以实现的事情。

例如,在一个现代化的大规模景观规划设计中,需要对地形地貌、建筑结构、设施设置、植被处理、地区文化等进行细致、海量的调查和构思,绘制大量的图纸,并按照计划有步骤地进行施工,却发现不适应当地季节气候、地域文化、生活习惯,很多项目往往已经施工完成后因无法进行相应的改动而留下永久的遗憾。而虚拟现实以更灵活、更快捷、更经济的方式,在不动用一寸土地且成本降到极限的情况下,供用户任意进行设计改动、讨论和呈现不同方案的多种效果,并可以使更多的设计人员、用户参与设计过程,确保方案最优。此外,在对未知世界和无法还原的事物进行探索和展示方面,虚拟现实有其无可比拟的优势,它以现实为基础创造出超越现实的情景,大到可以模拟宇宙太空,把人带入浩瀚无比的"宇宙空间",小到可以模拟原子世界里的动态演化,把人带入肉眼不可见的微粒世界。

1.1.3 虚拟现实系统的组成

一套完善的虚拟现实系统主要由以下部分组成,如图1-5所示。

1. 计算机系统

计算机是虚拟现实系统的核心,被称为"虚拟世界的发动机",它负责虚拟世界的生成、处理以及与用户的交互。由于虚拟世界的高度复杂性和大规模场景的需求,计算机配置通常要求很

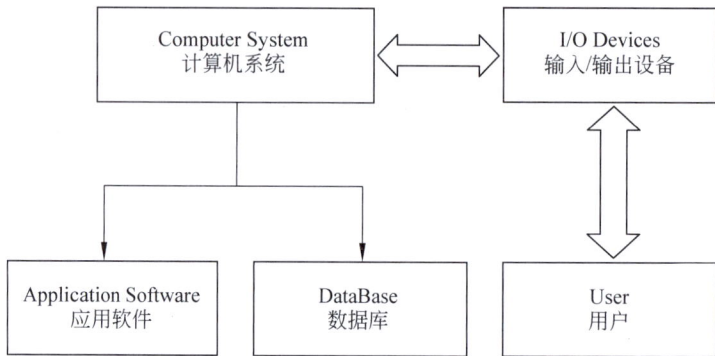

图 1-5　虚拟现实系统模型

高，一般包括高性能个人计算机、高性能图形工作站、超级计算机系统或者计算机集群。

2. 输入/输出设备

输入设备：用于接收用户的输入，如视线方向、手势、语音等。常见的输入设备包括头部方位探测器（如头显中的陀螺仪）、数据手套、三维声音系统等。这些设备能够捕捉用户的动作和指令，并将其传递给计算机系统。

输出设备：用于将虚拟环境综合产生的各种感官信息输出给用户，使用户产生身临其境的逼真感。常见的输出设备包括头盔式显示器（提供立体视觉）、立体声耳机（提供虚拟立体声效果）、力反馈装置（提供触觉反馈）等。

3. 应用软件

应用软件是虚拟现实系统的重要组成部分，它负责虚拟世界中物体的几何模型、物理模型、运动模型的建立，以及三维虚拟立体声的生成等。同时，它还负责模型管理、实时显示技术、虚拟世界数据库的建立与管理等功能。应用软件可以是面向不同虚拟过程的定制软件，也可以是通用的虚拟现实开发平台。

4. 数据库

虚拟世界数据库主要存放整个虚拟世界中所有物体的各方面信息，这些信息对于生成和管理虚拟世界至关重要。数据库中的信息可能包括描述虚拟环境的三维模型、物理属性（如形状、外观、颜色、位置等）、动力学特征、物理约束、照明及碰撞检测等。

5. 虚拟环境处理器（可选）

在某些虚拟现实系统中，还会配备专门的虚拟环境处理器来完成虚拟世界的产生和处理功能，负责接收和发送来自输入设备和计算机系统的信号。

图 1-6 是上述模型的一个实现：基于头盔式显示器的典型虚拟现实系统，它由计算机、头盔式显示器、数据手套、力反馈装置、话筒、耳机等设备组成。

该系统首先由计算机生成一个虚拟世界，由头盔式显示器输出一个立体的显示，用户可以采用头的转动、手的移动、语音等方式与虚拟世界进行自然交互，计算机能根据用户输入的各种信息实时进行计算，即对交互行为进行反馈，由头盔式显示器更新相应的场景显示，由耳机输出虚拟立体声音，由力反馈装置产生触觉。虚拟现实系统使用最多的专用设备是头盔式立体显示器和数据手套。

虚拟现实技术是在计算机应用（特别是计算机图形学方面）和人机交互方面开创的全新的学科领域，当前在这一领域，我们的研究还处于初步阶段，头盔式立体显示器和数据手套等设备只是当前已经实现虚拟现实技术的一部分虚拟显示设备。

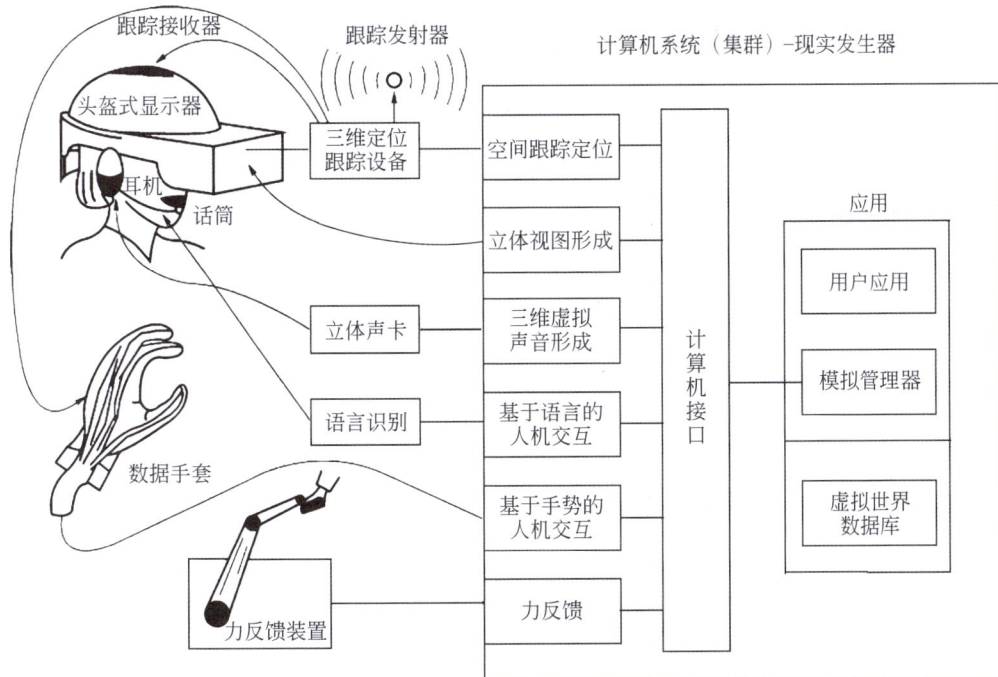

图 1-6　虚拟现实系统的组成

1.1.4　AR、MR、XR 技术

随着计算机仿真、人工智能、物联网等技术的发展，一些与虚拟现实相互关联的技术应运而生，例如 AR（Augmented Reality，增强现实）、MR（Mixed Reality，混合现实）、XR（Extended Reality，扩展现实）技术，它们之间既有区别，又密切相关。

AR 技术通过摄像头或智能眼镜等设备在现实世界中叠加数字信息或物体，使用户能够在看到真实环境的同时，也看到虚拟的物体或信息。

2023 年 11 月 4 日，国产首艘大型邮轮的交付标志着我国成为世界上第五个可以建造大型邮轮的国家。大型邮轮因设计建造难度极高，被称为造船业"皇冠上耀眼的二颗明珠"之一，央视新闻借助 AR 技术，用 AR 视角看邮轮。如图 1-7 所示，现实物理世界中的大型邮轮通过 AR

图 1-7　虚拟数字元素叠加前

技术叠加虚拟数字元素(图 1-8),最终形成了图 1-9 所示的叠加效果,一句话概括 AR 即物理现实叠加虚拟元素,不可交互。

图 1-8　虚拟数字元素叠加中

图 1-9　借助 AR 技术走近国产首艘大型邮轮

(图片来源于央视新闻,https://news.cctv.com/2023/11/04/ARTIhWXcNHwhzLqefxuLEpBa231104.shtml)

　　MR 是指通过计算机技术将虚拟的信息应用到真实世界,真实的环境和虚拟的物体实时地叠加到同一个画面或空间,同时存在。MR 结合了 AR 和 VR 的特点,既能在现实世界中叠加虚拟内容,又能实现虚拟内容与现实环境的深度交互。

　　在以往的骨科手术中,医生只能依赖 CT、核磁共振等检查结果在头脑中"想象"患者的病变情况。而"混合现实"技术将患者的 CT 或核磁数据传到系统中进行读取,生成 3D 全息模型。医生借助 MR 眼镜能清晰地看到患者病变部位的 3D 影像,并对影像进行部位隐藏、缩放、旋转、移动、改变透明度等操作,MR 技术大幅缩短了手术时间,减轻了患者的痛苦,如图 1-10 所示。

　　混合现实既包括增强现实,又包括增强虚拟,指的是合并现实和虚拟世界而产生的新的可视化环境。在新的可视化环境里,物理和虚拟数字对象共存,并实时互动。

　　XR 是 Extended Reality 的缩写,中文为"扩展现实",它是一个概括性的术语,包括 AR、VR、MR 以及未来可能出现的其他任何可以帮助我们融合物理世界和数字世界的技术。

　　中山大学哲学系教授翟振明是较早提出"扩展现实"概念的学者,他认为,从技术综合性和广度来讲,扩展现实是将互联网、物联网和混合现实技术结合起来的技术形式;从哲学角度来

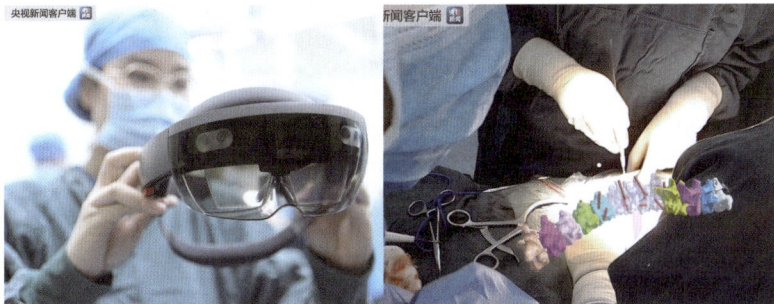

图 1-10 MR 技术的场景

（图片源于央视新闻，https://news.cctv.com/2018/08/22/ARTI2vwTUL956IVdRTOT9PaJ180822.shtml）

讲，扩展现实将是创造人类未来"虚实融合"的新世界模式，尤其强调在扩展现实中人类的自由意志活动。其构想的未来扩展现实概念与近年流行的数字孪生相接近。所谓数字孪生（Digital Twin），是一种集成多物理、多尺度、多学科属性，具有实时同步、忠实映射、高保真度的特性，能够实现物理世界与信息世界交互与融合的技术手段。

2024 年 6 月 3 日，由国家大剧院、中央广播电视总台央视网以及中国（北京）星光视听产业基地三大行业领域巨头联袂呈现的中国首部 XR 数字戏剧《麦克白》在国家大剧院歌剧院盛大首映，该剧用数字科技替代传统实景舞美，用电影蒙太奇重新解构戏剧的表演空间，如图 1-11、图 1-12 所示。拍摄过程中，通过 XR 技术动态追踪获取演员与虚拟场景的实时交互，且实时渲染输出虚拟场景与演员真情表演相融合的画面。通过虚拟场景的即时生成和调整、虚拟摄影机和追踪系统的融合应用，制作团队能够高效灵活地完成制片工作。此外，虚拟场景的可重复利用也具有传统舞美无法比拟的特性。

图 1-11 XR 数字戏剧《麦克白》拍摄现场

XR 技术未来将会与人工智能技术、物联网技术高度融合，数字内容将会在其支持下以更为直观可感的形式出现在真实空间中。借助于扩展现实技术，人们可以自由地游走于现实与虚拟之间，扩展现实所创造的人——新的感性的数字化时空，促成了虚拟实践与现实实践之间并存、交织、互动发展，从而扩展了人类现实的生存空间，使人类实践活动实现了对现实社会空间的延伸和超越，为人们提供了重新进行自我塑造和多样性发展的空间和机会。

图 1-12 中国首部 XR 数字戏剧《麦克白》剧照

(图片源于央视新闻，https://5gai.cctv.com/2024/06/05/ARTIUKbS5xuKY1sRQ66VDVW3240605.shtml)

视频 1-2 虚拟现实技术的发展

视频 1-3 虚拟现实及其发展历程（科普）

视频 1-4 增强现实技术及应用（科普）

1.2 虚拟现实技术的发展

虚拟现实技术并非近年来才崭露头角的新兴概念，它从梦想到真正落实到产品的历史几乎可以与电子计算机的历史比肩。虚拟现实技术作为一项跨学科的综合性技术，其发展必然会受到不同学科发展进程的影响。伴随着电子计算机技术、人机交互技术与设备、计算机网络与通信等技术的发展，虚拟现实技术已历经半个多世纪的探索与演进，其间数次掀起发展浪潮，不断推动着科技边界的拓展与用户体验的革新。

1.2.1 虚拟现实技术发展历程

1. 虚拟现实技术的探索阶段（20 世纪初期至 20 世纪 70 年代）

人类对虚拟现实的探索是从各种仿真模拟器开始的。1929 年，E. A. Link 发明了一种飞行模拟器，让乘坐者可以体验飞行的感觉。可以说，这是人类模拟仿真物理现实世界的初次尝试，如图 1-13 所示。

图 1-13 E. A. Link 发明的飞行模拟器

1935 年，小说家 Stanley Weinbaum 在小说中描述了一款 VR 眼镜，以眼镜为基础，包括视觉、嗅觉、触觉等全方位沉浸式体验的虚拟现实概念，该小说被认为是世界上率先提出虚拟现实概念的作品。

1962 年，电影摄影师莫顿·海力格（Morton Heilig）构造了一个多感知、仿真环境的虚拟现实系统，这套被称为 Sensorama Simulator 的系统也是历史上第一套 VR 系统。Sensorama Simulator 能够提供真实的 3D 体验，例如用户在观看摩托车行驶的画面时，不仅能看到立体、彩色、变化的街道画面，还能听到立体声，感受到行车的颠簸、扑面而来的风，还能闻到相应的芳香。Sensorama Simulator 还曾经被美国空军引进，用来进行飞行训练，如图 1-14 所示。

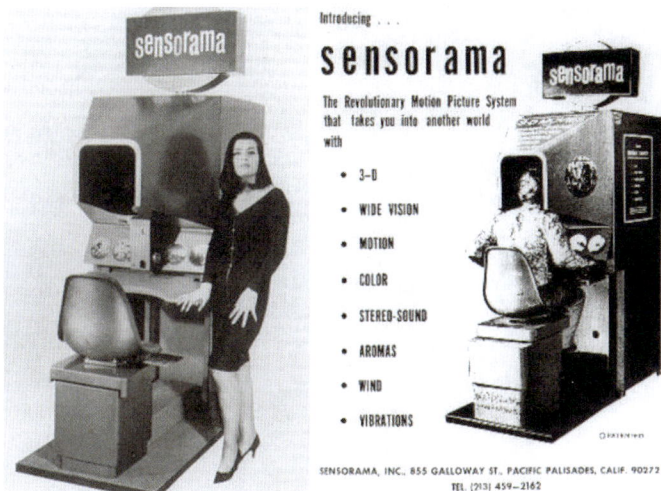

图 1-14　Sensorama Simulator 系统

实际上，早在 1960 年，海力格还提交了一款 VR 设备的专利申请文件，这款设备不像 Sensorama Simulator 那样体积庞大，而是一款便携式的头戴设备，专利文件上的描述是"用于个人使用的立体电视设备"。尽管这款设计来自 60 多年前，但可以看出它与 Oculus Rift、Google Cardboard 有很多相似之处，如图 1-15 所示。

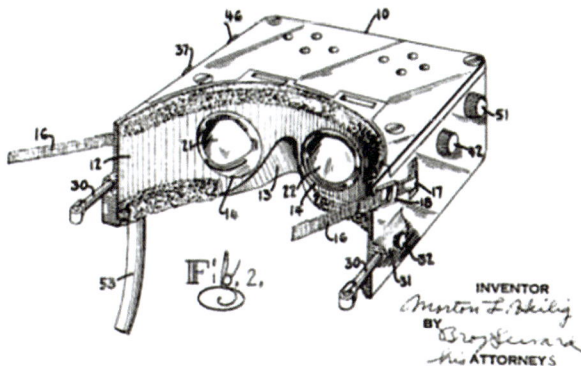

图 1-15　海力格头戴设备的设计图

1965 年，美国 ARPA 信息处理技术办公室主任伊万·苏泽兰（Ivan Sutherland）发表了一篇题为 *The Ultimate Display* 的论文。文章指出，应该将计算机显示屏幕作为"一个观察虚拟世界（Virtual World）的窗口"，预言计算机系统能够模拟出高度逼真的视觉、听觉体验及交互行为。苏泽兰的这篇文章给计算机界提出了一个具有挑战性的目标，人们把这篇论文称为研究虚拟现实的开端。苏泽兰的工作场景如图 1-16 所示。

图 1-16 计算机图形学之父——伊万·苏泽兰的工作场景

虚拟现实技术发展史上一个重要的里程碑,是 1968 年苏泽兰和学生鲍勃·斯普劳尔(Bob Sproull)在麻省理工学院(MIT)的林肯实验室研制出了第一个头盔式显示器(Head-Mounted Display,HMD),也称之为 The Sword of Damocles(达摩克利斯之剑),如图 1-17 所示。因此,许多人认为苏泽兰不仅是"图形学之父",也是"虚拟现实之父"。

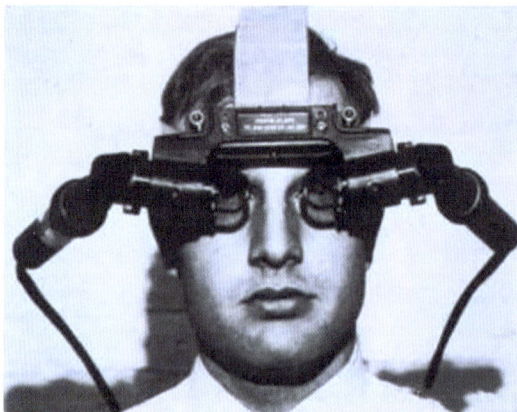

图 1-17　The Sword of Damocles(达摩克利斯之剑)

这个采用阴极射线管(CRT)作为显示器的 HMD 可以跟踪用户头部的运动,当用户移动位置或转动头部时,用户在虚拟世界中所在的"位置"和应看到的内容也会随之发生变化。人们可以通过这个"窗口"看到一个虚拟的、物理上不存在的,却与客观世界的物体十分相似的"物体"。

2. 虚拟现实技术概念的逐步形成阶段(20 世纪 80 年代初至 20 世纪 80 年代末)

20 世纪 80 年代,埃里克·霍莱特(Eric Howlett)发明了额外视角系统(缩写为 LEEP 系统),这套系统可以将静态图片变成 3D 图片。1987 年,另一位著名的计算机科学家 Jaron Lanier,同样制造了一款价值 10 万美元的虚拟现实头盔,被称为第一款真正投放市场的 VR 商业产品,如图 1-18 所示。

该阶段,VR 进入快速发展期,VR 的主要研究内容及基本特征初步明朗,并在军事演练、航空航天、复杂设备研制等领域有了广泛的应用。

3. 虚拟现实技术全面发展阶段(20 世纪 90 年代初至今)

此阶段标志着虚拟现实技术从理论研究成功跨越至广泛的应用领域。进入 20 世纪 90 年

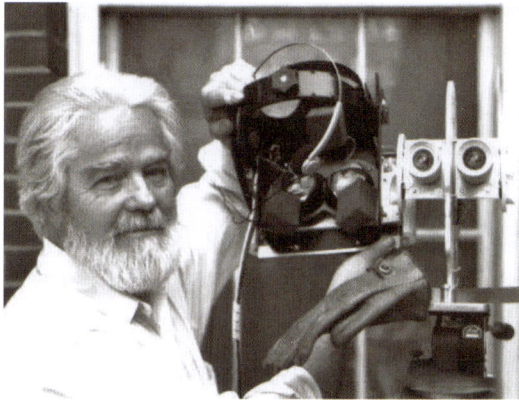

图 1-18　LEEP VR

代,迅速发展的计算机硬件技术与不断改进的计算机软件系统相匹配,使得基于大型数据集合的声音和图像的实时动画制作成为可能;人机交互设计的革新与多样化、高性能输入/输出设备的不断涌现共同构筑了虚拟现实技术蓬勃发展的坚实基础。

早在 20 世纪 90 年代,就已经有 3D 游戏上市,虚拟现实在当时也引发了类似于当前的关注度。如 Virtuality 的虚拟现实游戏系统及任天堂的 Virtual Boy 游戏机,它们虽未及今日之普及与精细,却已激起了公众对虚拟现实技术的浓厚兴趣。同时,多部以虚拟现实为题材的电影,如《异度空间》(*Lawnmower Man*)、《时空悍将》(*Virtuosity*)和《捍卫机密》(*Johnny Mnemonic*),以及科幻小说《雪崩》(*Snow Crash*)等,进一步激发了社会对该技术的想象与期待。然而,初期技术限制,如游戏画质粗糙、成本高昂、操作延迟及硬件计算能力有限,导致市场反响平平,首次虚拟现实热潮未能持续升温。

转折点出现在 2014 年,Facebook 斥资 20 亿美元收购 Oculus VR 公司,这一举动重新点燃了虚拟现实市场的热情。彼时,VR 技术的成熟度已经达到市场爆发的临界点,消费级产品将会诞生。2016 年以来,虚拟现实技术已经度过了概念炒作的阶段,迎来了大规模的商业化应用,VR 技术已经达到推出消费级产品的程度。VR 的具体技术指标体现在以下几方面:GPU 芯片运算能力、屏幕清晰度、屏幕刷新度、视场以及传感器,其中尤其关键的是屏幕清晰度以及屏幕刷新率,目前的主流手机厂商的高配手机都已经推出了 2K 屏幕,而三星推出的 120Hz 的显示器也已量产。VR 元器件综合技术水平的提升使得产品已经能够满足消费者的基本需求。

为促进 VR"产、学、研、用"等协同发展,我国于 2015 年 12 月成立了中国虚拟现实与可视化产业技术创新战略联盟。自 2016 年起,江西南昌、山东青岛、福建福州等政府部门均开始筹备 VR 产业基地。VR 研发热潮正在兴起,2016 年更被誉为"VR 元年"。

1.2.2　国内外的虚拟现实技术研究

1. 国外虚拟现实技术研究

美国是虚拟现实技术的发源地,对于虚拟现实技术的研究最早出现在 20 世纪 40 年代,一开始用于美国军方对宇航员和飞行驾驶员的模拟训练。随着科技和社会的不断发展,虚拟现实技术也逐渐转为民用,集中在用户界面、感知、硬件和后台软件四方面。20 世纪 80 年代,美国国防部和宇航局 NASA 组织了一系列对于虚拟现实技术的研究,研究成果惊人。美国宇航局的 Ames 实验室致力于一个叫作"虚拟行星探索"(VPE)的试验计划。现在 NASA 已经建立了航空、卫星维护 VR 训练系统,以及空间站 VR 训练系统,并且已经建立了可供全国使用的 VR 教育系统。

在欧洲,英国在辅助设备设计、分布并行处理和应用研究方面处于领先地位。欧洲其他一些比较发达的国家,如德国以及瑞典等也积极进行了虚拟现实技术的研究和应用。德国将虚拟现实技术应用在改造传统产业方面:一是产品设计、降低成本,避免新产品开发的风险;二是产品演示,吸引客户争取订单;三是培训,在新生产设备投入使用前,用虚拟工厂来提高工人的操作水平。瑞典的 DIVE 分布式虚拟交互环境是一个基于 UNIX 的、在不同节点上的多个进程可以在同一世界中工作的异质分布式系统。荷兰海牙 TNO 研究所的物理电子实验室(TNO-PEL)开发的训练和模拟系统可以通过改进人机界面来改善现有模拟系统,以使用户完全介入模拟环境。

在亚洲,日本是虚拟现实技术研究应用方面居于领先地位的国家之一,主要致力于建立大规模 VR 知识库的研究。另外,日本在虚拟现实游戏方面也做了很多工作。东京技术学院精密和智能实验室开发了一个用于建立三维模型的人性化界面。NEC 公司开发了一种虚拟现实系统,它能让操作者都使用“代用手”去处理三维 CAD 中的形体模型,该系统通过数据手套把对模型的处理与操作者的手的运动联系起来。

日本国际电气通信基础技术研究所(ATR)正在开发一套系统,它能用图像处理来识别手势和面部表情,并把它们作为系统输入。东京大学的高级科学研究中心将他们的研究重点放在远程控制方面,最近的研究项目是主从系统。该系统可以使用户控制远程摄像系统和一个模拟人手的随动机械人手臂。东京大学原岛研究室开展了 3 项研究:人类面部表情特征的提取、三维结构的判定和三维形状的表示、动态图像的提取。富士通实验室有限公司正在研究虚拟生物与 VR 环境的相互作用,他们还在研究虚拟现实中的手势识别,已经开发了一套神经网络姿势识别系统,该系统可以识别姿势,也可以识别表示词的信号语言。值得一提的是,日本奈良尖端技术研究生院大学教授千原国宏领导的研究小组于 2004 年开发出一种嗅觉模拟器,只要把虚拟空间里的水果放到鼻尖处,该模拟器就会释放出水果的香味,这是虚拟现实技术在嗅觉研究领域的一项突破。

2. 国内关于虚拟现实技术的研究

与一些发达国家相比,我国 VR 技术的研究起步较晚,但已引起政府有关部门和科学家的高度重视,并根据我国的国情制定了 VR 技术的研究策略。国家“863 计划”、九五规划、国家自然科学基金委、国家高技术研究发展计划等都把 VR 列入研究项目。在紧跟国际新技术的同时,国内一些重点院校也已积极投入这一领域的研究工作中。

北京航空航天大学计算机学院是国内最早进行 VR 研究的单位之一。北京航空航天大学虚拟现实技术与系统国家重点实验室在分布式虚拟环境网络上开发了直升机虚拟仿真器、坦克虚拟仿真器、虚拟战场环境观察器、计算机兵力生成器,同时连接装甲兵工程学院提供的坦克仿真器,基本完成了分布式虚拟环境网络下分布交互仿真使用的真实地形,并正在联合多家单位开发 J7、F22、F16 及单兵等虚拟仿真器。他们的总体设计目标是为我国军事模拟训练与演习提供一个多武器协同作战或对抗的战术演练系统。

浙江大学 CAD&CG 国家重点实验室开发了一套桌面型虚拟建筑环境实时漫游系统,采用层面叠加绘制技术和预消隐技术实现了立体视觉,同时还提供了方便的交互工具,使整个系统的实时性和画面的真实感都达到了较高的水平。另外,他们还研制出虚拟环境中的一种新的快速漫游算法和一种递进网格的快速生成算法。

哈尔滨工业大学已经成功攻克了人的高级行为中的特定人脸图像的合成、表情的合成和唇动的合成等技术问题,并正在研究人说话时的头势和手势动作、话音和语调的同步等。

清华大学对虚拟现实和临场感进行了研究,在球面屏幕显示和图像随动、克服立体图闪烁的措施和深度感实验等方面都具有不少独特的方法。他们还针对室内环境水平特征丰富的特点,提出借助图像变换,使立体视觉图像中对应水平特征呈现形状一致性,以利于实现特征匹配,并获取物体三维结构的新颖算法。

西安交通大学信息工程研究所对虚拟现实中的关键技术——立体显示技术进行了研究。他们在借鉴人类视觉特性的基础上提出了一种基于 JPEG 标准压缩编码的新方案,并获得了较高的压缩比、信噪比以及解压速度,并且已经通过实验结果证明了这种方案的优越性。

北京科技大学虚拟现实实验室成功开发出纯交互式汽车模拟驾驶培训系统。由于开发出的三维图形非常逼真,虚拟环境与真实的驾驶环境几乎没有差别,因此投入使用后效果良好。

近年来,故宫博物院文化资产数字化应用研究所推出了《紫禁城·天子的宫殿》系列大型虚拟现实作品,现已完成《紫禁城·天子的宫殿》《三大殿》《养心殿》《倦勤斋》《灵沼轩》《角楼》《御花园》这 7 部,并通过故宫数字化应用研究所的演播厅、奥运塔的故宫数字演播厅等场所公开播放。《紫禁城·天子的宫殿》系列作品充分发挥了计算机技术的优势,把物质文化遗产和非物质文化遗产的展示很好地结合起来。参观者通过手柄操作,可以在太和殿的正殿内自由漫步,身临其境般地仔细欣赏太和殿的奢华内檐装修和金龙和玺彩画。作品把乾隆皇帝的设计思想和内心世界利用新技术手段表现出来,达到了学术性、教育性、趣味性和观赏性的高度统一。

2021 年 6 月 24 日,百度智能云在"云智技术论坛"上首次发布了百度 VR 2.0 全景架构,以智能审核、智能编辑、虚拟化身等技术为支撑,拥有 VR 创作和 VR 交互两大平台,连接包括教育、营销、政企、工业等领域在内的商业化场景。百度相关负责人认为,随着端边云一体化的发展,物联网正在由狭义的"万物互联"向着更广阔的应用场景扩展,"万物智联"是物联网演进的必然趋势。在这个趋势下,人们对信息的感知逐渐进入三维化时代,而 VR 技术正是信息三维化的重要载体。

百度 VR 的定位就是做信息三维化时代的平台构建者和生态运营者。基于这一定位,此次发布的百度 VR 2.0 拥有三个特点,分别为能力更开放、平台更通用、场景更丰富。为了扩展 VR 内容的渲染方式,百度 VR 2.0 推出了 Cloud VR 方案,以边缘计算为重要环节,让边缘节点负责计算、渲染、编码等数据密集型任务,其他应用管理、边缘治理等逻辑密集型任务则由云平台负责。边缘端与云端各司其职、相互融合,让整个 Cloud VR 方案的体验更加流畅,还具备可扩展性和可部署性。

从整体上看,我国虚拟现实技术仍处于早期和初步阶段,刚刚看到虚拟现实的潜力。虚拟现实技术系统要达到实用化、普遍化,还需要从软件和硬件两方面得到发展,还有较长的路要走。尽管这样,虚拟现实技术作为一种全新的人机交互技术,它提供了人与计算机的一种直接、自然的接触关系,最终必将得到广泛的应用,甚至走进千家万户。

1.2.3 虚拟现实技术的发展趋势

虚拟现实技术虽然在 21 世纪得到了快速发展,但仍处于初创时期,远未达到成熟阶段。虽然我们也许不能清楚地设想出新世纪里虚拟现实出现并普及的新形式,但我们能通过应用媒介形态变化原则和延伸媒介领域的主要传播特性,对未来的发展方向做一些展望。

1. 动态环境建模技术

虚拟环境的建立是虚拟现实技术的核心内容。动态环境建模技术的目的是获取实际环境的三维数据,并根据应用的需要,利用获取的三维数据建立相应的虚拟环境模型。三维数据的获取可以采用 CAD 技术(有规则的环境),而更多的环境则需要采用非接触式的视觉建模技术,两者有机结合可以有效提高数据获取的效率。

2. 实时三维图形生成和显示技术

在生成三维图形方面,目前的技术已经比较成熟,关键是怎么样才能够做到实时生成,在不对图形的复杂程度和质量造成影响的前提下,如何让刷新频率得到有效的提高是今后研究的重要内容。另外,虚拟现实技术还依赖传感器技术和立体显示技术的发展,现有的虚拟设备还不能让系统的需要得到充分满足,需要开发全新的三维图形生成和显示技术。

3. 新型交互设备的研制

虚拟现实技术能够令人自由地与虚拟世界对象进行交互,犹如身临其境,借助的输入/输出设备主要有头盔显示器、数据手套、数据衣服、三维位置传感器和三维声音产生器等。因此,新型、便宜、鲁棒性优良的数据手套和数据服将成为未来研究的重要方向。

4. 大型网络分布式虚拟现实的研究与应用

网络虚拟现实是指多个用户在一个基于网络的计算机集合中,利用新型的人机交互设备接入计算机中,产生多维的、适用于用户的虚拟情景环境。分布式虚拟环境系统除了要让复杂虚拟环境计算的需求得到满足之外,还需要让协同工作以及分布式仿真等应用对共享虚拟环境的自然需要得到满足。分布式虚拟现实可以看成一种基于网络的虚拟现实系统,可以让多个用户同时参与,让不同地方的用户进入同一个虚拟现实环境。

随着众多DVE(Distributed Virtual Environment,分布式虚拟环境)开发工具及其系统的出现,DVE本身的应用也渗透到各行各业,包括医疗、工程、训练与教学以及协同设计。仿真训练和教学训练是DVE的又一个重要的应用领域,包括虚拟战场、辅助教学等。另外,研究人员还用DVE系统来支持协同设计工作。近年来,随着Internet应用的普及,一些面向Internet的DVE应用使得位于世界各地的多个用户可以协同工作。将分散的虚拟现实系统或仿真器通过网络联结起来,采用协调一致的结构、标准、协议和数据库,形成一个在时间和空间上互相耦合的虚拟合成环境,参与者可自由地进行交互。特别是在航空航天中的应用价值极为明显,因为国际空间站的参与国分布在世界的不同区域,分布式VR训练环境不需要在各国重建仿真系统,这样不仅减少了研制费用和设备费用,而且减少了人员出差的费用以及异地生活的不适。

总之,虚拟现实技术正逐步深入人们的生活,从休闲娱乐到教育、医疗、房地产等多个领域,其普及之势不可挡。随着行业的持续进步,虚拟现实的应用边界不断拓展,将深刻改变人类的生活方式,为各行各业带来前所未有的变革与机遇。

1.3　数字孪生与元宇宙

视频 1-5 数字孪生与元宇宙

1.3.1　数字孪生的概念及发展历程

数字孪生(Digital Twin)是指充分利用物理模型、传感器更新、运行历史等数据,集成多学科、多物理量、多尺度、多概率的仿真过程,在虚拟空间中完成映射,从而反映相对应的实体装备的全生命周期过程。数字孪生是对物理实体的数字化表达,以历史数据、实时数据为基础,融合几何、机理、数据驱动等多种数字模型,实现对物理对象的映射呈现,分析优化、诊断预测以及闭环控制。

视频 1-6 数字孪生及应用(科普)

其中,几何模型是用几何概念描述对象的物理形状,能够将物理对象的实体形状映射到虚拟空间,并配合渲染等实现更好的展示和交互;机理模型根据对象内部机制或者物质流的传递机理建立精确模型,主要是已知物理规律和经验的表征;数据驱动模型主要通过历史数据、实时

视频 1-7 展望元宇宙(科普)

数据、人工智能等实现对未知规律在虚拟空间的拟合。通过以上三类模型的融合应用构建可计算的数字孪生空间，进而实现对物理世界的精细刻画、精准预测和精准控制，如图 1-19 所示。

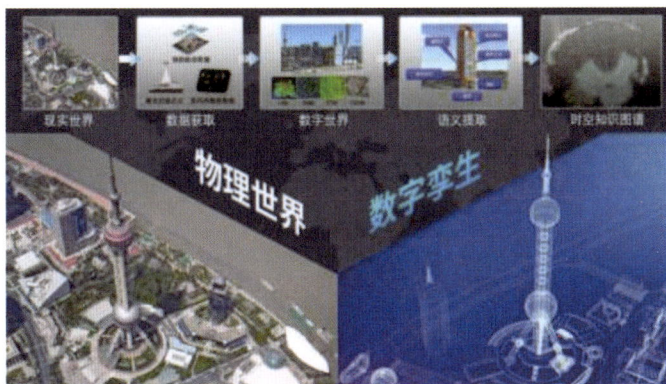

图 1-19　物理世界和数字孪生

数字孪生技术的发展历程如下。

第一阶段：1960 年，以"模拟仿真"为起点，孪生设想初见苗头。孪生的概念起源于 20 世纪 60 年代美国国家航空航天局的"阿波罗计划"。该计划构建了两个相同的航天飞行器，其中一个发射到太空执行任务，另一个在地球上用于反映太空中航天器在任务期间的工作状态，辅助工程师分析处理太空中出现的紧急事件。其中，地面的航天飞行器通过乘员、座舱和任务控制台与多台计算机的模拟构建而成。因此，阿波罗基于"模拟仿真"的工程化实践为数字孪生概念埋下了种子。

第二阶段：2000—2015 年，数字孪生理论加速发展，其内涵及概念逐渐明确。伴随着计算机仿真、网络通信、传感器等技术的发展，2002 年，Michael Grieves 在密歇根大学 PLM（产品全生命周期管理）概念阐释过程中首次提出镜像空间模型（Mirrored Spaces Model），2006 年，其被称为信息镜像模型，这里的信息镜像模型包含当下数字孪生的很多要素，为数字孪生理论的发展奠定了基础。2010 年，美国宇航局发布的 Area-11 技术路线图的 Simulation-Based-Systems Engineering 部分中首次将数字孪生的概念定义为"数字孪生是指充分利用物理模型、传感器、运行历史等数据，集成多学科、多尺度的仿真过程，它作为虚拟空间中对实体产品的镜像，反映了相对应物理实体产品的全生命周期过程。"2016 年，Michael Grieves 又对数字孪生要素解析和能解决问题的分类进行了系统阐释。至此，数字孪生概念及理论概念逐步成熟，并走向大众视野。

第三阶段：2016 年（虚拟现实元年）至今，数字孪生不断跨行业延伸，细分行业实践不断丰富。2017—2019 年，Gartner 连续三年将数字孪生列为十大战略科技发展趋势之一，并定义其为对现实世界中实体或系统在虚拟空间的数字化映射。与此同时，西门子、通用电气、欧特克、微软等也不断提出数字孪生概念的定义，并推出相应产品，例如通用电气利用数字孪生实现了风力涡轮机的预测性维护。数字孪生的应用不断从航天和制造业领域向城市、交通、能源、医疗等领域拓展。

1.3.2　数字孪生的特点

根据定义，数字孪生需要物理孪生体进行数据采集和数据驱动的交互。数字孪生中的虚拟系统模型可以随着物理系统状态的变化（在运行期间）而实时变化。数字孪生由物联网连接的产品和数字线程组成。数字线程在系统的整个生命周期内提供连接，并从物理孪生中收集数据以更新数字孪生中的模型。

数字孪生系统与传统的建模仿真和实时监控等相比,最重要的几个特征就是双向映射、动态交互、实时连接和迭代优化。

1. 双向映射

物理实体系统和数字孪生模型(虚拟模型)通过实时连接进行动态交互,也就是物理实体的变化能及时反映到数字孪生模型中,数字孪生模型所有计算和仿真的结果,也能及时反馈给物理实体系统,控制物理实体系统的执行过程,即双向映射,这也就实现了虚实融合。

2. 实时连接

在不同的应用场景下,"实时"的含义稍有不同。如果是对设备工作情况监控等,实时指的时间可能小于1秒甚至为毫秒级;而对于生产系统应用场景来说,时间可能小于10秒甚至1分钟;对于智慧城市系统而言,时间可以分钟甚至小时为单位来更新系统。如果针对单个物理对象,连接指的是数字孪生内部的连接交互,涵盖同维度要素间的连接交互和跨维度要素间的连接交互;数字孪生外部连接交互既包括数字孪生间连接交互(涵盖以人、机、物、环为对象构建的数字孪生间的连接交互),又包括数字孪生与其他非数字孪生对象间的连接交互,具体为数字孪生与人连接交互和数字孪生与环境连接交互。图1-20表示数字孪生连接交互的内涵。

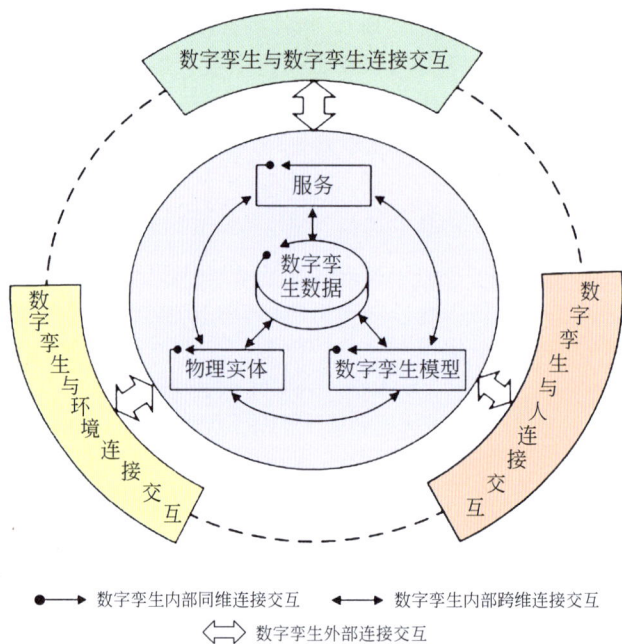

图 1-20　数字孪生连接交互的内涵

3. 迭代优化

迭代优化指的是模型能够随着物理实体系统的变化进行模型功能的更新和演化,并随着时间的推移进行持续的性能优化,基于模型的全生命周期的静态数据及模型运行过程的动态数据(数字孪生数据),实现模型的自我修正、自我优化,让原始模型越来越好用,进而满足装备及复杂系统对其智能性的需求。

因此,对于复杂系统的感知、建模、描述、仿真、分析、预测和调控等方面,数字孪生系统必须不断迭代优化,也就是当系统内、外部情况变化时,系统要做出针对性调整,能根据服务需求、性能指标和场景等不同的要求完成数字孪生系统的拓展、重构和多层次调整。迭代优化首先在数字模型空间发生,同步在物理实体系统发生。

具体来说,就是物理实体系统和实时数据驱动服务系统对目的任务进行优化,产生初始信息,初始信息交由数字模型进行仿真和验证,在数字模型仿真数据的驱动下,服务系统反复调整直至最优;服务系统最优的解决方案以指令形式传给物理实体系统,物理实体系统开始运行,数字模型实时监控物理实体并在将状态数据处理后以最快的形式反馈给物理实体,并及时动作。

1.3.3 数字孪生技术应用

数字孪生以数字化的形式在虚拟空间中构建了与物理世界一致的高保真模型,通过与物理世界间不间断的闭环信息交互反馈与数据融合,能够模拟对象在物理世界中的行为,监控物理世界的变化,反映物理世界的运行状况,评估物理世界的状态,诊断发生的问题,预测未来趋势,甚至优化和改变物理世界。数字孪生能够突破许多物理条件的限制,通过数据和模型双驱动的仿真、预测、监控、优化和控制,实现服务的持续创新、需求的即时响应和产业的升级优化。基于模型、数据和服务等各方面的优势,数字孪生正在成为提高质量、提高效率、降低成本、减少损失、保障安全、节能减排的关键技术,同时数字孪生应用场景正逐步拓展到更多和更宽广的领域,如表 1-1 所示。

表 1-1　数字孪生的功能、应用场景和作用

数字孪生功能	应 用 场 景	作　用
模拟仿真	• 虚拟测试(如风洞试验) • 设计验证(如结构验证、可行性验证) • 过程规划(如工艺规划) • 操作预演(如虚拟调试、维修方案预演) • 隐患排查(如飞机故障排查)	减少实物实验次数 缩短产品设计周期 提高可行性、成功率 降低试制与测试成本 减少危险和失误
监控	• 行为可视化(如虚拟现实展示) • 运行监控(如装配监控) • 故障诊断(如风机齿轮箱故障诊断) • 状态监控(如空间站状态监测) • 安防监控(如核电站监控)	识别缺陷 定位故障 信息可视化 保障生命安全
评估	• 状态评估(如汽轮机状态评估) • 性能评估(如航空发动机性能评估)	提前预判 指导决策
预测	• 故障预测(如风机故障预测) • 寿命预测(如航空器寿命预测) • 质量预测(如产品质量控制) • 行为预测(如机器人运动路径预测) • 性能预测(如实体在不同环境下的表现)	减少宕机时间 缓解风险 避免灾难性破坏 提高产品质量 验证产品适应性
优化	• 设计优化(如产品再设计) • 配置优化(如制造资源优选) • 性能优化(如设备参数调整) • 能耗优化(如汽车流线性提升) • 流程优化(如生产过程优化) • 结构优化(如城市建设规划)	改进产品开发 提高系统效率 节约资源 降低能耗 提升用户体验 降低生产成本

数字孪生功能	应 用 场 景	作　　用
控制	• 运行控制(如机械臂动作控制) • 远程控制(如火电机组远程启停) • 协同控制(如多机协同)	提高操作精度 适应环境变化 提高生产灵活性 实时响应扰动

1. 在工业制造中的应用

数字孪生起源于工业制造领域,工业制造也是数字孪生的主要战场。在产品研发的过程中,数字孪生可以虚拟构建产品数字化模型,对其进行仿真测试和验证。生产制造时,可以模拟设备的运转和参数调整带来的变化。数字孪生能够有效提升产品的可靠性和可用性,同时降低产品的研发和制造风险。

在维护阶段,数字孪生也能发挥重要作用。采用数字孪生技术,通过对运行数据进行连续采集和智能分析,可以预测维护工作的最佳时间点,也可以提供维护周期的参考依据。数字孪生体也可以提供故障点和故障概率的参考。数字孪生给工业制造带来了显而易见的效率提升和成本下降,使得几乎所有的工业巨头趋之若鹜。以美国通用公司为例,通过这些仿真的数字化模型,工程师可以在虚拟空间进行调试和实验,能够让机器的运行效果达到最佳。

2. 在智慧城市中的应用

数字孪生诞生于工业制造领域,但是目前的应用远远超出了工业制造领域。数字孪生催生智慧城市 2.0。随着 ICT 技术成为智慧城市发展的主要动能,移动通信、互联网、云计算、物联网、人工智能、大数据在智慧城市中都得到了广泛应用。全域感知、数字模拟、深度学习等各领域的技术发展也即将迎来拐点,这使得城市的数字孪生应运而生。

未来,在 5G 或 6G 通信的支持下,云和端之间可以建立更紧密的连接。这也就意味着,更多的数据将被采集并集中在一起。这些数据可以帮助人们构建更强大的数字孪生体。如今,我们的城市中布满了各种各样的传感器、摄像头。借助物联网技术,这些终端采集的数据可以更快地被提取出来。在数字孪生城市中,基础设施(地下管网、水、电、气、交通等)的运行状态,市政资源(警力、医疗、消防等)的调配情况等都会通过传感器、摄像头、数字化子系统采集出来,并通过包括 5G 在内的物联网技术传递到云端。城市的管理者基于这些数据以及城市模型构建数字孪生体,从而更高效地管理城市。相比于工业制造的"产品生命周期",城市的"生命周期"更长,数字孪生带来的回报更大。当然,城市数字孪生的部署难度也更大。

事实上,我国的深圳、雄安都已经在做这方面的摸索和尝试,大量的投资正在涌向"智慧城市＋数字孪生"的应用场景。阿里巴巴的"城市大脑""数字平行世界",科大讯飞的"讯飞超脑",都涉及智慧城市和数字孪生的结合。

3. 在基建工程中的应用

基建工程也是数字孪生的一个重要应用领域。我们在修建高速公路、桥梁等基础设施前,首先完成对工程的数字化建模,然后在虚拟的数字空间对工程进行仿真和模拟,评估工程的结构和承受能力,还可以导入流量数据,评估工程是否可以满足投入使用后的需求。

在工程交付之后,还可以在维护阶段评估工程是否可以承担特殊情况的压力,以及监测可能出现的事故隐患。

4. 在数据中心中的应用

在数据中心设计阶段,主要采用三维建模技术手段,通过 CAD 软件、BIM 软件、CFD 软件等工具构建数据中心的数字化模型,再通过仿真和模拟技术在数字模型上进行可调节、可变参数、可重复、可加速的仿真实验,输出不同场景下的合理设计方案,最终提高现实中数据中心的设计效率,优化相关设计方案。在数据中心设计阶段,使用数字孪生技术可让投资方付出较低的成本,得到较高的回报,利益得以最大化。如图1-21所示,采用CAD技术构建虚拟数据中心模型,然后通过能耗、温度、气流等数据的算法模型优化该模型,最终从众多的实验中获取最优策略并应用到实际建设中,既满足设计需求,又节约内在成本。

图1-21 CAD模型布局

在设计阶段,数据中心除了会分析布局以外,也会尝试整合一些动力、环境失效的方案,以保障整个系统无设计缺陷,并为未来可能发生的状况或时间进行前期预演。设计阶段的数字孪生模型如果能被数据中心运维人员延续使用,则将极大地提高模型使用效率,为后续的模型优化提供更多的数据支撑,使数字孪生体更加完整。

在中心运维阶段,数据机房可视化由机房3D模型、资产配置孪生、线路连接孪生、机房容量孪生、监控门禁系统孪生、汇报展示等孪生模型组成。

利用数字孪生技术虚拟构建数据中心机房的物理环境,模拟从数据中心的园区、机房、机柜、IT设备等组成的3D模型,再将机房中的IT设备或者基础设施的基本配置信息嵌入数字孪生系统中。相关的配置信息可以由任何可见物理设备找到,相关设备也可以通过任何配置信息完成资产配置的显示。配置信息嵌入后,系统内即可对相应的位置信息与资产信息进行管理,此时就可以搭建出机房容量模型。

机房容量模型根据机房柜的剩余空间、配电盘的电气情况自动生成服务器设备的位置信息,预测并分析服务器的电力消耗量和设置的U号、机房的设置规则,以及机房的空间、电力消耗量、冷气量和安装后的温度场。数据机房可视化不仅是由机房3D模型、资产配置孪生、线路连接孪生、机房容量孪生、监控门禁系统孪生、汇报展示孪生等模型组成的,线路连接、监控信息以及其他汇报展示信息等也是机房数字孪生的重要组成部分。

数字孪生技术也将应用在数据中心制冷系统中。降低能耗能效指标是指降低数据中心能效指标的PUE数值,这一直是各个数据中心都想要解决的难题。在数据中心的能耗消耗构成中,除了IT设备消耗以外,制冷系统的能耗占比最高,即降低制冷系统的能耗也可降低PUE的数值。因此,各种节能设备和技术应运而生,例如间接蒸发冷却AHU、液冷都是目前节能效率较高的技术,也有较多应用案例,如图1-22所示。

制冷系统的PUE能效模型不仅包含深度学习神经网络模型,也包括气候、数据中心IT负载等外界因素的输入。数字孪生是一个双向的过程,在制冷系统的PUE能效模型中也不例外。

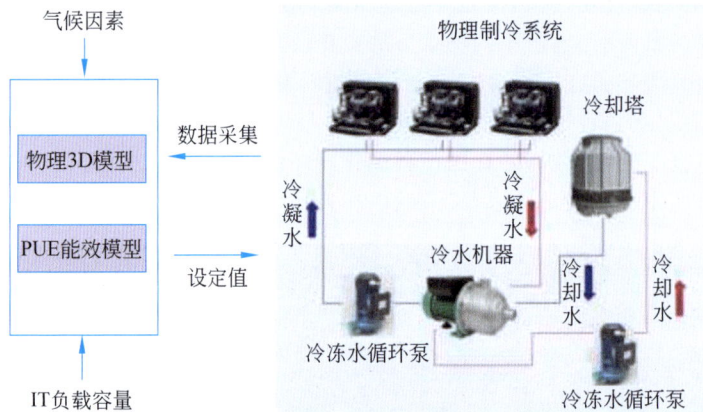

图 1-22　数字孪生应用在数据中心的制冷系统

另外,制冷系统通过多个传感器将收集的数据发送到虚拟数字空间,实时更新节能模型 PUE。PUE 功能模型可以基于期望的实际 PUE 值来检索可达到 PUE 值的各种输入参数。根据相关约束条件生成每个系统的最佳调整值,最终达到 PUE 值。调整值主要包括冷却塔的开启台数和风扇的转速、各种冷却泵、冷却泵的开启频率、冷却机的运转状态等。

数字孪生的基础源于数据,故数据中心模型的准确性取决于样本的数据量:样本的数据量越大,构建的数据机房模型越准确。为了获得大量的数据样本,我们需要对不同的数据中心设置相同的输入和输出变量。这些输入变量通常包括表征系统实时负载的变量、表征冷却系统运行的控制变量以及表征环境的变量,例如 IT 设备发热功耗、空调送回风温湿度等;输出变量一般可设置为 PUE 最低值,并且约束 IT 设备进风温度不超过设定的温度(一般可以为 27℃)。这样,通过大量的运行样本可以构建输入变量与输出变量间相应的数字模型,再根据对应的目标值以及约束条件获得最佳的系统设定值,从而达到节能减排的愿景。

在建设数字化数据中心时,可依次构建数字化园区模型、暖通模型、安防系统模型、弱电模型、线路管道模拟模型、智能服务和决策模型。其中,弱点模型可借鉴已经成熟的智慧城市中的智慧楼宇或者智慧园区等相关系统中涉及的成熟模型。

以上模型构成了智慧数据中心的基础。在此基础上,可增加制冷系统、配电系统、智能化运维系统的数字化模型进入数据中心的数字化系统中,不断完善整个数字化体系,为定期自动生成优化运行的建议提供决策参考。

1.3.4　元宇宙技术

元宇宙是人工智能、区块链、大数据、5G、云计算、物联网、数字孪生等技术达到一定程度后的产物,元宇宙是各技术的集大成者。元宇宙的成功,势必离不开这些技术的进一步成熟和商业化。

自元宇宙概念股 Roblox 于 2021 年 3 月 11 日在美国上市,元宇宙迅速进入人们的视野,科技巨头纷纷布局元宇宙,尤其是 Facebook 改名为 Meta,全力押注元宇宙,掀起了各大科技巨头的"元宇宙热"。以 Meta、微软、腾讯、字节跳动为代表的科技大厂持续加码元宇宙赛道,围绕VR/AR 硬件设施、3D 游戏引擎、内容制作平台等与元宇宙相关的多重领域拓展能力版图。

1. 元宇宙概念的提出

元宇宙这个概念源自美国著名科幻作家 Neal Stevenson 于 1992 年发表的科幻小说《雪崩》,这本书最先提到了元宇宙(Metaverse)。《雪崩》中这样描述元宇宙:"戴上耳机和目镜,找到连接终端,就能够以虚拟分身的方式进入由计算机模拟、与真实世界平行的虚拟空间。"而 Metaverse 由 Meta 和 Verse 两个词根组成,Meta 表示"超越""元",Verse 表示"宇宙"。《雪崩》向大家启蒙了元宇宙的概念,小说描绘了一个庞大的虚拟现实世界,所有现实世界的人在元宇宙里都有一个网络分身,人们用数字分身进行活动,并相互竞争以提高自己的地位。元宇宙象征着一个平行于现实世界的、人造的虚拟维度,参与者能做的事和经历只会受到想象力的限制。目前看来,《雪崩》中描述的元宇宙是相对超前的未来世界。

2. 元宇宙的定义

通常说来,元宇宙是基于互联网而生、与现实世界相互打通、平行存在的虚拟世界,是一个可以映射现实世界,又独立于现实世界的虚拟空间。它不是一家独大的封闭宇宙,而是由无数虚拟世界、数字内容组成的不断碰撞、膨胀的数字宇宙。现实世界和虚拟世界是平行且融合在一起的。我们把这个平行于现实世界的虚拟世界称为元宇宙。

3. 元宇宙的特征

未来的元宇宙应该有四个核心特征,满足了这四大特征的,就是一个完善的、完整的、完备的元宇宙;满足部分特征的,只能算是一个初级的元宇宙。

1) 沉浸式体验

元宇宙的第一个特征叫作沉浸式体验。沉浸式体验是我们对元宇宙或者对未来互联网的一个本质追求。人们之所以不满意现在的互联网体验,就是因为人们要追求沉浸式体验,所以才提出元宇宙这个概念。举一个例子,大家现在看到的 IMAX 3D 版的电影《阿凡达》只有 3D 效果,并不能亲身体验到潘多拉星球的场景,不能身临其境地体验到与阿凡达一样骑在斑溪兽(Banshee)背上飞翔的感觉。也就是说,即便观众看的是《阿凡达》这样优秀的电影,也没有沉浸式的体验。沉浸式体验是元宇宙追求的第一个目标。现在的很多 3D 游戏,只能算是元宇宙的雏形。可能现在大家讲得比较多的沉浸式还是集中在视觉和听觉的沉浸式体验。在视觉上看到的和在精神上体验到的效果是一模一样的,是最好的视觉体验。听觉的沉浸式体验也是大家追求的目标,目前大家也比较关注,研究也比较多,效果也已经不错。

在未来,也许会很快实现触觉的沉浸式体验。在元宇宙里面看到一个美女,甚至可以体会到牵着她的手的感觉,这是一种更好的体验。下一步,可能会实现嗅觉的沉浸式体验。在现实世界里,较高档的酒店一般都是通过嗅觉来让客户记住的,每个酒店都会设计自己独特的香味,让你一进酒店就闻到这种香味,并深深地记住这个香味,然后记住这个酒店。未来元宇宙也会如此。在比较远的未来的元宇宙里,也许还可以实现尝到外婆给我做的那种所谓的"外婆的味道"的菜肴,哪怕我的外婆已经过世多年。外婆做的菜可能不是很好吃,但由于我们小时候吃习惯了,就特别喜欢那个味道。哪怕我们到了中年也记得那个味道。哪怕外婆不在世了,在元宇宙里也能够尝到那种熟悉的味道。元宇宙味觉在未来是可以实现的,这就是元宇宙的第一个特点,叫作沉浸式体验,人类的视觉、听觉、触觉、嗅觉、味觉在元宇宙里都有可能实现,在未来,第六感也有可能在元宇宙中实现。

2) 虚拟身份

元宇宙的第二个特征是数字身份,或者叫作虚拟身份。虚拟身份就是要实现观音菩萨给孙悟空的三根救命毫毛的功能。孙悟空拔出一根毫毛就能够变作他的化身,化身还是跟唐僧在一起,但是他的本身(肉身)已经钻到铁扇公主的肚子里去了,这就实现了肉身和化身的分离。这个化身的实现技术就是我们所说的数字身份。我们每一个人在未来的元宇宙里都有一个或者若干个数字身份。我的身份在元宇宙里可能是一个教授,也可能是一个农民,或者是一个国王,当然也不排除是一个动物,这都有可能。也就是说,未来在元宇宙里我可能有各种各样的化身形态,但是这些化身都是我的身份,所以需要有一个身份的标识。

3) 虚拟经济

元宇宙的第三个特征就是虚拟经济,或者叫作元宇宙经济。我们现在的经济是基于现实世界的经济,你给我一斤粮食,我就给你三块钱,一手交钱,一手交货。元宇宙作为下一代互联网的形态,正逐渐改变人们的生活和工作方式。随着元宇宙的不断发展,虚拟经济也正在崛起,成为数字经济的重要组成部分。未来在元宇宙里也会有大量的交易,这就是虚拟经济。

首先,元宇宙中的虚拟商品和数字资产已经成为现实。在元宇宙中,用户可以购买虚拟土地、数字艺术品、虚拟宠物等数字资产,这些数字资产与现实世界的资产一样具有价值。同时,用户还可以通过虚拟劳动、创造数字内容等方式获得数字收益。

其次,元宇宙的发展也催生了一系列新兴产业。虚拟游戏开发、VR设备制造、虚拟艺术创作等领域正在迅速发展,为社会带来了大量的就业机会。这些新兴产业不仅创造了新的经济增长点,也为传统产业提供了数字化转型的机会。

此外,元宇宙中的虚拟经济也促进了数字货币的发展。虚拟货币在元宇宙中发挥着越来越重要的作用,如以太坊等数字货币已经成为元宇宙中的主要支付方式。数字货币的兴起不仅降低了交易成本,还提高了交易的效率和安全性。

总之,随着元宇宙的不断发展,虚拟经济正在崛起,成为数字经济的重要组成部分。元宇宙中的虚拟商品和数字资产、新兴产业以及数字货币等方面的发展,正在改变人们的生产和生活方式,推动着社会经济的数字化转型。

4) 虚拟社会治理

大家可能看过电影《头号玩家》《失控玩家》,电影里边的每一个人戴上眼镜就有特定身份。有一些人比较强壮,到了元宇宙中,他可能任意地烧杀掠夺。那么在我们期望的元宇宙里面,是不是也会变成这个样子呢?因此,要防止人的恶,发扬人的善,在元宇宙里也要有社会治理。而在元宇宙里,可能没有一个中央化的强大政府,这就需要社区化的社会治理。

1.3.5　虚拟现实、数字孪生与元宇宙

元宇宙是一个用来描述虚拟世界、数字世界或者多层次、多用户、多设备互联网空间的术语,通常包括虚拟现实(VR)、增强现实(AR)、混合现实(MR)等技术,以及人工智能(AI)、区块链、物联网(IoT)等技术的结合。元宇宙致力于创建一个虚拟的世界,用户可以在其中创造、交互、社交和体验,类似于现实世界的虚拟化版本。元宇宙是一个不断发展的数字空间网络,内部是效率的革命性提升,外部是千万行业的线上虚拟,它是现实和虚拟的结合,是一个与现实世界平行存在、相互连通、各自精彩的模拟世界。未来,线上与线下、真实世界与模拟世界之间会无缝融合、有机连通。

数字孪生是指将现实世界中的实体物体、系统、过程等通过数字化的方式进行建模、仿真和监测,从而在虚拟世界中实现对其实时、动态的模拟和管理。数字孪生充分利用物理模型、传感器更新、运行历史等数据,集成多学科、多物理量、多尺度、多概率的仿真过程,在虚拟空间中完成映射,从而反映相对应的实体装备的全生命周期过程。

从内容和功能来看,元宇宙通常提供更丰富的多媒体内容和虚拟体验,包括虚拟现实和增强现实技术,用户可以在其中创造、互动、社交、娱乐等;而数字孪生主要用于对实际世界中的实体进行建模、仿真、监测和优化,用于实时监控、管理和优化现实世界中的物理系统。

从技术和应用来看,元宇宙通常涉及虚拟现实、增强现实、区块链、人工智能等技术,主要应用于娱乐、社交、游戏、教育、商业等领域;而数字孪生主要涉及计算机辅助设计、数字化建模、仿

真、物联网、大数据等技术,主要应用于工业、城市规划、智慧城市、物联网等领域。

从应用的场景来看,元宇宙主要应用于虚拟社交、虚拟经济、虚拟娱乐等领域,如虚拟社交平台、虚拟游戏、虚拟商城等;而数字孪生主要应用于工业、建筑、能源等领域,如数字化建筑模拟、工业生产优化、智能城市规划等。

虽然元宇宙和数字孪生在应用领域上有一定的区别,但在某些领域可能会存在交叉应用,例如在智慧城市、虚拟城市等领域,元宇宙和数字孪生可以相互支持和补充。例如,可以使用数字孪生技术创建一个城市的虚拟模型,并在元宇宙中进行实时的城市规划、交通优化、能源管理等虚拟体验和决策。这样,数字孪生和元宇宙可以结合使用,共同推动智慧城市的发展。

1.4 虚拟现实技术专业的课程体系

1.4.1 基础信息

专业名称:虚拟现实技术应用(专科);虚拟现实技术(本科)。
专业代码:510208(专科);080916T(本科)。

1.4.2 专业定位

虚拟现实技术专业集成了计算机图形技术、计算机仿真技术、人机交互技术、3D建模技术、虚拟现实、增强现实、传感技术、显示技术等,其特点是科学技术、艺术与人文的深度交叉融合,学科教育注重广泛吸取相关学科的知识和方法,突出多学科及其应用领域的交叉融合,促进专业教育与创新创业教育的有机融合。本专业培养构筑扎实的虚拟现实技术相关理论基础和核心专业知识体系,培养技术应用能力及科学思维能力;注重强化计算机软件应用、人机交互技术与三维建模能力,强调学生利用专业知识探索分析问题和解决问题的能力,面向行业应用的创新实践能力,团队协同合作能力,进而培养出国家产业转型升级和创新驱动发展所需要的高素质应用型人才。

1.4.3 课程体系

虚拟现实专业的课程体系包括通识教育课、学科/专业基础课和专业课三部分,每部分开设对应的实践教学环节。

(1)通识教育课程。各高校开设的通识教育课包括"数学""自然科学""人文社会科学"等。数学和自然科学类课程包括"高等数学""概率论与数理统计""线性代数""大学物理""新一代信息技术"等相关课程。人文社会科学类课程包括"思想道德修养与法律基础""马克思主义基本原理概论""中国近现代史纲要""毛泽东思想和中国特色社会主义理论体系概论""形式与政策""大学英语""大学体育""军事理论""军事训练""毕业论文写作""等相关课程。

(2)学科/专业基础课。各高校开设的学科/专业基础课针对虚拟现实技术与艺术两个方向各有不同。虚拟现实技术方向的学科基础课包括"虚拟现实技术导论""艺术设计基础""程序设计基础""数据结构""计算机图形图像技术""计算机组成原理""操作系统""数据库技术""计算机网络"等。

(3)专业课。各高校开设的虚拟现实技术专业课根据不同方向建立了不同的课程体系。虚拟现实技术方向的专业课程通常包括"3D建模基础""VR开发平台基础""UI设计""VR程序设计以及计算机动画""VR场景设计与制作""移动应用开发""VR三维建模方法""全景制作与应用开发""增强现实技术原理与开发""虚拟现实场景特效与音效设计制作""虚拟现实游戏开发基础""虚拟现实硬件设备调试和开发"等。

（4）实践教学。实践教学以培养学生的技术研发能力或艺术设计能力、行业适应能力、创新创业能力以及艺术认知能力为主要目标。实践教学包括认知实践、课程设计、综合实践、专业实习、创新创业项目、毕业设计等环节。

1.5　VR 技术典型应用——虚拟博物馆

由于能够再现真实的环境，并且人们可以沉浸其中参与交互，使得虚拟现实技术已经在许多方面得到广泛应用。随着各种技术的深度融合和相互促进，虚拟现实技术在教育、军事、工业、艺术与娱乐、医疗、城市仿真、科学计算可视化等领域的应用都有极大的发展。其中，虚拟博物馆是虚拟现实技术较早应用的领域之一。

1.5.1　虚拟博物馆及其发展现状

1. 虚拟博物馆概念

虚拟博物馆是运用数字、网络技术，将现实存在的实体博物馆的职能以数字化方式完整展现出来的博物馆。虚拟博物馆的产生是博物馆数字化过程发展到当下的一个阶段性产物，随着计算机技术发展到虚拟现实技术后，沉浸性和互动性获得了前所未有的增强，虚拟博物馆就顺势产生了。

虚拟博物馆本质上就是采用虚拟现实技术的博物馆。虚拟博物馆起初只是通过虚拟现实技术将博物馆的实体物件形象地展现在计算机屏幕上，随着计算机硬件环境的提升，允许将整个博物馆的环境连同文物一起呈现在虚拟世界之中，于是真正意义上的虚拟博物馆就成形了。自此以后，参观者可以通过鼠标、键盘、手柄、虚拟眼镜等设备身临其境地体验博物馆展出的内容。

众所周知，我国绝大部分博物馆都面临着展出手段单一、资金不足的困境。全国各类博物馆中的文物达 1200 万件，但受到各种因素的限制，能够展出的仅有一小部分，这导致展品的更换率非常低，观众实际能够观看的内容有限。对于一些老化或破损严重的文物，情况更加危急，即使人工修复后，仍难以长期展览。面对这样的实际情况，虚拟现实技术可以在比较切合自身优点的前提下解决这些问题，从而进一步促进博物馆行业的发展。

2. 虚拟博物馆国外发展现状

由于国外博物馆的起步整体比中国早很多，所以博物馆的数字化建设和虚拟现实化建设也相应早一些。一些特别的文物和主题展览由于历史的原因被摧毁或者被盗，只能从文献中窥测一二，但其内容又比较重要，具有非常高的人文价值，如果以比较合适的方式展出，观众仍能获得较大的审美感和历史感。针对这样的内容，国外博物馆较早关注到了虚拟现实技术，发现其与博物馆展览的一些契合点，例如都需要比较丰富的实物细节，都通过实物承载了很高的信息等。随着虚拟现实技术的成熟，国外各博物馆均开启了各自的虚拟现实化建设。

位于美国费城的富兰克林研究院科学博物馆便利用了虚拟现实技术，使人们沉浸在科学和技术的体验当中。在 VR 体验区内，该展馆中有轮换出现的各种科学内容，供游客在房间大小的空间中进行全沉浸式体验，例如亲身登上火星或者月球。富兰克林博物馆还拥有自家的移动VR App，其中一个项目就是在大海底部拍摄 360 度全景视频，同时也有一些标志性展品的全景图片，如《巨大的心》《你的大脑》《太空命令》。这款应用主要是为拥有谷歌 Cardboard、三星 Gear

VR 等手机 VR 头显的用户准备的,同时这也是博物馆向人们进行知识分享的一种新颖途径。富兰克林虚拟博物馆如图 1-23 所示。

图 1-23　富兰克林虚拟博物馆

纽约大学的学生 Ziv Schneider 创作的虚拟博物馆《被盗艺术品博物馆》(*The Museum of Stolen Art*)也是很有意义的探索。这个博物馆的特别之处在于,它展示的都是被盗的艺术品,它们大部分在现实中已经无法被看到。虚拟博物馆的设计仿照了现实,在白色墙壁上挂着不同的艺术作品,配以修饰边框。Schneider 计划进行三次艺术展。其中,一次用来展示一些被盗的著名油画,另外两次则专注于伊拉克与阿富汗的艺术品。2003 年,在美国攻占巴格达期间,伊拉克国家博物馆遭到劫掠,损失的艺术品大概有 14 000 件,这是历史上最大的艺术盗窃事件之一。通过展出这些艺术品,Schneider 想要提醒人们,真实的艺术品是非常脆弱的,我们经常关注于某个地区的武装冲突,却很少意识到文化也是牺牲品之一。

3. 虚拟博物馆国内发展现状

近年来,虚拟博物馆在我国的应用也得到了很大的发展。故宫博物院、首都博物馆、上海博物馆、南京博物院、敦煌等文博单位都积极利用信息技术进行辅助展示,故宫博物院和南京博物院的网络虚拟博物馆已经上线并获得了广泛的关注和好评。

1)"虚拟紫禁城"

"虚拟紫禁城"是中国第一个在互联网上展现重要历史文化景点的虚拟世界。"北京故宫虚拟旅游"用高分辨率、精细的 3D 建模技术虚拟出宫殿建筑、文物和人物,并设计了 6 条观众游览路线。"北京故宫虚拟旅游"囊括了目前故宫所有对外开放的区域。为了营造尽可能真实可信的体验,技术人员通过与中国历史文化专家合作对实际演员的真实动作进行动态捕捉,再现了一些皇家生活场景。

在"北京故宫虚拟旅游"里,游客可以像现实生活中游览故宫那样,走过每一条游览线路,"虚拟紫禁城"和"北京故宫虚拟旅游"比现实中更方便、更吸引人的是,在虚拟世界中,游客可以走进在现实中不能进入的宫殿,例如太和殿。

"北京故宫虚拟旅游"中,游客在进入虚拟世界时可选择一个自己喜欢的身份,如官员、宫女、嫔妃、武士、太监等。参观时既可跟随一个导游,也可自己随意闲逛,或是自己做导游带领其他在线的游客一起参观。虚拟世界还设计了一些场景,如皇帝批阅奏章、用膳,太监逗蛐蛐、武士练射箭等,游客可以"冷眼旁观",也可参与其中,与人物比试一番。此外,游客还能够与其他游客及一系列预设的人物进行交谈互动。这种自主性、互动性可谓是该项目与之前的一些虚拟游览或数字化游览最根本的区别。

这个被称为"超越时空的紫禁城"的虚拟世界,借助现代技术立体、精细地再现了故宫博物院这座满载文化宝藏的宝库,是技术与文化的完美结合。

2)寻境敦煌

莫高窟是世界上现存规模最大、内容最丰富的佛教艺术地。其中,第 285 窟是莫高窟现存最早的有明确建窟纪年的石窟,开凿于西魏大统年间,同时也是敦煌早期洞窟中内容最丰富、保存最完整的石窟,在洞窟形制、壁画内容等方面融汇中西方多元的艺术风格,以其独特的历史价值和艺术内容著称于世。目前,该洞窟不是常规开放洞窟。

为了给观众带来内容更丰富、体验更生动、理解更深刻的参观体验,"寻境敦煌"项目依托敦煌学百年的研究成果和"数字敦煌"的多年积淀,结合腾讯游戏科技等前沿技术能力,综合应用三维建模技术、游戏引擎的物理渲染和全局动态光照、VR 虚拟现实场景等前沿游戏技术,1∶1高精度立体还原第 285 洞窟,实现了上亿面的高保真数字模型和超高分辨率的表面色彩。游客可零距离观赏壁画、360 度自由探索洞窟细节,还可以"飞升"窟顶,体验壁画剧情,感受现实中没有的"开灯"体验,如图 1-24 所示。

图 1-24 寻境敦煌

1.5.2 虚拟博物馆的特点

虚拟博物馆的特点主要是相对于传统博物馆而言的,虚拟现实特性在与传统博物馆的信息和服务相结合后产生的特点大致可以分为以下四个。

1. 跨界性

这种特性立足于互联网技术的信息快速传播特点。虚拟博物馆的出现,尤其是基于互联网传播的虚拟博物馆出现后,博物馆的内容传播打破了时间和空间上的限制,使得人们可以随时随地通过互联网参观世界各地的博物馆,进而促进了文化上的交流。这种跨界性也蕴含着横跨不同主题博物馆的意义,由于时空上的自由度很高,不同主题的博物馆可以打破原有的类型区别,从而按照更宏观的线索加以规划和布展,提升展览的效果。

同时,这种跨界性还包含另一层面的意义。历史文物、景观和建筑等由于现实世界中环境的影响会逐渐磨损、老旧,最终毁坏。但是将文物和建筑数字化保存后,其保存时间将会更长,并且虚拟文物的维护也比实体文物的维护更加便捷、安全。

2. 生动性

生动性其实是从虚拟现实的特性继承而来的,广义的生动性是虚拟现实技术三维图形或全景影像的生动性,加上整合后的影片、声音等信息,使得用户可以获得全面的文物信息,更生动形象地观察和理解文物所承载的厚重文化。这种生动性优势在对于文物的观察上非常明显,通常情况下,大部分观众很难以自由的角度近距离观察文物的细节,但是在文物扫描技术和虚拟现实技术诞生以后，人们可以非常随意地观察名贵文物在虚拟博物馆中的高清复制品，如同在自己手中观赏把玩一样，就形成了虚拟现实博物馆中的狭义生动性，这种体验在实体博物馆是不易获得的。

3. 自主性

这一特性与生动性一样由虚拟现实特性继承而来。虚拟现实技术以计算机技术为基础，而计算机从诞生之初就拥有比较高的自主性，用户可以根据自己的需要运用手段编写程序、发布命令。在虚拟现实技术搭建的虚拟世界中，人作为主要的行为主体同样可以拥有非常大的自主选择权。例如，观众可以自由选择博物馆中的任意区块进行跳跃性观赏，或者直接通过导航界面选择自己需要的内容进行观赏。

具体到虚拟博物馆，观众可以根据自己的需要在馆中的各个板块自由穿梭，选择性地观赏，没有丝毫的障碍。在经过一定的简单教学后，观众就能很方便地选择观赏的界面和媒体方式：对于文物背后的历史故事，选择短片或者文章的方式；对于乐器类文物，选择音频的方式；对于绘画类文物，选择图片类的方式。

4. 交流性

虚拟博物馆的交流性相比较于传统博物馆的交流性有进一步的增强。传统博物馆也存在观众和馆方的交流，这种交流以信件的方式单向进行。虚拟博物馆通过互联网的信息传递实现了观众向馆方的信息传递，同时也添加了观众之间的信息交流，这种交流可以非常丰富，而且也体现了极强的跨界性。这不仅可以为馆方提供非常便捷准确的信息反馈，也活跃了观众的思维，增强了观众之间的信息交流，展现了以人为本的理念。

1.5.3　虚拟博物馆的应用技术

现有的虚拟博物馆主要采用了三种实现途径：全息影像技术，主要用于馆内虚拟展示；虚拟现实技术，可用于馆内或网络；照片缝合技术，主要用于网络上传播的虚拟博物馆。

1. 全息影像技术

全息影像技术是将多角度的二维摄像通过一组组干涉光的方式进行叠加，最终实现光信息的立体呈现。全息摄像由于拍摄角度多，所需的图像信息多，在形成初期只能展现静态的物体，但是展现出的效果已经非常逼真，因此国外就有博物馆早早地采用了这种方式进行文物展示。随着计算机处理能力以及拍摄设备精度的提升，尤其是摄像机拍摄精度的提升，现在动态视频也可以进行全息式的播放，这就更加为博物馆的数字信息化展示增添了一条重要途径，在一定程度上弥补了一些文物因为稀缺性导致的参展不足，并可以更加生动地展示文物，让参观者感受到更加强烈的历史气息。

2. 虚拟现实技术

虚拟现实技术可以利用计算机生成一个三维空间，并在其中模拟搭建一个虚拟的世界，然后呈现在计算机屏幕上，配合一些声音、触觉的效果后，虚拟现实技术可以为观众带来沉浸式的绝佳体验，让观众置身其中，自由地体验虚拟世界中的所有事物。例如法国的卢浮宫运用虚拟现实技术重建了毁于1661年的阿波罗画廊，并复原了中世纪的卢浮宫地堡和下水道系统，这些都是观众现在无法进入或参观的珍贵历史场景；伦敦博物馆也通过虚拟现实技术高度还原了著名的1666年伦敦大火，让参观者亲身经历了大半个伦敦的燃烧和十万人的灾难，从而获得亲身参与历史重大事件的震撼感受。

3. 照片缝合技术

照片缝合技术是指将固定位置上下、前后、左右6个视角的照片缝合成一张全视野的图片，从而形成全景图的技术。这种技术产生的图像在导入计算机后再进行一些简单的处理就能为观众带来比较优良的观察环境的体验,但是由于是照片,所以在和场景的交互自由度上相对于虚拟现实技术稍逊一筹,但是在对环境的还原度上是非常出色的。而且由于照片的文件相对较小,所以运用这种技术展示的虚拟博物馆文件体量非常苗条,很适合通过互联网进行实时传输,所以大部分网络平台上的虚拟博物馆都运用了这种技术。例如故宫博物院虚拟线上博物馆就运用这种技术在配合全面的导游语音和精美的文物图片后,完美地展示了宏伟的故宫建筑群,让参观者可以足不出户地畅游故宫。故宫博物院虚拟博物馆也成为国内的一个典范。

1.5.4　虚拟博物馆的发展趋势

前面我们谈到了很多现有虚拟博物馆的技术、作用和特点,我们可以比较宏观地对虚拟博物馆产生一个认识。现在我们根据一些博物馆基本情况,以及虚拟现实技术的发展趋势大胆地对虚拟博物馆的未来尝试性地进行展望。

首先是硬件和技术方向,这一方向主要针对虚拟现实技术所依赖的计算机技术的发展,更加优化的计算机图形渲染方式和更加强大的图形和数据计算能力无疑对于提升虚拟博物馆的视觉效果起到了最直接的作用。另外,在现在移动网络普及的环境下,网络传输的速度和稳定性对虚拟博物馆的用户体验也越来越重要,在此基础上还要提升虚拟博物馆在程序结构上的优化与压缩,否则,虚拟博物馆将会受到现实空间的极大限制,从而丧失其便捷的重要立足点。当然,新型的体感设备在未来也会对虚拟博物馆的发展起到加速推进作用。

其次,在利用网络技术进行虚拟博物馆发布和传播的同时,网络传播中的信息结构模型也开始改变传统博物馆信息单向传递的特点,使得观众可以更加自主地观看博物馆设计的展览内容,以及发布对于这些内容的回馈信息。这对于博物馆这样信息集中度较高的部门有着比较重要的意义,便于发现和调整自己的展示方向,从而减少展览中不必要的时间成本,提升博物馆的传播效率。

最后,现在大部分虚拟博物馆本质上仍然是实体博物馆在数字平台上的代言人,主要展示信息仍然来源于博物馆本身的历史素材。而只存在于计算机网络平台上的博物馆现在还没有,这和行业发展的历史先后顺序有关。当下,各个行业都在积极拥抱数字技术和信息技术,但这些技术本身也在快速发展、演化。在未来,这些技术发展历程中的一些关键信息和成果也会成为信息时代中的"历史文物",从而成为一种脱离实体的真正意义上的虚拟博物馆。那时的人们也许已经脱离了传统的输入设备,以一种更加智能、更加亲和的人机交流方式参观虚拟博物馆,而当下的技术成果也已经进入这些博物馆中了,如图 1-25 所示。

图 1-25　未来的虚拟博物馆

总之,虚拟博物馆作为传统博物馆的延伸和拓展,充分运用了现代计算机技术和网络技术,对于信息的处理传播共性使得虚拟博物馆成了虚拟现实技术比较重要的应用领域。相信在未来,方兴未艾的虚拟博物馆会不断发展,为文物的展示和历史的再现提供更加丰富多彩的手段,成为传播文化的利器。

小结

本章是全书的理论基础,简要介绍了有关虚拟现实技术的基本概念和发展历程。

虚拟现实技术是指采用以计算机技术为核心的现代高新技术,生成逼真的视觉、听觉、触觉一体化的虚拟环境,使参与者可以借助必要的装备,以自然的方式与虚拟环境中的物体进行交互,并相互影响,从而获得等同真实环境的感受和体验。通过本章的学习,读者应重点掌握以下内容。

(1) 虚拟现实是计算机与用户之间的一种更为理想化的人机界面形式。与传统计算机接口相比,虚拟现实系统具有三个重要特征:沉浸感(Immersion)、交互性(Interaction)和构想性(Imagination)。任何虚拟现实系统都可以用这三个"I"来描述其特征。其中,沉浸感与交互性是决定一个系统是否属于虚拟现实系统的关键特征。

(2) 虚拟现实技术的发展和应用基本上可以分为以下三个阶段:
- 第一阶段是 20 世纪初期到 20 世纪 70 年代,是虚拟现实技术的萌芽与探索期;
- 第二阶段是 20 世纪 80 年代初到 20 世纪 80 年代末,虚拟现实技术的基本概念逐步形成,虚拟现实技术走出实验室,开始进入实际应用阶段;
- 第三阶段是从 20 世纪 90 年代初至今,是虚拟现实技术全面发展的时期,随着技术的不断成熟与成本的降低,消费级应用产品开始产生,虚拟现实技术成为连接现实与想象的全新桥梁。

(3) 一套完善的虚拟现实系统主要由计算机系统、输入/输出设备、应用软件、数据库、虚拟环境处理器几部分组成。

(4) AR(Augmented Reality,增强现实)、MR(Mixed Reality,混合现实)、XR(Extended Reality,扩展现实)技术的区别与联系。

(5) 数字孪生(Digital Twin)是指充分利用物理模型、传感器更新、运行历史等数据,集成多学科、多物理量、多尺度、多概率的仿真过程,在虚拟空间中完成映射,从而反映相对应的实体装备的全生命周期过程。

(6) 数字孪生系统最重要的特征是双向映射、动态交互、实时连接和迭代优化。

(7) 元宇宙是一个用来描述虚拟世界、数字世界或者多层次、多用户、多设备互联网空间的术语,通常包括虚拟现实(VR)、增强现实(AR)、混合现实(MR)等技术,以及人工智能(AI)、区块链、物联网(IoT)等技术的结合。

习题

一、名词解释
VR,AR,MR,XR。
二、填空题
1. 虚拟现实技术的特性有_____、_____和_____。

2.典型的虚拟现实系统主要由_____和_____等组成。

3.三维建模技术主要包括_____、_____、_____。

4.数字孪生系统最重要的几个特征是_____、_____和_____。

三、简答题

1.简述虚拟现实技术的发展历程。

2.简述虚拟现实技术的原理及本质。

3.简述不同虚拟现实系统的特点及应用情况。

4.简述元宇宙包含的相关技术。

四、论述题

1.谈谈你对虚拟现实技术现状及未来发展的看法。

2.你认为当前虚拟现实技术发展的主要障碍和问题是什么？

五、元宇宙作品赏析

作品链接为 https://c7dabbesb.wasee.com/m/c7dabbesb。

请分析该作品具备了元宇宙的哪些元素,作品的不足之处有哪些。

虚拟现实的关键技术

　　虚拟现实技术主要包括模拟环境、感知、自然技能和传感设备等方面。模拟环境是由计算机生成的、实时动态的三维立体逼真图像。感知是指理想的 VR 应该具有一切人所具有的感知。除计算机图形技术所生成的视觉感知外,还有听觉、触觉、力觉、运动等感知,甚至还包括嗅觉和味觉等,也称为多感知。自然技能是指人的头部转动、眼睛、手势或其他人体行为动作,由计算机来处理与参与者的动作相适应的数据,并对用户的输入做出实时响应,并分别反馈到用户的五官。传感设备是指三维交互设备。

　　另外,虚拟现实技术又是多种技术的综合,关键技术主要包括立体高清显示技术、三维建模技术、三维虚拟声音技术、人机交互技术等。

2.1　立体高清显示技术

　　立体高清显示技术是虚拟现实的关键技术之一,它使用户在虚拟世界里具有更强的沉浸感,立体高清显示技术的引入可以使各种模拟器的仿真更加逼真。

　　立体高清显示可以把图像的纵深、层次、位置全部展现,参与者可以更直观、更自然地了解图像的现实分布状况,从而更全面地了解图像或显示内容的信息。从技术方面看,需要通过光学技术构建逼真的三维环境和立体的虚拟物体对象,这就要求根据人类双眼的视觉生理特点来进行设计,使得人们在虚拟现实环境中将看到的景观与日常生活中的场景相比较时,在质量、清晰度和范围方面应该是无法区分的,从而产生身临其境的沉浸感。目前,立体高清显示技术主要通过佩戴立体眼镜等辅助工具来观看立体影像。随着人们对观影要求的不断提高,由非裸眼式向裸眼式的技术升级成为发展的重点和趋势,目前比较有代表性的技术有分色技术、分光技术、分时技术、光栅技术和全息显示技术。

视频 2-1　立体高清显示技术

2.1.1　立体视觉的形成原理

　　立体视觉是人眼在观察事物时所具有的立体感。人眼对获取的镜像有相当的深度感知能力(Depth Perception),而这些感知能力又源自人眼可以提取出景象中的深度要素(Depth Cue)。之所以可以具备这些能力,主要依靠人眼的以下几种机能:

- 双目视差(Binocular Parallelax);
- 运动视差(Motion Parallelax);
- 眼睛的适应性调节(Accommodation);
- 视差图像在大脑中的融合(Convergence)。

除了以上几种机能外,人的经验和心理作用也对景象的深度感知能力有影响,例如图像的颜色差异、对比度差异、景象阴影甚至是所观看显示器的尺寸和观察者所处的环境等,但这些要素相对上述机能来讲,在建立立体感上的影响是比较小的。

当人们的双眼同时注视某物体时,双眼视线交叉于某个物体对象上,称为注视点,从注视点反射到视网膜上的光点是对应的,但由于人的两只眼睛相距 4~6cm,因此在观察物体时,两只眼睛从不同的位置和角度注视物体,所得的画面有细微的差异,如图 2-1 所示,正是这种视差,在传入大脑视觉中枢合成一个物体完整的图像时,不但能看清该物体对象,而且能分辨出该物体对象与周围物体间的距离、深度、凸凹等,这样所获取的图像就是一种具有立体感的图像,这种视觉也就是人的双眼立体视觉。

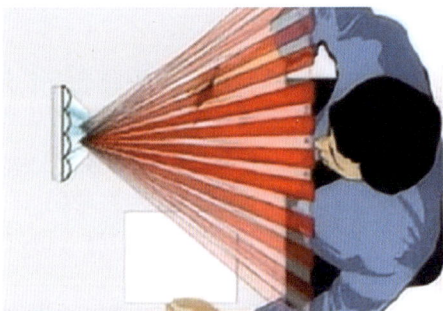

图 2-1　双眼立体视觉原理

实际上,人们在观察事物时,不仅是双眼看物会产生立体感,单眼看物也会产生三维效果。如果一个物体对象有一定的景深效果,单眼观察时会自动进行调节,也就是对物体的远近差异会引起眼睛内的晶状体焦距及瞳孔直径的调节;如果物体是运动的,单眼就会产生移动视差,因物体位置的前后不同引起的移动而产生差异。

从以上可以看出,要使一幅画面产生立体感,至少要满足以下 3 方面的条件。

1．画面有透视效果

透视效果是观看三维世界时的基本规律,是画面产生立体感的基本要求。如果画一个立方体却不遵照立方体的透视规律,那么画出来的作品就一定不会产生立方体所应有的立体感,不过,即使是这样的作品,它还是有透视效果的,只不过是别的东西的透视效果。那么为什么没有透视效果呢?例如一个正方形就没有透视效果,如果画面中只有一个孤零零的正方形,就绝对不会有立体感。

2．画面有正确的明暗虚实变化

真实世界中,根据光源的亮度、颜色、位置和数量的不同,物体会有相应的亮部、暗部、投影和光泽等,同时近处的物体在色彩饱和度、亮度、对比度等方面都相对较高,远处的则较低。如果画面中没有这些效果或违反这些规律,都不会产生好的立体感。

3．具有双眼的空间定位效果

人眼在观看物体时,两只眼睛分别从两个角度观看,看到的两幅画面自然有细微的差别,如图 2-2 所示。大脑会将两幅画面混合成一幅完整的画面,并根据它们的差别线索感知被视物的距离,这就是双眼的空间定位,是人眼感知距离最主要的手段。如果重放画面时不能再现这种空间定位的感觉,那么即使前两点做得很不错,也总会欠缺点什么。

以上 3 点只有同时满足,才能产生比较完美的立体效果,普通显示器可以实现前两点,却无法实现第三点,而所谓的立体高清显示技术就是能够再现空间定位感的显示技术。

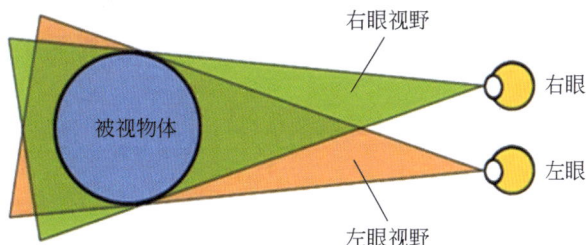

图 2-2 双眼空间定位

2.1.2 立体高清显示技术

两只眼睛的视差是实现立体视觉的基础。为了实现立体显示效果,首先需要对同一场景分别产生相应于左右眼的不同图像,让它们之间具有一定的视差;然后借助相关技术,使双眼只能看到与之相应的图像。这样,用户才能感受到立体效果。

从时间特点上来讲,目前的立体显示技术可以分为同时显示(frame parallel)技术和分时显示(frame sequential)技术两类。同时显示是指在屏幕上同时显示出对应于左右双眼的两幅图像;分时显示是指以一定的频率交替显示两幅图像。

从设备特点上来讲,立体显示技术可以分为立体眼镜、立体头盔、裸眼立体三类。其中,立体眼镜又可细分为主动立体眼镜和被动立体眼镜两类。主动立体眼镜是指有源眼镜,它通过"快门"来控制镜片的透光性;被动立体眼镜是指无源眼镜,它通过滤波技术来控制镜片的透光性。下面具体说明各种立体显示技术。

1. 彩色眼镜法

这种眼镜属于被动立体眼镜,主要用于同时显示技术中,如图 2-3 所示。它的基本原理是,将左右眼图像用红绿两种补色在同一屏幕上同时显示出来,用户佩戴相应的补色眼镜(一个镜片为红色,另一个镜片为绿色)进行观察。这样每个滤色镜片吸收来自相反图像的光线,从而使双眼只看到同色的图像。这种方法会造成用户的色觉不平衡,容易产生视觉疲劳。

2. 偏振光眼镜法

偏振光眼镜同样属于被动立体眼镜,主要用于同时显示技术中。它的基本原理是,将左右眼图像用偏振方向垂直的光线在同一屏幕上同时显示出来,用户佩戴相应的偏振光眼镜(两个镜片的偏振方向垂直)进行观察,如图 2-4 所示。这样每个镜片阻挡相反图像的光波,从而使双眼只能看到相应的图像。

图 2-3 彩色眼镜

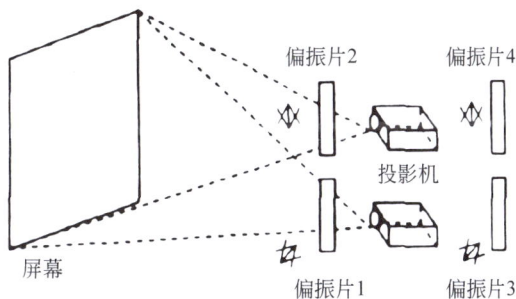

图 2-4 偏振光眼镜法立体显示示意图

3. 液晶光阀眼镜法

液晶光阀眼镜属于主动立体眼镜,主要用于分时显示技术中。它的基本原理是,显示屏分时显示左右眼的视差图,并通过同步信号发射器及同步信号接收器控制观看者所佩戴的液晶光阀眼镜。当显示屏显示左(右)眼视差图像时,左(右)眼镜片透光而右(左)眼镜片不透光,这样双眼只能看到相应的图像,如图 2-5 所示。这种方法的主要特点是:要求显示器的帧频为普通显示器的两倍,一般需要达到 120 Hz。

4. 立体头盔显示法

立体头盔显示法是在观看者双眼前各放置一个显示屏,观看者的左右眼只能看到相应显示屏上的视差图像。头盔显示器可以进一步分为同时显示和分时显示两种,前者的价格更加昂贵。这种立体显示存在单用户性、显示屏分辨率低、头盔沉重、容易给眼睛带来不适感等缺点,如图 2-6 所示。

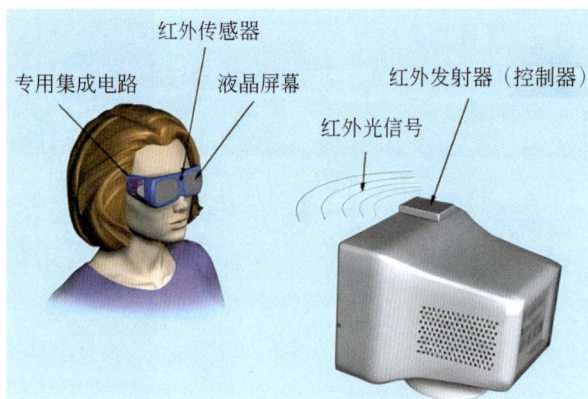

图 2-5 液晶光阀眼镜法立体显示示意图

图 2-6 立体头盔

5. 裸眼立体显示法

这种方法不需要用户搭配任何装置,直接观看显示设备即可感受到立体效果。这种方法又可以分为 3 类:光栅式自由立体显示、整体显示、全息投影显示。

1) 光栅式自由立体显示

这种显示设备主要由平板显示屏和光栅组合而成。左右眼视差图像按一定规律排列并显示在平板显示屏上,然后利用光栅的分光作用将左右眼视差图像的光线向不同方向传播。当观看者位于合适的观看区域时,其左右眼分别观看到相应的视差图像,从而获得立体视觉效果。常见的光栅类型包括狭缝光栅和柱透镜光栅两类。

狭缝光栅包括前置式狭缝光栅和后置式狭缝光栅两种,其原理如图 2-7 所示。前置式狭缝

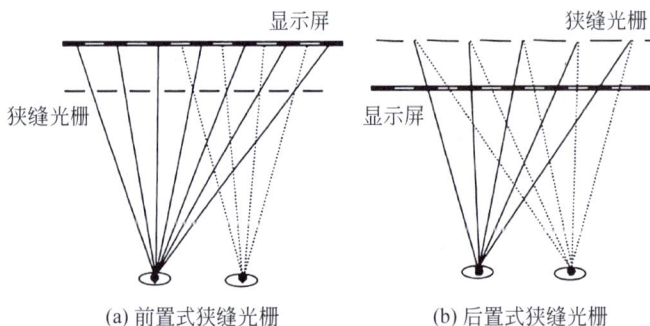

(a) 前置式狭缝光栅   (b) 后置式狭缝光栅

图 2-7 狭缝光栅自由立体显示原理

光栅置于平板显示屏与观看者之间,观看者的左右眼透过狭缝光栅的透光部分只能看到对应的左右眼视差图像,由此产生立体视觉。后置式狭缝光栅置于平板显示屏与背光源之间,用来将背光源调制成狭缝光源。当观看者位于合适的观看区域时,从左(右)眼处只能看到显示屏上的左(右)眼狭缝被光源照亮。所以,观看者左右眼只能看到对应的视差图像,由此产生立体视觉。

柱透镜光栅自由立体显示原理如图2-8所示,它利用柱透镜阵列的折射作用将左右眼视差图像分别提供给观看者的左右眼,从而产生立体视觉效果。

可见,光栅式自由立体显示技术的本质是使用光栅等滤光器替代立体眼镜。但是,上述两种光栅都有一定缺陷。如狭缝光栅对光线具有遮挡作用,所以会导致立体图像的亮度损失严重;而柱透镜光栅基本不会造成亮度损失。由于在平板显示器上同时显示两幅视差图像,所以上述两种光栅都会导致立体图像的分辨率降低。

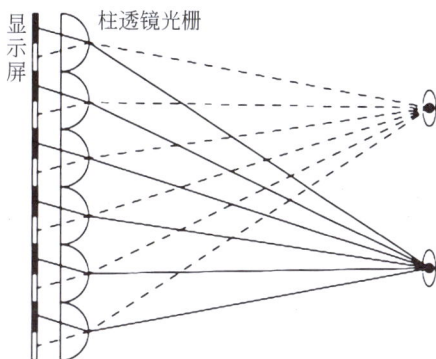

图 2-8　柱透镜光栅自由立体显示原理

2）整体显示

它的基本原理是:通过特殊显示设备将三维物体的各个侧面图像同时显示出来。图2-9说明了一种基于扫描的整体显示方法。它以半圆形显示屏作为投影面,如果将其高速旋转起来,就形成了一个半球形的成像区域。在旋转过程中,投影机会把同一物体的多幅不同侧面的二维图像闪投在显示屏上。这样,由于人眼的视觉暂留原理,就会观看到一个似乎飘浮在空中的三维物体。

图2-10说明了一种基于点阵的整体显示方法。图中所示立方体是添加了发光物质的透明荧光体,它是由一系列点阵组成的。如果水平和垂直方向的两束不可见波长的光线同时聚焦到同一个荧光点上,那么该点就会发出可见光。显示立体图像时,首先需要把三维物体分解为一系列点阵,然后由两束光波依次扫描立方体中的各个荧光点,使得与三维物体相对应的荧光点发光,而其他荧光点不发光。这样,观看者就可以看到立体模型了。

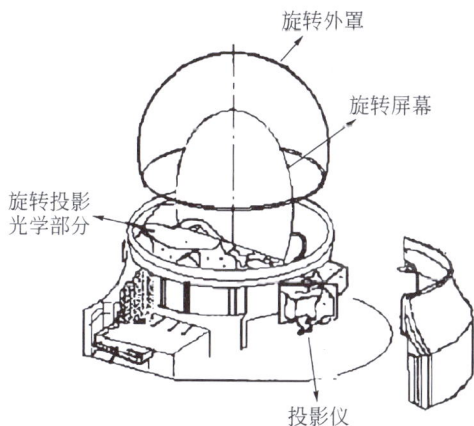

图 2-9　基于扫描的整体显示方法

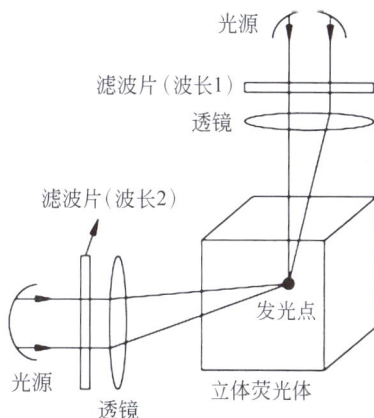

图 2-10　基于点阵的整体显示方法

上述媒体显示方法可供多个观看者同时从不同角度观看同一立体场景,且兼顾了人眼的调节和汇聚特性,不会引起视觉疲劳。

3）全息投影显示

全息投影技术是利用光的干涉和衍射原理记录并再现真实物体三维图像的技术。

首先是利用干涉原理记录物体光波信息，即拍摄过程。被摄物体在激光辐射下形成漫射式的物光束；另一部分激光作为参考光束射到全底片上，和物光束叠加产生干涉，把物体光波上各点的相位和振幅转换成在空间上变化的强度，从而利用干涉条纹间的反差和间隔将物体光波的全部信息记录下来。

然后是利用衍射原理再现物体光波信息，即成像过程，当胶片冲洗完成后，它就记录了原始物体上每一点的衍射光栅。如果参考光束重新照射胶片，那么原始物体上每一点的衍射光栅都可以衍射部分参考光线，重建出原始点的散射光线。当原始物体上所有点的衍射光栅所形成的衍射光线叠加在一起以后，就可以重建出整个物体的立体影像了。

近年来，随着计算机技术的发展和高分辨率电荷耦合成像器件（Charge Couple Device，CCD）的出现，数字全息技术得到迅速发展。与传统全息不同的是，数字全息用CCD代替普通全息材料记录全息图，用计算机模拟取代光学衍射来实现物体再现，实现了全息图记录、存储、处理和再现全过程的数字化，具有充满希望的前景。

全息投影技术再现的三维图像立体感强，具有真实的视觉效应。观看者可以在其前后左右观看，是真正意义上的立体显示。图2-11所示为HOLOCUBE公司开发的一款全桌面全息显示器。2011年1月1日，湖南卫视的跨年晚会使用全息投影技术让邓丽君登台演唱，如图2-12所示。

图 2-11　HOLOCUBE 公司的全息显示器

图 2-12　全息投影技术的应用

视频 2-2　三维建模技术

2.2　三维建模技术

虚拟现实是一种逼真地模拟人在自然环境中的视觉、听觉、嗅觉、运动等行为的全新的人机交互技术，其最终目标是使用户置身于一个由计算机生成的虚拟环境中。建模是对现实对象或环境的逼真仿真，虚拟对象或环境的建模是虚拟现实系统建立的基础，也是虚拟现实技术中的关键技术之一。评价虚拟建模的技术指标包括以下内容。

1. 精确度

它是衡量模型表示显示物体精确度的指标，也是表现场景真实性的重要元素之一。

2. 操作效率

在实际运用过程中，模型的显示、运动模型的行为、在有多个运动物体的虚拟环境中的冲突检测等都是频度很高的操作，必须高效实现。

3. 易用性

创建有效的模型是一个十分复杂的工作,建模者必须尽可能精确地表现物体的几何和行为模型,建模技术应尽可能容易地构造和开发一个好的模型。

4. 实时显示

在虚拟环境中,模型的显示必须在某个极限帧率以上,这往往要求快速显示。

三维建模技术主要包括几何建模、物理建模、运动建模。

2.2.1　几何建模

虚拟对象基本上都是由几何图形构成的。采用几何建模方法对物体对象虚拟主要是物体几何信息的表示和处理,描述虚拟对象的几何模型(如多边形、三角形、定点以及它们的外表,如纹理、表面反射系数、颜色等),即用一定的数学方法对三维对象的几何模型进行描述。物体的形状由构成物体的各个多边形、三角形及定点来确定;物体的外观则是由表面纹理、材质、颜色、光照系数等决定的。

1. 形状建模

要表现三维物体,最基本的是绘制出三维物体的轮廓,利用点和线来构造整个三维物体的外边界,即仅使用边界来表示三维物体。三维图形物体中,运用边界表示的最普遍方式是使用一组包围物体内部的表面多边形来存储物体的描述,多面体的多边形表示精确定义了物体的表面特征,但对其他物体,则可以通过把表面嵌入物体中来生成一个多边形网格逼近,曲面上采用多边形网格逼近可以通过将曲面分成更小的多边形加以改善。由于线框轮廓能快速显示以概要地说明表面结构,因此这种表示在设计和实体模型应用中普遍采用。通过沿多边形表面进行明暗处理来消除或减少多边形边界,可以实现真实性绘制。

形状建模通常采用的方法如下。

1) 人工几何建模方法

(1) 对于对象的形状建模,常常可以利用现有的图形库来创建。常用的图形库有图形核心系统(Graphical Kernel System,GKS)、程序员级分层结构交互图形系统(Programmer's Hierarchical Interactive Graphic System,PHIGS)、开放式图形库等。利用这些图形库建模具有编程容易、效率较高等优点。

(2) 利用建模软件进行建模,如 AutoCAD、3ds MAX、Maya 等,这些软件具有可视化、交互性强等特点,可以方便地创建虚拟对象的几何模型。

2) 自动几何建模方法

自动化的建模方法很多,最典型的是利用三维扫描设备对实际物体进行三维建模。如三维扫描仪又称为三维数字化仪,是一种将真实世界的立体彩色图形转换为计算机能直接处理的数字信号的装置,它在 VR 技术、影视特技制作、高级游戏、文物保护等方面有着广泛的应用。事实上,在 VR 系统中,靠人工构造大量的三维彩色模型费时费力,且真实感差。利用三维扫描技术可为 VR 系统提供大量与现实世界完全一致的三维彩色模型数据。

2. 外观建模

对象的外表是一种物体区别于其他物体的质地特征,VR 系统虚拟对象的外表真实感主要取决于它的表面反射和纹理。一般来讲,只要时间足够宽裕,用增加物体多边形的方法就可以绘制出十分逼真的图形表面。但是 VR 系统是典型的限时计算与显示系统,对实时性要求很高,因此,省时的纹理映射(Texture Mapping)技术在 VR 系统几何建模中得到了广泛的应用。用纹理映射技术处理对象的外表,一是增加了细节层次以及景物的真实感,二是提供了更好的三维空间线索,三是减少了视镜多边形的数目,因此提高了帧刷新率,增强了复杂场景的实时动态显示效果。

1) 纹理映射

所谓纹理映射,就是把给定的纹理图像映射到物体表面上,并不是特定的几何模型,使用纹理映射可以避免对场景的每个细节都使用多边形来表示,进而可以大大减少环境模型的多边形数目,提高图形的显示速度。

纹理映射的过程如图 2-13 所示。

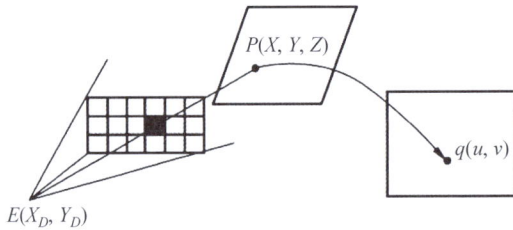

图 2-13　纹理映射过程示意图

$E(X_D, Y_D)$ 代表眼点, $P(X, Y, Z)$ 代表物体上的点, $q(u, v)$ 代表纹理上的像素点,所以,纹理映射实际上是屏幕空间、物体空间和纹理空间一系列的变换过程。虚拟对象的纹理可通过拍摄对应物体的照片,然后将照片扫描进计算机的方法得到,也可用图像绘制软件建立。

从物体表面的质地特征来看,纹理映射分为颜色纹理映射和凸凹纹理映射。前者是通过颜色色彩或明暗度的变化来表现物体的表面细节,后者则是通过对物体表面各采样点法向量的扰动来表现物体几何形状凸凹不平的粗糙质感。

从具体算法来看,纹理映射可分为标准纹理映射和逆向纹理映射。标准纹理映射是对纹理表面进行均匀扫描,并直接映射到屏幕空间。逆向纹理映射是对屏幕上的每一个像素,通过逆映射寻找到物体空间上的对应点,再在纹理空间找到相应的像素点,取得纹理值,经滤波后显示该像素。

纹理映射技术应用很广,尤其描述具有真实感的物体。例如绘制一面砖墙,就可以用一幅真实的砖墙图像或照片作为纹理贴到一个矩形上,砖墙就会很逼真。纹理映射也常常运用在其他一些领域,如飞行仿真中常把一大片植被的图像映射到一些多边形上以表示地面,或者用大理石、木材、布匹等自然物质的图像作为纹理映射到多边形上以表示相应的物体。

2) 光照

当光照射到物体表面时,可能被吸收、反射或者折射。被物体吸收的部分转化为热,而那些被反射和折射的光传送到人们的视觉系统,使人们能看见物体。为了模拟这一物理现象,我们使用一些数学公式来近似计算物体表面按照什么样的规律、什么样的比例来反射或者折射光线。这种公式称作明暗效应模型。

假设物体不透明,那么物体表面呈现的颜色仅仅由其反射光决定。通常,反射光由三个分量表示,分别是环境反射光、漫反射光、镜面反射光。

(1) 环境反射光。环境反射光在任何方向上的分布都相同。环境反射光用于模拟从环境中周围物体散射到物体表面再反射出来的光。环境反射光可以用下面的公式表示。

$$I = K_a I_a$$

其中, I 是所要求的物体表面的光亮度(即需要显示的颜色); K_a 是环境反射常数,与物体表面的性质有关; I_a 是入射的环境光光强,与环境的明暗有关。

（2）漫反射光。漫反射光的空间分布也是均匀的，但是反射光的光强与入射光的入射角的余弦成正比。通常可以用下面的公式表示。

$$I = K_d I_i \cos\theta$$

其中，I 为物体表面的光亮度；K_d 是漫反射常数，与物体表面的性质有关；I_i 是光源垂直入射时反射光的光亮度；θ 是光源入射角，如图 2-14 所示。

（3）镜面反射光。镜面反射光为朝一定方向的反射光，它遵循光的反射定律。反射光和入射光对称地位于表面法向量的两侧。对于纯镜面，入射光严格遵守光的反射定律单向反射出去。然而真正的纯镜面是不存在的，一般光滑表面实际上是由许多朝向不同的微小平面组成的，其镜面反射光存在于镜面反射方向的周围。常常使用余弦函数的某次幂来模拟一般光滑表面反射光的空间分布，光照处理算法表示为

图 2-14　入射方向、反射方向及
视线方向示意图

$$I = K_s I_i \cos^n\alpha$$

其中，I 为镜面的光亮度；K_s 表示入射光线镜面反射的百分比；I_i 为镜面反射方向上的镜面反射光亮度；α 为镜面反射方向和视线方向的夹角；n 为镜面反射光的会聚指数，或称为"高光"指数，它是一个正实数，其取值取决于表面材料的属性，一般为 1 到数百不等。对于较光滑的表面，其镜面反射光的会聚程度较高，此时可将值取得大一些，而对于光滑度较低的表面，其镜面反射光呈发散状态，此时可将取值取得小一点。

在计算机图形学中，光滑的曲面常用多边形逼近表示，因为处理平面比处理曲面容易得多。但是，这样就会失去原来曲面的光滑度，呈现多边形。这种现象是因为不同平面的法向量不同，形成不同平面之间不连续的光强跳跃。图 2-15 所示是光照示意图，图中的白色小球是一个点光源，光线在立方体和球体两个对象上发生反射，产生明暗效果。

图 2-15　光照示意图

2.2.2　物理建模

在虚拟现实系统中，虚拟对象必须像真的一样，这需要体现对象的物理特性，包括重力、惯性、表面硬度、柔软度和变形模式等，这些特征与几何建模相融合，形成更具有真实感的虚拟环境。例如，用户用虚拟手握住一个球，如果建立了该球的物理模型，用户就能够真实地感觉到该球的重量、软硬程度等。

物理建模是虚拟现实中较高层次的建模，它需要物理学和计算机图形学的配合，涉及力学

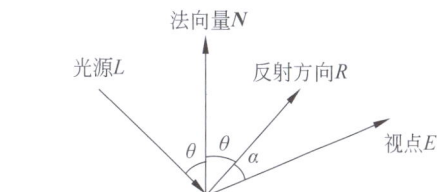

反馈问题,重要的是重量建模、表面变形和软硬度的物理属性的体现。分形技术和粒子系统就是典型的物理建模方法。

1. 分形技术

自然界存在的典型景物,如高山、沙漠、海滨、白云,这些都是大自然多姿多彩的美丽景色,也是传统数学难以描述的怪异曲线、曲面。在虚拟现实系统的虚拟世界中,必然会出现这些怪异的曲线、曲面,因为传统的数学对其难以描述,所以要借助新的数学工具。分形理论认为,分形曲线、曲面具有精细结构,表现为处处连续,但往往是处处不可导,其局部与整体存在惊人的自相似性。因此,分形技术是指可以描述具有自相似特征的数据集。自相似特征的典型例子是树。若不考虑树叶的区别,当我们靠近树梢时,树的细梢看起来也像一棵大树。由相关的一组树梢构成的一根树枝从一定距离观察时也像一棵大树。这种结构上的自相似也称为统计意义上的自相似。

自相似结构可用于复杂的不规则外形物体的建模。该技术首先用于水流和山体的地理特征建模。例如,可以利用三角形来生成一个随机高程的地理模型,取三角形三边的中点并按顺序连接起来,将三角形分割成 4 个三角形,同时,给每个中点随机赋一个高程值,然后递归上述过程,就可以产生相当真实的山体了。

分形技术的优点是通过简单的操作就可以完成复杂的不规则物体的建模,缺点是计算量太大。因此,在虚拟现实中一般仅用于静态远景的建模。

2. 粒子系统

所谓的粒子系统,就是将人们看到的物体运动和自然现象用一系列运动的粒子来描述,再将这些粒子运动的轨迹映射到显示屏上,在显示屏上看到的就是物体运动和自然现象的模拟效果了。

粒子系统是一种典型的物理建模系统,其基本思想是:采用大量的、具有一定生命和属性的微小粒子图元作为基本元素来描述不规则的模糊物体。在粒子系统中,每一个粒子图元均具有形状、大小、颜色、透明度、运动速度和运动方向、生命周期等属性,所有这些属性都是时间 t 的函数。随着时间的流逝,每个粒子都要经历"产生""活动""消亡"三个阶段。

利用粒子系统生成画面的基本步骤如下:

① 产生新的粒子;

② 赋予每个新粒子一定的属性;

③ 删除那些已经超过生存期的粒子;

④ 根据粒子的动态属性对粒子进行移动和变换;

⑤ 显示由有生命的粒子组成的图像。

粒子系统采用随机过程控制粒子的产生数量,确定新产生粒子的一些初始随机属性,如初始运动方向、初始大小、初始颜色、初始透明度、初始形状以及生存期等,并在粒子的运动和生长过程中随机改变这些属性。粒子系统的随机性使模拟不规则模糊物体变得十分简便。

粒子系统应用的关键在于如何描述粒子的运动轨迹,也就是构造粒子的运动函数。函数选择的恰当与否决定了效果的逼真程度。其次,坐标系的选定(即视角)也有一定的关系。视角不同,看到的效果自然也不一样。

在虚拟现实中,粒子系统常用于描述火焰、水流、雨雪、旋风、喷泉、战场硝烟、飞机尾焰、爆炸烟雾等现象。

2.2.3　运动建模

几何建模只是反映了虚拟对象的静态特性,而 VR 中还要表现虚拟对象在虚拟世界中的动态特性,而有关对象位置变化、旋转、碰撞、抓握、表面变形等方面的属性,就属于运动建模问题。

1. 对象位置

对象位置通常涉及对象的移动、伸缩和旋转。因此往往需要用各种坐标系来反映三维场景中对象之间的相互位置关系。例如,假设我们开着一辆汽车围绕树行驶,从汽车内看该树,该树的视景就与汽车的运动模型非常相关,生成该树视景的计算机就应不断对该树进行移动、旋转和缩放。

2. 碰撞检测

在虚拟世界中,必须对用户和虚拟对象的移动加以限制,否则就会出现两个对象自由穿透的奇异情景。因此,碰撞检测技术也是 VR 系统中不可缺少的关键技术之一。有了碰撞检测,在虚拟环境中进行漫游时,才可避免诸如观察者穿墙而过、3D 游戏中被距离很远的子弹击倒等现实中不会出现的情况。

碰撞检测技术不仅要能检测是否有碰撞发生、碰撞发生的位置,还要计算出碰撞发生后的反应。碰撞检测需要具有较高的实时性和精确性,如必须在很短的时间(如 30～50ms)内完成,其技术难度很高。目前较成熟的碰撞检测算法有层次包围盒法和空间分解法等。

1) 层次包围盒法

利用体积略大而形状简单的包围盒把复杂的几何对象包裹起来,在进行碰撞检测时,首先进行包围盒之间的相交测试,若包围盒不相交,则排除碰撞的可能性;若相交,则接着进行几何对象之间精确的碰撞检测。显然,包围盒法可以快速排除不相交的对象,减少大量不必要的相交测试,从而提高碰撞检测的效率。常用的包围盒可以是长方体,也可以是圆球、圆柱等。包围盒的选择和需要碰撞检测的虚拟对象有关,应尽量做到算法简单、检测精度较高。层次包围盒法的应用较为广泛,适用于复杂环境中的碰撞检测。

2) 空间分解法

空间分解法是指将整个虚拟空间分解为体积相等的小单元格,所有对象都被分配到一个或多个单元格中,系统只对占据同　单元格或相邻单元格的对象进行相交测试。这样,对象间的碰撞检测就转换为包含该对象的单元格之间的碰撞检测。当对象较少且均匀分布于空间时,这种方法效率较高;当对象较多且距离很近时,由于需要进行单元格更深的递归分割,从而需要更多的空间存储单元格,并需要进行更多的单元格相交测试,因此降低了效率。因此,空间分解法适用于稀疏环境中分布比较均匀的几何对象间的碰撞检测。

2.3　三维虚拟声音技术

视频 2-3　三维虚拟声音技术

在虚拟现实系统中,听觉信息是仅次于视觉信息的第二传感通道,听觉通道给人的听觉系统提供的是声音显示,也是创建虚拟世界的一个重要组成部分。而虚拟环境中的三维虚拟声音与人们熟悉的立体声音有所不同。立体声虽然有左右声道之分,但就整体效果而言,立体声来自听者面前的某个平面,而三维虚拟声音则来自围绕听者双耳的一个球形中的任何地方,即声音出现在头的上方、后方或者前方。因此在虚拟环境中,能使用户准确判断出声源的准确位置,符合人们在真实世界中听觉方式的声音统称为三维虚拟声音。

2.3.1 三维虚拟声音的特征

三维虚拟声音具有全向三维定位、三维实时跟踪和三维虚拟声音的沉浸感与交互性三大特性。

（1）全向三维定位（Omnidirectional 3D Steering）是指在虚拟环境中对声源位置的实时跟踪。例如，当虚拟物体发生位移时，声源位置也应发生变化，这样用户才会觉得声源的相对位置没有发生变化。只有当声源变化和视觉同步变化时，用户才能感到正确的听觉和视觉的叠加效果。

（2）三维实时跟踪（3D Real-Time Localization）是指在三维虚拟环境中实时跟踪虚拟声源的位置变化或虚拟影像变化的能力。当用户转动头部时，这个虚拟声源的位置也应随之改动，使用户感到声源的位置并未发生变化。而当虚拟环境发生物体移动位置时，其声源位置也应有所改变。因为只有声音效果与实时变化的视觉一致，才能产生视觉与听觉的叠加和同步效应。

例如，假想在虚拟房间中有一台正在播放节目的电视。如果用户站在距离电视较远的地方，则听到的声音也将较弱，但只要他逐渐走近电视，就会感受到越来越大的声音效果；当用户面对电视时，会感到声源来自正前方，而如果此时向左转动头部或走到电视左侧，他就会立刻感到声源已处于自己的右侧。这就是虚拟声音的全向三维定位特性和三维实时跟踪特性。可以说，一套性能良好的三维声音系统将能使所有虚拟声音的体验与人们在现实生活中获得的体验相同。

（3）三维虚拟声音的沉浸感是指在三维场景中加入三维虚拟声音后，使用户在听觉与视觉交互的同时能够产生身临其境的感觉，使人沉浸在虚拟世界中，有助于增强临场效果。三维声音的交互性是指随用户的运动而产生的临场反应和实时响应的能力。

2.3.2 头部相关传递函数

在虚拟环境中构建较完整的三维声音系统是一个极其复杂的过程。为了建立三维虚拟声音，一般可以先从一个最简单的单耳声源开始，然后让它通过一个专门的回旋硬件，生成分离的左右信号，就可以使一个戴耳机的实验者准确地确定声源在空间中的位置了。实际上，在听觉定位过程中，声波要经过头、躯干和外耳构成的复杂外形对其产生的散射、吸收等作用之后，才能传递到鼓膜。当相同入射声波的方向不同时，到达鼓膜的声音频率成分就不同，此改变依赖于入射声波的方向以及人头部、外耳、躯干的形状与声学特性。经研究人员的实验证明，首先通过测量外界声音与鼓膜上声音的频率差异，获得了声音在耳部附近发生的频谱变形，随后利用这些数据对声波与人耳的交互方式进行编码，得出相关的一组传递函数，并确定出两耳的信号传播延迟特点，以此对声音进行定位。通常在 VR 系统中，当无回声的信号由这组传递函数处理后，再通过与声源缠绕在一起的滤波器驱动一组耳机，就可以在传统的耳机上形成有真实感的三维声音了。由于这组传递函数与头部有关，故被称为头部相关传递函数。由此可以看出，头部相关传递函数可视为声音在人体周围位置包含人体特征的函数。当获得的头部相关传递函数能够准确描述某个人的听觉定位过程时，利用它就能够模拟、再现真实的声音场景。

由于每个人的头、耳的大小和形状各不相同，头部相关传递函数也会因人而异。但目前已有研究开始寻找对各种类型都通用且能提供良好效果的头部相关传递函数。

2.3.3 语音识别与合成技术

在虚拟现实系统中，语音应用技术主要是指基于语音进行处理的技术，主要包括语音识别技术和语音合成技术,它是信息处理领域的一项前沿技术。

1. 语音识别技术

语音识别技术是指计算机系统能够根据输入的语音识别出其代表的具体意义,进而完成相应的功能。一般的方法是事先让用户朗读有一定数量文字、符号的文档,通过录音装置输入计算机,就准备好了用户的声音样本。以后,当用户通过语音识别系统操作计算机时,用户的声音通过转换装置进入计算机内部,语音识别技术便将用户输入的声音与事先存储的声音样本进行对比。系统根据对比结果,输入一个它认为最"像"的声音样本序号,这样就可以知道用户刚才朗读的文档是什么意思,进而执行此命令。因此,通过语音识别技术,计算机可以"听懂"人类的语言。

一个完整的语音识别系统可大致分为以下三部分。

(1) 语音特征提取。其目的是从语音波形中提取出随时间变化的语音特征序列。

(2) 声学模型与模式匹配(识别算法)。声学模型通常将获取的语音特征通过学习算法产生。在识别时,将输入的语音特征同声学模型(模式)进行匹配与比较,得到最佳的识别结果。

(3) 语言模型与语言处理。语言模型包括由识别语音命令构成的语法网络或由统计方法构成的语言模型,语言处理可以进行语法、语义分析。对于小词表语音识别系统,往往不需要语言处理部分。

一般来说,语音识别的方法有三种:基于声道模型和语音知识的方法、模式匹配的方法以及利用人工神经网络的方法。

(1) 基于声道模型和语音知识的方法起步较早,在语音识别技术提出的初期就有了这方面的研究,但由于其模型及语音知识过于复杂,现阶段尚没有达到实用的阶段。

(2) 模式匹配的方法发展比较成熟,目前已达到实用阶段。在模式匹配方法中,要经过特征提取、模式训练、模式分类和判决四个步骤。常用的技术有动态时间归正、隐马尔可夫理论和矢量量化技术三种。

(3) 利用人工神经网络的方法是 20 世纪 80 年代末期提出的一种新的语音识别方法。人工神经网络本质上是一个自适应非线性动力学系统,模拟了人类神经活动的原理,具有自适应性、并行性、鲁棒性、容错性和学习特性,其强大的分类能力和输入/输出映射能力在语音识别中很有吸引力。但由于存在训练、识别时间太长的缺点,其目前仍处于实验探索阶段。

2. 语音合成技术

语音合成技术是将计算机自己产生的或外部输入的文字信息按语音处理规则转换成语音信号输出,使计算机流利地读出文字信息,使人们通过"听"就可以明白信息的内容。也就是说,使计算机具有了"说"的能力,能够将信息"读"给人类听。这种将文字转换成语音的技术称为文语转换技术(Text To Speech,TTS),也称为语音合成技术。

一个典型的语音合成系统可以分为文本分析、韵律建模和语音合成三大模块,主要功能是根据韵律建模的结果,从原始语音库中取出相应的语言基元,然后利用特定的语音合成技术对语音基元进行韵律特性的调整和修改,最终合成出符合要求的语音。

常用的语音合成方法按照合成方法分类,分为参数合成法、基音同步叠加法和基于数据库的语音合成法。参数合成法是通过调整合成器参数实现语音合成的;基音同步叠加法是通过对时域波形拼接实现语音合成的;基于数据库的语音合成法是采用预先录制语音单元并保存在数据库中,再从数据库中选择并拼接各种语音内容来实现语音合成的。

按照技术方式分类,分为波形编辑合成、参数分析合成以及规则合成三种。波形编辑合成是将语句、短语、词或章节作为合成单元,这些单元被分别录音后被压缩编码,组成一个语音库,重放时,取出相应单元的波形数据串接或编辑在一起,经解码还原出语音,这种合成方式也称为录音编辑合成;参数分析合成是以音节、半音节或音素为合成单元,按照语音理论对所有合成单元的语音进行分析,提取有关语音参数,这些参数经编码后组成一个合成语音库,输出时,根据待合成的语音信息,从语音库中取出相应的合成参数,经编辑和连接,顺序送入语音合成器,在合成器中通过合成参数的控制,将语音波形重新还原出来;规则合成存储的是较小的语音单位,如音素、双音素、半音节或音节的声学参数,以及由音素组成音节,再由音节组成词或句子的各种规则,当输入字母符号时,合成系统利用规则自动地将它们转换成连续的语音波形。

2.4　人机交互技术

视频 2-4　人机交互技术发展与应用

　　虚拟现实系统强调交互的自然性,即在计算机系统提供的虚拟环境中,人应该可以使用眼睛、耳朵、皮肤、手势和语音等各种感觉方式直接与之发生交互,这就是虚拟环境下的人机自然交互技术。目前与其他技术相比,这种人机自然交互技术还不太成熟。

　　在最近几年的研究中,为了提高人在虚拟环境中的自然交互程度,研究人员一方面在不断改进现有的交互硬件,同时加强了对相关软件的研究;另一方面则是将其他相关领域的技术成果引入虚拟现实系统中,从而扩展全新的人机交互方式。在虚拟实现领域中,较为常用的交互技术主要有手势识别、面部表情识别、眼动跟踪以及语音识别等。

2.4.1　手势识别技术

　　手势是一种较为简单、方便的交互方式。如果将虚拟世界中常用的指令定义为一系列的手势集合,那么虚拟现实系统只需跟踪用户的位置以及手指的夹角就有可能判断出用户的输入指令。利用这些手势,参与者就可以完成诸如导航、拾取物体、释放物体等操作。目前,手势识别系统根据输入设备的不同,主要分为基于数据手套和基于视觉(图像)的手势识别技术两种,如图 2-16 所示。

图 2-16　基于数据手套和基于视觉(图像)的手势识别技术

　　基于数据手套的手势识别技术就是利用数据手套和空间位置跟踪定位设备来捕捉手势的空间运动轨迹和时序信息,它能够对较为复杂的手部动作进行检测,包括手的位置、方向和手指弯曲度等,并可根据这些信息对手势进行分类,因此较为实用。这种方法的优点是系统识别率高,缺点是用户需要穿戴复杂的数据手套和空间位置跟踪定位设备,相对限制了人手的自由运动,并且数据手套、空间位置跟踪和定位设备等输入设备的价格比较昂贵。

　　基于视觉的手势识别技术是通过摄像机连续拍摄手部的运动图像,然后采用图像处理技术提取出图像中的手部轮廓,进而分析出手势形态。该方法的优点是输入设备比较便宜,使用时不干扰用户,但识别率比较低,实时性差,特别是很难用于大词汇量的复杂手势识别。

　　在虚拟显示系统的应用中,由于人类的手势多种多样,而且不同用户在做相同手势时其手指的移动也存在一定差别,这就需要对手势命令进行准确的定义。图 2-17 显示了一套明确的手势定义规范。在手势规范的基础上,手势识别技术一般采用模板匹配方法将用户手势与模板库中的手势指令进行匹配,通过测量两者的相似度来识别手势指令。

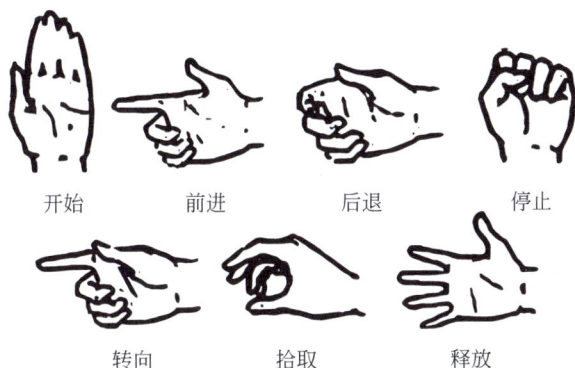

开始　　　前进　　　后退　　　停止

转向　　　拾取　　　释放

图 2-17　手势定义规范举例

　　手势交互的最大优势在于,用户可以自始至终采用同一种输入设备(通常是数据手套)与虚拟世界进行交互。这样,用户就可以将注意力集中于虚拟世界,从而降低对输入设备的额外关注。

2.4.2　面部表情识别技术

　　面部表情识别技术在人与人传递信息时发挥着重要的作用。如果计算机或虚拟场景中的人物角色能够像人类那样具有理解和表达情感的能力,并能够自主适应环境,那么就能从根本上改变人与计算机之间的关系。然而,让计算机看懂人的表情却不是一件很容易的事情,迄今为止,计算机的表情识别能力还与人们的期望相差较远。面部表情识别技术包括人脸图像的分割、主要特征(如眼睛、鼻子等)定位以及识别,如图 2-18 所示。目前,计算机面部表情识别技术通常包括人脸图像的检测与定位、表情特征提取、模板匹配、表情识别等步骤,如图 2-19 所示。

图 2-18　面部表情识别技术

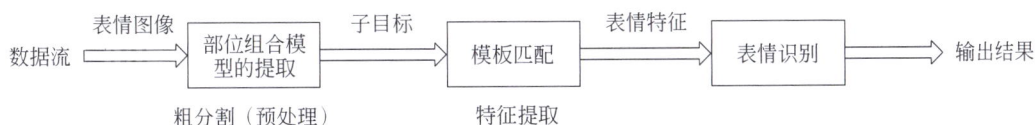

数据流　表情图像　部位组合模型的提取　子目标　模板匹配　表情特征　表情识别　输出结果

粗分割（预处理）　　　特征提取

图 2-19　面部表情识别系统流程图

　　人脸图像的检测与定位就是在输入图像中找到人脸的确切位置,它是人脸表情识别的第一步。人脸检测的基本思想是建立人脸模型,比较输入图像中所有可能的待检测区域与人脸模型的匹配程度,从而得到可能存在人脸的区域。根据对人脸信息利用方式的不同,可以将人脸检测方法分为两大类:基于特征的人脸检测方法和基于图像的人脸检测方法。第一类方法直接利用人脸信息,例如人脸肤色、人脸的几何结构等,这类方法大多采用模式识别的经典理论,应用较多。第二类方法并不直接利用人脸信息,而是将人脸检测问题看作一般模式识别问题,待检测图像被直接作为系统输入,中间不需要特征提取和分析,直接利用训练算法将学习样本分为人脸类和非人脸类,检测人脸时只要比较这两类与可能的人脸区域,即可判断检测区域是否为人脸。

表情特征提取是指从人脸图像或图像序列中提取能够表征表情本质的信息,例如五官的相对位置、嘴角形态、眼角形态等。表情特征选择的依据包括:尽可能多地携带人脸面部表情特征,即信息量丰富;尽可能容易提取;信息相对稳定,受光照变化等外界的影响小。

表情分类识别是指分析表情特征,将其分类到某个相应的类别。在这一步开始之前,系统需要为每一个要识别的目标表情建立一个模板。在识别过程中,将待测表情与各种表情模板进行匹配;匹配度越高,则待测表情与该种表情越相似。图 2-20 显示了一种简单的人脸表情分类模板,该模板的组织为二叉树结构。在表情识别过程中,系统从根节点开始,逐级将待测表情和二叉树中的节点进行匹配,直到叶子节点,从而判断出目标表情。

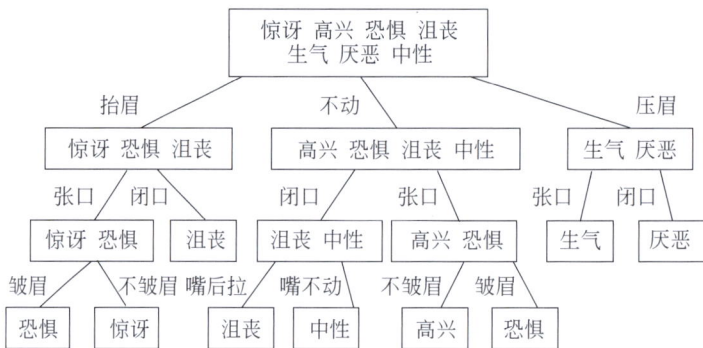

图 2-20   人脸表情分类模板

在表情分类步骤中,除了模板匹配方法,人们还提出了基于神经网络的方法、基于概率模型的方法等。

2.4.3　眼动跟踪技术

在表情分类步骤中,除了模板匹配方法,人们还提出了基于神经网络的方法、基于概率模型的方法等。

在虚拟世界中,生成视觉的感知主要依赖于对头部的跟踪,即当用户的头部发生运动时,生成虚拟环境中的场景将会随之改变,从而实现实时的视觉显示。但在现实世界中,人们可能经常在不转动头部的情况下,仅仅通过移动视线来观察一定范围内的环境或物体。在这一点上,单纯依靠头部跟踪是不全面的。为了弥补这一缺陷,我们在 VR 系统中引入眼动跟踪技术。目前眼动跟踪技术的相关产品如图 2-21 所示。

眼动跟踪技术的基本工作原理如图 2-22 所示,它利用图像处理技术,使用能锁定眼睛的特殊摄像机,通过摄入从人的眼角膜和瞳孔反射的红外线连续记录视线变化,从而达到记录、分析视线追踪过程的目的。

常见的视觉追踪方法有眼电图、虹膜-巩膜边缘、角膜反射、瞳孔-角膜反射、接触镜等,这几

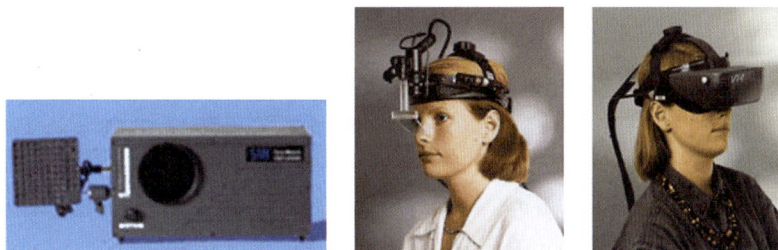

图 2-21 目前眼动跟踪技术的相关产品

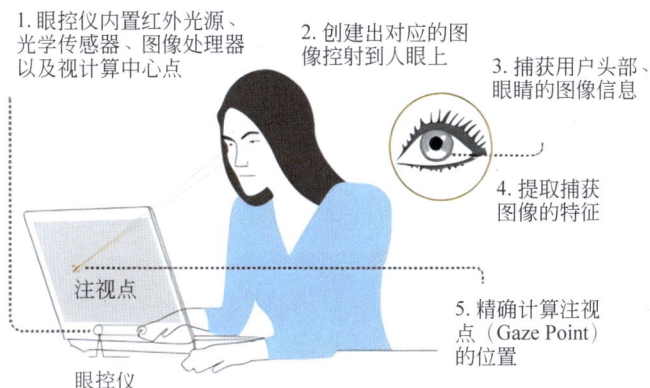

1. 眼控仪内置红外光源、光学传感器、图像处理器以及视计算中心点

2. 创建出对应的图像控射到人眼上

3. 捕获用户头部、眼睛的图像信息

4. 提取捕获图像的特征

5. 精确计算注视点（Gaze Point）的位置

注视点

眼控仪

图 2-22 眼动跟踪技术的基本工作原理

种视觉追踪方法的比较如表 2-1 所示。

表 2-1 常见视觉追踪方法比较表

视觉追踪方法	技术特点
眼电图	高带宽，精度低，对人干扰大
虹膜-巩膜边缘	高带宽，垂直精度低，对人干扰大，误差大
角膜反射	高带宽，误差大
瞳孔-角膜反射	低带宽，精度高，对人无干扰，误差小
接触镜	高带宽，精度最高，对人干扰大，不舒适

视线跟踪技术可以弥补头部跟踪技术的不足之处，同时又可以简化传统交互过程中的步骤，使交互更为直接，目前多被用于军事、阅读及帮助残疾人进行交互等领域。

目前，眼动跟踪技术主要存在以下问题。

1）数据提取问题

目前，眼动跟踪系统的典型采样速率为 $50\sim500\mathrm{Hz}$，为采样点提供水平和垂直坐标。随着实验时间的延长，很快就产生了大量的数据，对大量采集的数据进行快速存储和分析是一个困难的问题。

2）数据解释问题

目前，眼动跟踪数据的分析主要基于认知理论和模型的自上而下分析法和自下而上的数据观察法。由于眼动存在固有的抖动和眨动，因此导致从眼动数据中提取准确的信息较为困难。

3）精度和自由度问题

以硬件为基础和以软件为基础的眼动跟踪技术相比，其精度可以达到很高（0.1o），但所应用的设备却限制了人的自由，使用起来很不方便。相反，以软件为基础的眼动跟踪技术对用户的限制大大降低，如用户的头部可以移动，但其精度相对来说低得多，只有 2o 左右，要想得到精确的注视焦点比较困难。

4）米达斯接触（Midas Touch）问题

米达斯接触问题指的是由于用户视线运动的随意性而造成计算机对用户意图的识别困难。用户可能希望随便看什么而不必非"意味着"什么，更不希望每次转移视线都可能引发一个动作。因此，视线跟踪技术的挑战之一就是避免米达斯接触问题。

5）算法问题

由于视线跟踪技术还没有完全成熟，以及眼动本身的特点（如存在固有的抖动、眨眼等）容易造成数据中断，会存在许多干扰信号，因此人们把注视焦点与屏幕元素相关联时存在困难；另外，视觉通道只有和其他通道（如听觉等）配合才能发挥更大的作用，提出合理的通道整合模型和算法也是一个巨大的挑战。

2.4.4　其他感觉器官的反馈技术

目前，虚拟现实系统的反馈形式主要集中在视觉和听觉方面，对其他感觉器官的反馈技术还不够成熟。

在触觉方面，由于人的触觉相当敏感，一般精度的装置尚无法满足要求，所以对触觉的研究还不成熟。例如接触感，现在的系统已能够给身体提供很好的提示，但却不够真实；对于温度感，虽然可以利用微型电热泵在局部区域产生冷热感，但这类系统还很昂贵。

力反馈与力反馈设备是最近的研究热点，由于力反馈设备能够根据细腻实体的定义和用户行为的特殊性进行合理的运动限定，最终实现真实的用户感知，而不需要用户进行判断，因此通过它可以较完整地体现人们与环境真实的对话。力反馈设备的工作流程通常是：测量用户手指、手或手臂的运动并模拟其施力细节；计算手等对物体的作用力和物体对手等的反作用力；将反作用力施加到用户手指、手腕、手臂等肢体上。

在味觉、嗅觉和体感等感觉器官方面，人们至今仍然对它们知之甚少，有关产品相对较少，对这些方面的研究都还处于探索阶段。

2.5　虚拟现实引擎

视频 2-5 虚拟现实引擎

虚拟现实系统是一个复杂的综合系统，其虚拟现实系统的核心部分应该是虚拟现实引擎，引擎控制管理整个系统中的数据、外围设备等资源。虚拟现实系统针对不同的应用选择不同的引擎或者说是虚拟现实的操作系统（Virtual Reality Operation System，VROS）。虚拟现实系统在虚拟现实引擎的组织下，才能形成 VR 系统。

2.5.1　虚拟现实引擎概述

作为虚拟现实系统引擎而言，它的实质就是以底层编程语言为基础的一种通用开发平台，它包括各种交互硬件接口、图形数据的管理和绘制模块、功能设计模块、消息响应机制、网络接口等功能。基于这种平台，程序人员只需专注于虚拟现实系统的功能设计和开发，无须考虑程序底层的细节。

从虚拟现实引擎的作用观察,其系统作为虚拟现实的核心,处于最重要的中心位置,组织和协调各部分的运作。

目前,已经有很多虚拟现实引擎软件,它们的实现机制、功能特点、应用领域各不相同。但是从整体上来讲,一个完善的虚拟现实引擎应该具有以下特点。

1. 可视化管理界面

可视化管理界面不是在制作虚拟现实项目时所使用的工作界面,而是制作完以后提供给最终用户的那个界面。程序人员可以通过"所见即所得"的方式对虚拟场景进行设计和调整。例如在数字城市中通过可视化客户端添加建筑物,并同时更新数据库系统的位置、面积、高度等数据。

2. 二次开发能力

没有二次开发能力的引擎系统的应用会有极大的局限性。所谓"二次开发",就是指引擎系统必须能够提供管理系统中所有资源的程序接口,就是常说的 API。通过这些程序接口,开发人员可以进行特定功能的开发。因为虚拟现实引擎一般是通用型的,而虚拟现实的应用系统都是面向特定需求的,所以虚拟现实引擎的功能并不能满足所有应用的需要,这就要求它提供一定的程序接口,允许开发人员能够针对特定的需求设计和添加功能模块。

3. 数据兼容性

这里所说的兼容性就是指程序管理本系统以外数据的能力,这一点对于虚拟现实引擎来说很重要,因为虚拟现实引擎最终处理的是真实数据,而真实数据在人类活动过程中已经积累了很多,并以各式各样的方式和数据格式存在了,因此虚拟现实引擎就要至少能处理比较主流的数据格式。例如,在数字城市建设过程中,一个中型城市的建筑物、街道、河流、商业区等,我们用手工去做可能做出来的永远都是城市的一角。但是在测绘领域,这些数据可能已经非常完善了,那么就要通过引擎的数据处理模块把这些数据进行某种处理,供本系统使用。而这些数据根据当初测绘、采集等的方式和工具的不同而格式不同,这就需要认真对待数据兼容性。

4. 更快的数据处理功能

VR 引擎首先读取依赖于任务的用户输入,然后访问依赖于任务的数据库以及计算相应的帧。由于不可能预测所有的用户动作,也不可能在内存存储所有的响应帧,同时有研究表明:在 12 帧/秒的帧速率以下,画面刷新速率会使用户产生较大的不适感,为了进行平滑仿真,至少需要 24～30 帧/秒的速率,因此虚拟世界只有 33ms 的生命周期(从生成到删除),这一过程导致需要由 VR 引擎处理更大的计算量。

对于 VR 交互性来说,最重要的是整个仿真延迟(用户工作与 VR 引擎反馈之间的时间)。整个延迟包括传感器处理延迟、传送延迟、计算与显示一帧的时间。如果整个延迟时间超过 100ms,仿真质量便会急剧下降,使用户产生不适感。低延迟和快速刷新速率要求 VR 引擎有快速的 CPU 和强有力的图形加速能力。

当然,一个完善的虚拟现实引擎还需要诸如图形运算能力、外围设备的接口控制能力等。在选择虚拟现实引擎系统时,要根据应用方向综合考虑其开放性、数据处理能力和后续开发的延续性。

2.5.2　虚拟现实引擎架构

虚拟现实引擎从其设计角度看,其层次结构可以分为 4 部分:基本封装、虚拟现实引擎封装、可视化开发工具和软件辅助库。下面仅介绍前面两部分。

基本封装对图形渲染及 I/O 管理进行封装,这个中间平台为上层引擎开发屏蔽了下层算法的多发性问题,便于提供实时网络虚拟现实的优化,以便集中力量针对一些底层核心技术进行研究。平台技术在不断更新的基础上实现技术共享和发展,但为上层提供的始终是统一的标准。

虚拟现实引擎封装的是基于网络、高层应用的封装,该封装分为场景管理的引擎、物理模型引擎、虚拟现实人工智能引擎、网络引擎和虚拟现实特效引擎的封装。同时,该封装直接面对虚拟现实开发者,提供一个完整的虚拟现实引擎中间件。此外,在虚拟现实引擎层上还将构建一个可视化的开发工具,该开发工具中嵌套了道具编辑器、角色编辑器、特效编辑器等,可以完成地形生成,并且融合物理元素、虚拟现实关卡和出入口信息。

在基于虚拟现实引擎开发时,使用者可以通过两种方式使用引擎提供的功能:可以直接在引擎层上通过调用引擎封装好的人工智能来创建自己的虚拟现实,也可以通过场景编辑器来创建虚拟现实的基本框架。

虚拟现实引擎从功能上可以分为以下子系统。

1)图形子系统

图形子系统将图像在屏幕上显示出来,通常用 OpenGL、Direct3D 来实现。

2)输入子系统

输入子系统负责处理所有的输入,并把它们统一起来,允许控制的抽象化。

3)资源子系统

资源子系统负责加载和输出各种资源文件。

4)时间子系统

虚拟现实的动画功能都与时间有关,因此在时间子系统中必须实现对时间的管理和控制。

5)配置子系统

配置子系统负责读取配置文件、命令行参数或者其他被用到的设置方式。其他子系统在初始化和运行的过程中会向它查询有关配置,使引擎效能可配置化或简化运作模式。

6)支持子系统

支持子系统的内容将在其他引擎运行时被调用,包括全部的数学程序代码、内存管理和容器等。

7)场景子系统

场景子系统中包含该虚拟现实系统的虚拟环境的全部信息,因此场景图既包括底层的数据,也包括高层的信息,为了便于管理,它把信息组织成节点,分层次结构进行操作管理。

小结

虚拟现实的关键技术主要包括模拟环境、感知、自然技能和传感等方面,其中主要有立体高清显示技术、三维建模技术、三维虚拟声音技术、人机交互技术等。本章的学习要点是理解各种技术的基本原理和实现方法,通过学习,读者应重点掌握以下知识点。

(1)虚拟现实技术是多种技术的综合,关键技术主要包括立体高清显示技术、三维建模技术、二维虚拟声音技术、人机交互技术等。

(2)立体高清显示有代表性的技术有分色技术、分光技术、分时技术、光栅技术和全息显示技术。

(3)评价虚拟建模的技术指标包括精确度、操作效率、易用性、实时显示。

(4)三维建模技术主要包括几何建模、物理建模、运动建模。

（5）三维虚拟声音具有全向三维定位、三维实时跟踪和三维虚拟声音的沉浸感与交互性三大特性。

（6）在虚拟实现领域中，较为常用的交互技术主要有手势识别、面部表情识别、眼动跟踪以及语音识别等。

（7）一个完善的虚拟现实引擎应该具有以下特点：可视化管理界面、二次开发能力、数据兼容性、更快的数据处理功能。

（8）虚拟现实引擎从设计角度看，层次结构可以分为4部分：基本封装、虚拟现实引擎封装、可视化开发工具和软件辅助库。

（9）虚拟现实引擎从功能上可以分为以下子系统：图形子系统、输入子系统、资源子系统、时间子系统、配置子系统、支持子系统、场景子系统。

习题

一、填空题

1. 立体显示技术是虚拟现实系统的一种极为重要的支撑技术，现已有多种方法与手段实现，主要有_____、_____、_____、_____、_____。

2. 正是由于人类两眼的_____，使人的大脑能将两眼所得到的细微差别的图像进行融合，从而在大脑中产生有空间感的立体物体视觉。

3. 三维建模可分为_____、_____、_____。

4. 三维虚拟声音的主要特征是_____、_____、_____。

5. 层次包围盒法和空间分解法是_____算法中广泛使用的方法，它是解决碰撞检测问题中固有时间复杂性的一种有效方法。

二、简答题

1. 简述虚拟现实系统中主要有哪些关键技术。

2. 简述虚拟现实系统中的立体显示技术。

3. 简述虚拟现实中的三维建模技术。

4. 三维虚拟声音应该具有哪些特征？

5. 与虚拟现实相关的建模软件有哪些？

6. 在虚拟实现领域中，较为常用的交互技术主要有哪些？

7. 评价虚拟现实建模的技术指标包括哪些？

8. 什么是虚拟现实引擎？虚拟现实引擎的实质是什么？

第3章

虚拟现实系统的硬件设备

虚拟现实系统的硬件设备是系统实现的基础,要保证用户通过自然动作和虚拟世界进行真正的交互,传统的鼠标、键盘和显示器等设备已经不能满足要求,必须使用特殊的硬件设备才能让用户沉浸于虚拟环境中。虚拟现实系统的硬件设备主要分为生成设备、输入设备和输出设备。

3.1 虚拟现实系统的生成设备

虚拟现实的生成设备是用来创建虚拟环境、实时响应用户操作的计算机。计算机是虚拟现实系统的核心,它决定了虚拟现实系统性能的优劣。虚拟现实系统要求计算机必须配置高速的CPU 且具有强大的图形处理能力。根据 CPU 的处理速度和图形处理能力的不同,虚拟现实系统的生成设备可分为高性能个人计算机、高性能图形工作站、巨型机和分布式网络计算机。

3.1.1 高性能个人计算机

随着计算机技术的飞速发展,个人计算机的 CPU 和图形加速卡的处理速度也在不断提高,高性能个人计算机的整体性能已经达到虚拟现实开发与应用的要求。一般个人计算机配置满足虚拟现实设备主流品牌 HTC 和 PICO 对相关产品的基本配置要求即可,如表 3-1 所示。

表 3-1 虚拟现实设备对计算机的基本配置要求

品　　牌	HTC VIVE	PICO
处理器	Intel® CoreTM i5-4590 或 AMD RyzenTM 5 1500X 同等或更高版本	Intel Core i5-4590/AMD FX8350 及以上处理器
显卡	NVIDIA GeForce GTX 2060 6GB 同等或更高配置(建议使用版本 566.45 的驱动程序) AMD Radeon RX 5500 系列同等或更高配置(最低 6GB VRAM)** AMD™ GPU 支持处于测试阶段,当前正在进行优化。性能可能有所不同	NVIDIA GeForce GTX 1060 6GB/AMD Radeon RX 480 同等性能及以上显卡
内存	8GB RAM 或更多	8GB 及以上内存
接口	USB 3.0 Type-A 接口 x1 GPU 专用的 DisplayPort 接口 x1	—
操作系统	Windows 11 或 Windows 10	Windows 10 22H2 及以上操作系统

3.1.2　高性能图形工作站

与个人计算机相比,工作站具备强大的数据处理和图像处理能力,有直观的、便于人机交换信息的用户接口,可以与计算机网络相连,在更大的范围内互通信息、共享资源。而图形工作站是一种专业从事图形、图像(静态)、图像(动态)与视频工作的高档专用计算机的总称,如图 3-1 所示。其实,大部分工作站都可以胜任图形工作站的要求,图形工作站已被广泛应用于专业平面设计、建筑及装潢设计、视频编辑、影视动画、视频监控/检测、虚拟现实、军事仿真等领域。

图 3-1　图形工作站

影响图形工作站的主要因素有图形加速卡、CPU、内存、系统 I/O 和操作系统。

1. 图形加速卡

图形加速卡(显卡)是决定一台图形工作站性能的主要因素。当前的主流显卡有 NVIDIA 系列显卡和 AMD 系列显卡。

NVIDIA 是显卡市场的龙头之一,其产品线丰富,涵盖各种性能级别的显卡。GeForce 系列是其家用娱乐领域的主力产品,包括中高端的 RTX 系列显卡,它们具备强大的光线追踪性能以及深度学习计算能力。还有 MX 系列、GTX 系列和更早的型号,均被广大用户认可和使用。NVIDIA 显卡的图形处理能力强劲,在游戏中表现尤为突出。此外,其驱动更新及时、优化良好,为用户带来了良好的使用体验。

AMD 是显卡市场的另一家巨头,其 Radeon 系列显卡在市场上占据重要地位。AMD 的显卡产品线同样丰富,从中低端到高端都有涵盖。其中,RX 系列显卡是其主力中的高端产品,与 NVIDIA 的 RTX 系列展开了激烈竞争。AMD 显卡在游戏性能、图形处理等方面表现出色,并且以其高性价比受到许多用户的青睐。此外,AMD 的驱动更新也做得不错,能够为用户带来流畅的使用体验。近年来,AMD 显卡在图形处理能力上的提升得到了业界的广泛认可,其节能技术和良好的散热性能也为用户带来了实惠和便利。这些优势使得 AMD 显卡在市场上占有一席之地。

图形工作站通常使用专业显卡,而不是游戏显卡,这是因为专业显卡针对专业领域进行了优化,能够提供更高的稳定性和更好的性能,以满足复杂图形处理任务的需求。以下是几种常见的专业显卡及其适用场景。

(1) NVIDIA Quadro 系列:这是 NVIDIA 为图形工作站设计的一系列专业显卡,具有出色的性能和稳定性。它们针对各种行业应用进行了优化,如建筑可视化、影视特效、科学可视化等。Quadro 系列采用先进的图形架构和高带宽内存技术,提供流畅且稳定的图形性能。

(2) AMD FirePro 系列:AMD 的 FirePro 系列是针对图形工作站市场推出的专业显卡。这些显卡在性能和稳定性方面表现出色,尤其适用于需要多显示器支持和高性能计算的应用场景。FirePro 系列采用先进的 GPU 架构和高速内存技术,能够提供出色的图形性能。

(3) Intel Xeon E 系列:这是 Intel 针对图形工作站市场推出的专业显卡系列。Xeon E 系列显卡采用先进的 GPU 架构和高速内存技术,针对多核计算进行了优化,适用于需要高计算能力和多任务处理能力的应用场景。

在选择图形工作站显卡时,需要根据应用需求、预算和使用场景进行综合考虑。专业显卡,如 NVIDIA Quadro 系列在性能和稳定性方面表现出色,适用于对性能要求较高的专业领域;而 AMD FirePro 系列和 Intel Xeon E 系列则分别在多显示器支持和多任务处理能力方面有优势。

此外,专业显卡与游戏显卡的主要区别在于用途和性能。游戏显卡主要追求高帧率和流畅的游戏体验,而专业显卡则更加注重稳定性和精确性,以满足专业领域的需求。例如,RTX A 系列显卡支持多种专业软件和 API,使得在处理复杂的图形任务时更加高效和稳定。

2. CPU

CPU 也是决定图形工作站性能的主要因素。全新的英特尔 NEHALEM 架构解放了主板北桥芯片,内存控制器直接通过 QPI 通道集成在 CPU 上,彻底解决了前端总线带宽瓶颈,与桌面机相比其性能提升巨大;在南桥芯片上也有了很大的改进,显卡插槽换成了超带宽 PCI-E X16 第二代插槽。

3. 内存

内存的速度和容量是决定系统图形处理性能的重要因素,常见的 3D 图形应用通常都要占据大量的内存,这也成了制约工作站向中高端市场发展的一个因素。目前,工作站和服务器上已经使用了 REG 内存,REG 内存既有 ECC(错误检查纠正)功能,又有缓存,数据存取和纠错能力保证了工作站的性能和稳定性。

4. 系统 I/O

系统 I/O 作为各要素(CPU、内存、图形卡)间数据传递的通道,把图形加速卡插在专门的高速插槽上,而非一般的 PCI 插槽上,是解决系统性能瓶颈的重要手段。

5. 操作系统

操作系统也是一个不容忽视的因素,操作系统对于图形操作的优化以及 3D 图形应用对于操作系统的优化,都是影响最终性能的重要因素。作为世界标准的 OpenGL 提供 2D 和 3D 图形函数,包括建模、变换、着色、光照、平滑阴影,以及高级特点,如纹理映射、nurbs、x 混合等。使用 64 位的 OpenGL 库,并利用操作系统的 64 位寻址能力,大幅提高了 OpenGL 应用的性能,最大限度地发挥了图形工作站的性能。

3.1.3 巨型机

巨型机又称为超级计算机,是能够执行一般个人计算机无法处理的大量资料与高速运算的计算机,其基本组成组件与个人计算机无太大区别,但规格与性能则强大许多,是一种超大型电子计算机,具有很强的计算和处理数据的能力,主要特点表现为高速度和大容量,配有多种外部和外围设备及丰富的、功能强大的软件系统。现有的超级计算机的运算速度大都可以达到每秒一太(Trillion,万亿)次以上。随着虚拟现实技术的飞速发展,相关的数据量也逐渐变得异常庞大,因此需要使用超级计算机来处理。

作为高科技发展的要素,超级计算机早已成为世界各国经济和国防的竞争利器。经过我国科技工作者几十年不懈的努力,我国的高性能计算机研制水平显著提高,成为继美国、日本之后的第三大高性能计算机研制生产国。

由国家并行计算机工程技术研究中心研制、使用中国自主芯片制造的"神威太湖之光"(Sunway Taihu Light)的浮点运算速度达到每秒 9.3 亿亿次,是国防科技大学研制的"天河二号"

超级计算机浮点运算速度的两倍,在 2020 年世界超级计算机 TOP500 排名中位居第 4 名。神威超级计算机如图 3-2 所示。

图 3-2　神威超级计算机

3.1.4　分布式网络计算机

分布式网络计算机则是把任务分布到由 LAN 或 Internet 连接的多个工作站上,可以利用现有的计算机远程访问,多个用户参与工作,容易扩充。每个用户通过位于不同物理位置的联网计算机的交互设备与其他用户进行自然的人—机和人—人交互,每个用户通过网络可充分共享和高效访问虚拟环境的局部或全局数据信息,如图 3-3 所示。

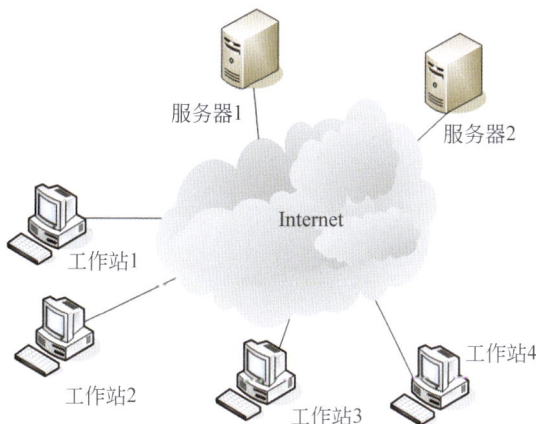

图 3-3　分布式网络计算机

分布式虚拟现实是一个综合应用计算机网络、分布式计算机、计算机仿真、数据库、计算机图形学、虚拟现实等多学科专业技术,用来研究多用户基于网络进行分布式交互、信息共享和仿真计算虚拟环境的技术领域。

20 世纪 80 年代初期,以计算机网络、分布式计算与仿真以及虚拟现实的技术为发展驱动,以军事作战模拟和网络游戏的应用需求为牵引,分布式虚拟现实开始出现并迅速发展。

1997 年,美国国防部开始资助支持多兵种联合演练的大规模分布式虚拟战场环境 JSIMS(Joint Simulation System)项目,目的是为各兵种的训练和教学提供包括各种任务、各阶段的逼真联合训练支持,如图 3-4 所示。

图 3-4　美国 JSIMS 示意图

3.2　虚拟现实系统的输入设备

输入设备用来输入用户发出的动作,使用户可以驾驭一个虚拟场景,在用户与虚拟场景进行交互时,利用大量的传感器来管理用户的行为,并将场景中的物体状态反馈给用户。为了实现人与计算机之间的交互,需要使用特殊的接口把用户命令输入计算机,同时把模拟过程中的反馈信息提供给用户。根据不同的功能和目的,目前有很多种虚拟现实接口,用来实现不同感觉通道的交互。

3.2.1　跟踪定位设备

跟踪定位设备是虚拟现实系统中用来实现人机交互的重要设备之一,它的作用是及时准确地获取人的动态位置和方向信息,并将位置和方向信息发送到实现虚拟现实的计算机控制系统中。典型的工作方式是:由固定发射器发射信号,该信号将被附在用户头部或身上的传感器截获,传感器接收到这些信号后进行解码并送入计算部件进行处理,以确定发射器与接收器之间的相对位置及方位,数据最终被传送给三维图形环境处理系统,然后被该系统识别并发出相应的执行命令。

跟踪定位技术通常使用六自由度来描述对象在三维空间中的位置和方面。三维就是人们

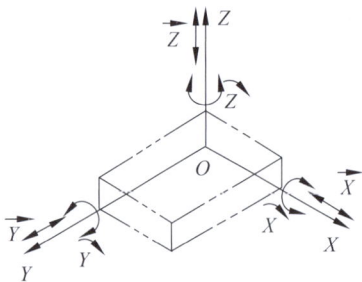

图 3-5　六自由度坐标系

规定的互相垂直的三个方向,即坐标轴的三个轴——X 轴、Y 轴和 Z 轴。X 轴表示左右空间,Y 轴表示上下空间,Z 轴表示前后空间。利用三维坐标,可以确定世界上任意一点的位置。物体在三维空间运动时,具有 6 个自由度。其中,3 个用于平移运动,3 个用于旋转运动。平移就是物体进行上下、左右运动。旋转就是物体能够围绕任何一个坐标轴旋转。六自由度坐标系如图 3-5 所示。采用的跟踪定位技术主要有电磁波跟踪技术、超声波跟踪技术、光学跟踪技术、机械跟踪技术等。

1. 相关性能参数

在虚拟现实系统中,用户的实时跟踪和接收用户动作指令主要依靠各种跟踪定位设备,通常跟踪定位设备的性能参数包括以下几方面。

1）精度和分辨率

精度和分辨率决定一种跟踪技术反馈其跟踪目标位置的能力。精度是指实际位置与测量位置之间的偏差，是系统所报告的目标位置的准确性或者误差范围。分辨率是指使用某种技术能检测到的最小位置变化，小于这个距离和角度的变化将不能被系统检测到。

2）响应时间

响应时间是对一种跟踪技术在时间上的要求，具有 4 个指标：采样率、数据率、更新率和延迟。

采样率是传感器测量目标位置的频率，目前的大多数系统的采样率都比较高，这样可以防止丢失数据。

数据率是每秒所计算出的位置个数。在大多数系统中，高数据率是和高采样率、低延迟以及高抗干扰能力关联在一起的，所以高数据率是发展的趋势。

更新频率是跟踪系统向主机报告位置数据的时间间隔。更新率决定系统的显示更新时间，因为只有接收到新的位置数据，虚拟现实系统才能决定显示的图像以及整个后续工作。高更新率对虚拟现实十分重要，较低更新率的虚拟现实系统缺乏真实感。

延迟表示从一个动作发生到主机收到反映这一动作的跟踪数据为止的时间间隔。虽然低延迟依赖于高数据率和高更新率，但两者都不是低延迟的决定因素。

3）鲁棒性

鲁棒性是指一个系统在相对恶劣的条件下避免出错的能力。由于跟踪系统处在一个充满各种噪声和外部干扰的客观现实世界，所以跟踪系统必须具有一定的健壮性。外部干扰一般可以分为两种：一种称为阻挡，即一些物体挡在目标物和探测器中间所造成的跟踪困难；另一种称为畸变，即由于一些物体的存在而使得探测器所探测的目标定位发生改变。

4）整合性

整合性是指系统的实际位置和检测位置的一致性。一个整合性能好的系统可以始终保持两者的一致性。它与精度和分辨率有所区别，精度和分辨率是指某一次测量中的正确性和跟踪能力，而整合性则注重在整个工作空间内一直保持位置对应正确。尽管高分辨率和高精度有助于获得好的整合性，但多次的累积误差可能会影响系统的整合能力，使系统报告的位置逐渐远离正确的位置。

5）多边作用

多边作用是指多个被跟踪物体共存情况下产生的相互影响，例如一个被跟踪物体的运动也许会挡住另一个物体上的感受器，从而造成后者的跟踪误差。

6）合群性

合群性反映虚拟现实跟踪技术对多用户系统的支持能力，主要包括两方面的内容：大范围的操作空间和多目标的跟踪能力。实际的跟踪定位系统不可能提供无限的跟踪范围，它只能在一定区域内跟踪和测量，这个区域被称为操作范围或工作区域。当然，操作范围越大，越有利于多用户的操作。大范围的工作区域是合群性的要素之一。多用户的系统必须有多目标跟踪能力，这种能力取决于一个系统的组成结构和对多边作用的抵抗能力。多边作用越小的系统，其合群性越好。系统结构有多种形式，既可以将发射器安装在被跟踪物体上面（由外向里结构），也可以将感受器安装在被跟踪物体（由里向外结构）。系统中可以只有一个发射器，也可以有多个发射器。总之，能独立对多个目标进行定位的系统具有较好的合群性。

7）其他性能指标

跟踪系统的其他性能指标也是值得重视的，例如重量和大小。由于虚拟现实的跟踪系统是要求用户戴在头上、套在手上的,因此小巧而轻便的系统能够使用户更舒适地在虚拟环境中工作。

2. 电磁波跟踪器

电磁波跟踪器是一种常见的非接触式的空间跟踪定位器,由一个控制部件、几个发射器和几个接收器组成。其工作原理是发射器产生一个低频的空间稳定分布的电磁场,跟踪对象身上佩戴着若干个接收器在电磁场中运动,接收器切割感线完成模拟信号到电信号的转换,再将其传送给处理器,处理器则根据接收到的信号计算出每个接收器所处的空间方位。电磁波跟踪器的工作原理如图 3-6 所示。

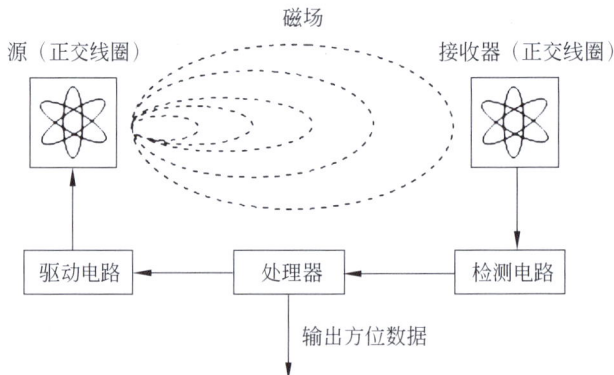

图 3-6　电磁波跟踪器的工作原理

电磁波跟踪器的优点是其敏感性不依赖跟踪方位,不受视线阻挡的限制,体积小、价格低、健壮性好,因此对于手部的跟踪采用电磁波跟踪器较多。电磁波跟踪器的缺点是延迟较长,容易受金属物体或其他磁场的影响,导致信号发生畸变,跟踪精度降低,所以只能适用于小范围的跟踪工作。

3. 超声波跟踪器

超声波跟踪器是一种非接触式的位置测量设备,其工作原理是由发射器发出高频超声波脉冲(频率 20kHz 以上),由接收器计算收到信号的时间差、相位差或声压差等,即可确定跟踪对象的距离和方位。

超声波跟踪器由发射器、接收器和控制单元构成,如图 3-7 所示。它的发射器由三个扬声器组成,安装在一个固定的三脚架上。接收器由三个麦克风构成,安装在一个小三脚架上。小三脚架可以放置在头盔显示器的上面,也可以安装在三维鼠标、立体眼镜和其他输入设备上。超声波跟踪器基于三角测量,周期性地激活每个扬声器,计算它们到三个麦克风的距离。接下来,控制器对麦克风进行采样,并根据校准常数将采样值转换成位置和方向,然后发送给计算机,用于渲染图形场景。

超声波跟踪器的优点是不受环境磁场及铁磁物体的影响,不产生电磁辐射,价格低;缺点是更新频率慢,超声波信号在空气中的传播衰减快,影响跟踪器工作的范围,发射器和接收器之间要求无阻挡。另外,背景噪声和其他超声源也会干扰跟踪器的信号。

4. 光学跟踪器

光学跟踪器也是一种非接触式的位置测量设备,通过使用光学感知来确定对象的实时位置和方向。光学跟踪器主要包括感光设备(接收器)、光源(发射器)以及用于信号处理的控制器,其工作原理也是基于三角测量。

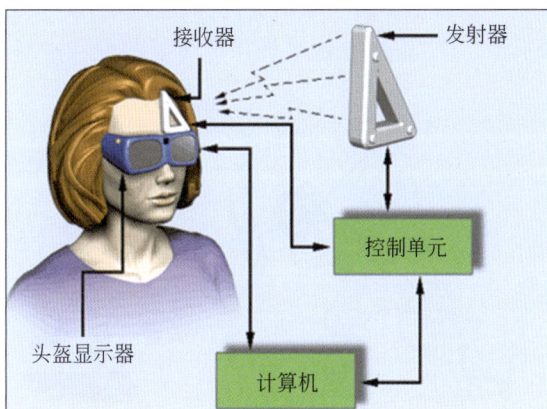

图 3-7 超声波跟踪器的工作原理

光学跟踪器主要使用的技术有三种：标志系统、模式识别系统和激光测距系统。

（1）标志系统分为"从外向里看"和"从里向外看"两种方式。"从外向里看"方式如图 3-8 所示。在被跟踪的运动物体上安装一个或几个发射器（图 3-8 中的 LED 灯标），由固定的传感器（图 3-8 中的 CCD 照相机）从外面观测发射器的运动，从而得出被跟踪物体的位置与方向。

"从里向外看"方式如图 3-9 所示。在被跟踪的对象上安装传感器，发射器是固定位置的，装在运动物体上的传感器从里向外观测固定的发射器，从而得出自身的运动情况。

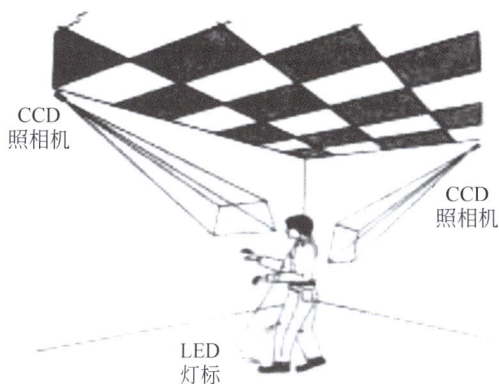

图 3-8 "从外向里看"方式

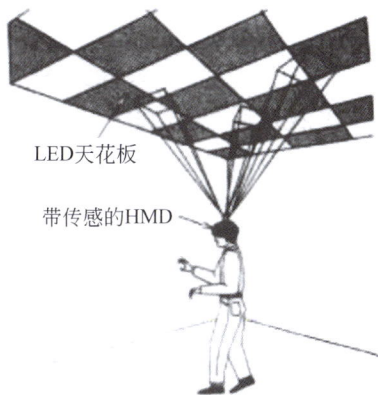

图 3-9 "从里向外看"方式

（2）模式识别系统是把发光器件（如发光二极管 LED）按照某一阵列排列，并将其固定在被跟踪对象身上，由摄像机记录运动阵列模式的变化，通过与已知的样本模式进行比较，从而确定物体的位置。

（3）激光测距系统是把激光通过衍射光栅发射到被测对象，然后接收经物体表面反射的二维衍射图的传感器记录。由于衍射理论的畸变效应，根据这一畸变与距离的关系即可测量出距离。

光学跟踪器的优点是速度快、具有较高的更新率和较低的延迟，非常适合实时性要求高的场合；缺点是不能阻挡视线，在小范围内工作效果好，随着距离的增大，性能会逐渐变差。

5. 其他类型跟踪器

1）机械跟踪器

机械跟踪器是通过机械连杆上的多个带有精密传感器的关节与被测物体相接触的方法来

检测其位置变化的,对于一个六自由度的跟踪设备,机械连杆则有 6 个独立的连接部件,分别对应 6 个自由度,从而可将任何一种复杂的运动用几个简单的平动和转动组合表示,如图 3-10 所示。

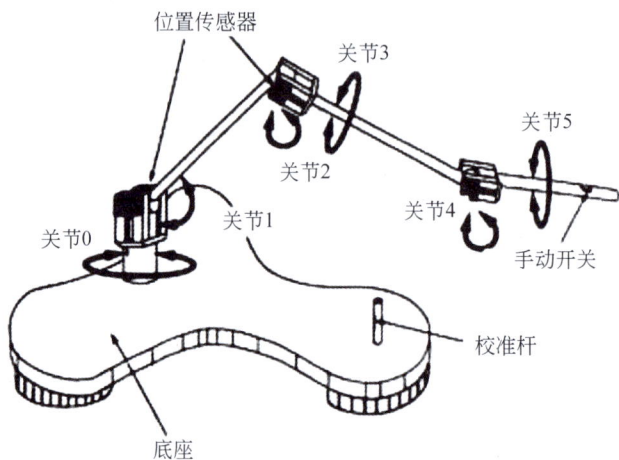

图 3-10　机械跟踪器

机械跟踪器分为两类:一类是"安装在身上"的跟踪器,此类跟踪器轻便、可移动;另一类是"安装在地面"的跟踪器,此类跟踪器比较笨重,活动范围有限。机械跟踪器价格便宜、精确度高、响应时间短,不受声音、光和电磁波等外界的干扰;缺点是比较笨重,由于机械连接的限制,工作空间会受到影响。

2)惯性跟踪器

惯性跟踪器通过运动系统内部的推算,不涉及外部环境就可以得到位置信息,如图 3-11 所示。惯性跟踪器主要由定向陀螺和加速计组成,用定向陀螺来测量角速度,将三个陀螺仪安装在互相正交的轴上,可以测量出偏航角、俯仰角和滚动角速度,随时间的变化得出三个正交轴的方位角。加速计用来测量三个方向上平移速度的变化,即 X、Y、Z 方向的加速度。加速计的输出需要积分两次得到位置,角速度需要积分一次得到方位角。

图 3-11　惯性跟踪器

惯性跟踪器的优点是不存在发射源,不怕遮挡,没有外界的干扰,有无限大的工作区间;缺点是会快速累积误差,由于积分的原因,陀螺仪的偏差会造成跟踪器的误差随时间成平方关系增加。惯性跟踪器适用于虚拟现实与仿真、体育竞技训练、人体运动分析测量、3D 虚拟互动体感交互感知等领域。

3)GPS 跟踪器

GPS 跟踪器是目前应用最广泛的一种跟踪器,如图 3-12 所示,它是内置了 GPS 模块和移动通信模块的终端,用于将 GPS 模块获得的定位数据通过移动通信模块传至 Internet 上的一台服务器中,从而可以在计算机上查询终端位置。

3.2.2　人机交互设备

交互性是虚拟现实系统的重要特征之一,目前出现的交互设备形式多样,功能迥异。

1. 三维鼠标

常用的二维鼠标适于平面内的交互,但三维场景中的交互只有三维鼠标才能胜任,如

图 3-13 所示。三维鼠标是虚拟现实应用中重要的交互设备,可以从不同的角度和方位对物体进行观察、浏览和操作。其工作原理是在鼠标内部装配超声波或电磁发射器,利用相配套的接收设备可检测到鼠标在空间中的位置与方向。

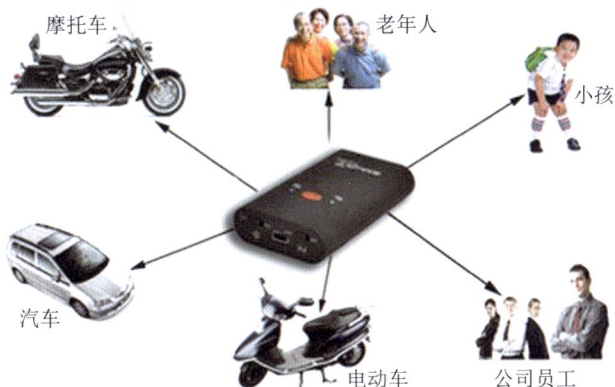

图 3-12 GPS 跟踪器

图 3-13 三维鼠标

2. 数据手套

数据手套是一种戴在用户手上,用于检测用户手部活动的传感装置。通过它能够向计算机发送相应的电信号,从而驱动虚拟手以模拟真实手的动作。在实际使用中,数据手套必须与位置跟踪设备联用。数据手套不仅可以把人手的姿态准确、实时地传递给虚拟环境,而且能够把与虚拟物体的接触信息反馈给操作者,使操作者可以更直接、更有效地与虚拟世界进行交互,极大地增强了互动性和沉浸感。

数据手套不仅能够跟踪手的位置和方位,还可以用于模拟触觉。操作者可以通过戴上数据手套的手去接触虚拟世界中的物体,当接触到物体时,不仅可以感觉到物体的温度、光滑度以及物体表面的纹理等特性,还能感觉到轻微的压力。

目前已经有多种数据手套产品,它们的区别主要在于采用不同的传感器,如图 3-14 所示。

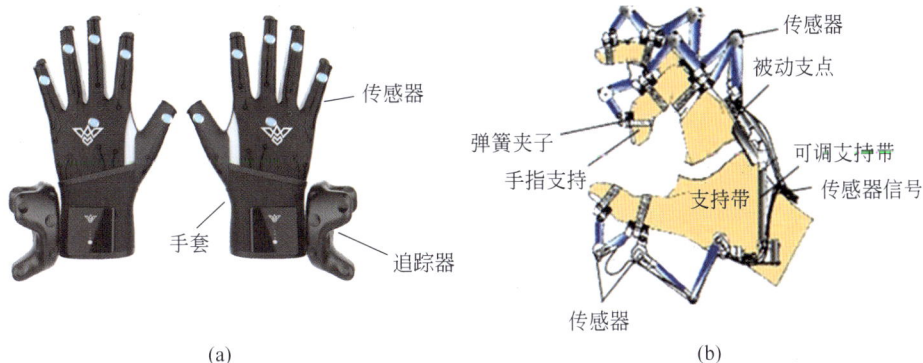

(a)

(b)

图 3-14 数据手套

3. 数据衣

数据衣是虚拟现实系统中比较常用的人体交互设备。数据衣是指能够让虚拟现实系统识别全身运动的输入装置,如图 3-15 所示。数据衣上面安装有大量的触觉传感器,使用者穿上后,衣服里的传感器能够根据使用者身体的动作进行探测,并跟踪人体的所有动作。数据衣可以对人体约 50 个关节进行测量,包括膝盖、手臂、躯干和脚。通过光电转换功能,身体的运动信息被计算机识别。同样,衣服也会反作用于身体而产生压力和摩擦力,使人的感觉更加逼真。

数据衣的工作原理与数据手套相似,即将大量的光纤、电极等传感器安装在紧身服上,可以根据需要检测出人的四肢、腰部的活动以及各关节的弯曲程度,然后把这些数据输入计算机,用于控制三维重建的人体模型或者虚拟角色的运动。

数据衣的缺点是延迟大、分辨率低、作用范围小、使用不方便等,如果要检测全身,则不但要检测肢体的伸张状况,还要检测肢体的空间位置和方向,因此需要安装空间跟踪器,增加了成本。

图 3-15　数据衣

3.2.3　快速建模设备

快速建模设备是一种可以快速建立仿真的 3D 模型的辅助设备,这里主要介绍 3D 摄像机和 3D 扫描仪。

1. 3D 摄像机

3D 摄像机是一种能够拍摄立体视频图像的虚拟现实设备,通过它拍摄的立体影像在具有立体显示功能的显示设备上播放时,能够产生立体感很强的视频图像效果。观众戴上立体眼镜观看会具有身临其境的沉浸感,如图 3-16 所示。3D 摄像机通常采用两个摄像镜头,同时以一定的间距和夹角来记录影像的变化效果,模拟人类的视觉生理现象,实现立体效果。播放时可以采用平面、环幕、背投等方式实现多种视觉效果。

2. 3D 扫描仪

3D 扫描仪能快速、方便地将真实世界的立体彩色的物体信息转换为计算机可以直接处理的数字信号,为实物数字化提供了有效的手段,如图 3-17 所示。

图 3-16　3D 摄像机

图 3-17　3D 扫描仪

3D 扫描仪可以分为两类:接触式扫描仪和非接触式扫描仪。

(1) 接触式扫描仪。接触式扫描仪通过实际触碰物体表面的方式计算深度,如坐标测量机便是典型的接触式扫描仪,它将一个探针安装在三自由度(或更多自由度)的伺服机构上,驱动探针沿这三个方向移动。当探针接触物体表面时,测量其在三个方向的移动,即可知道物体表面这一点的三维坐标。控制探针在物体表面移动和触碰可以完成整个表面的三维测量,该方法相当精确,但由于其在扫描过程中必须接触到物体,故物体可能会遭到损坏,因此不适用于古文物、历史遗迹等高价值物体的重建。

(2)非接触式扫描仪。非接触式扫描仪对物体表面不会造成损坏,且相比接触式扫描仪具有速度快、容易操作等特点。按照工作原理的不同,主要分成激光式扫描仪和光学式扫描仪两种。

激光式扫描仪的工作原理是根据发射器发出的激光的返回时间来测定物体形状,主要应用在 3D 媒体、文物保存、设计、逆向工程、模型及动画研究等诸多领域。激光式扫描仪如图 3-18 所示。

光学式扫描仪采用可见光将特定的光栅条纹投影到测量工作表面,借助两个高分辨率 CCD 数码相机对光栅条纹进行拍照,利用光学拍照定位技术和光栅测量原理,可以在极短的时间内获得复杂物体表面的完整点云,其高质量的完美扫描点云可用于虚拟现实中的环境以及人物建模过程。图 3-19 所示为光学式扫描仪扫描人体足部的场景。

图 3-18　激光式扫描仪

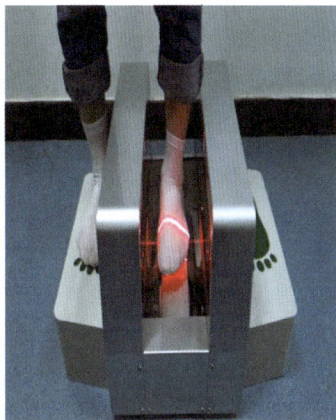

图 3-19　光学式扫描仪扫描人体足部的场景

3.3　虚拟现实系统的输出设备

当用户与虚拟现实系统进行交互时,能否获得与真实世界相同或相似的感知,并产生"身临其境"的感受,将直接影响系统的真实感。为了实现虚拟现实系统的沉浸特性,输出设备必须能将虚拟世界中各种感知信号转变为人能接受的视觉、听觉、触觉、味觉等多通道刺激信号。目前主要应用的输出设备包括视觉、听觉和触觉设备等。

视频 3-3　虚拟现实系统的输出设备

3.3.1　视觉感知设备

据统计,人类对客观世界的感知信息有 75%~80% 来自视觉,所以视觉感知设备是虚拟现实系统中最重要的感知设备。在介绍视觉感知设备之前,首先需要了解视觉感知的相关概念。

1. 视觉感知的相关概念

1)视域

一个物体能否被观察者看到,取决于该物体的图像是否落在观察者的视网膜上以及落在视网膜的什么位置。能够被眼睛看到的区域称为视域。在实际应用中,一只眼睛的水平视域约为 $150°$,垂直视域约为 $120°$,双眼的水平视域约为 $180°$。

2）视角

视角是对视觉感知中关于可视目标大小的测量。可视目标在视网膜上的投影大小能够决定视觉感知的质量。一般认为,理想的目标大小为:在正常光照条件下视角不应小于15°,在较低光照条件下视角不应小于21°。图3-20所示是视景生成和头盔显示过程中的重要参数。

视角θ可由以下公式求出。

$$\theta = 2\arctan\frac{L}{2D}$$

3）视觉生成

视觉生成是指外界景物发射或反射的光线刺激视网膜感光细胞,令视觉神经产生知觉。

4）立体视觉

人的双眼相隔58~72mm,在观察物体时,两只眼睛观察的位置和角度都存在一定的差异,因此每只眼睛观察到的图像有所区别,如图3-21所示。和眼睛相隔不同距离的物体所投射的图像在其水平位置上有差异,这就形成了所谓的视网膜像差或双眼视差。用两只眼睛同时观察一个物体时,物体上的每个点对两只眼睛都存在一个张角。物体离双眼越近,其上的每个点对双眼的张角就越大,形成的双眼视差也就越大。当然,人的大脑需要根据这种图像差异来判断物体的空间位置,从而使人产生立体视觉。

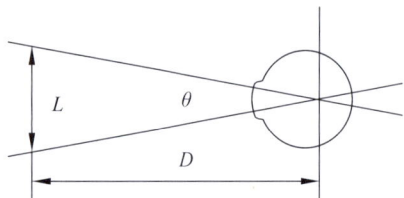

图 3-20　人眼成像原理　　　　图 3-21　立体视觉生理模型

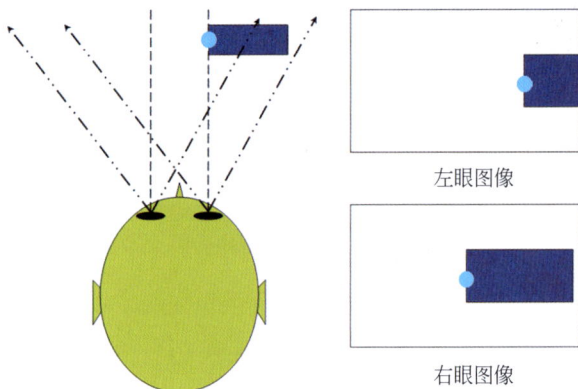

双眼视差可以让人们区分物体的远近,并获得深度的立体感。对于离人们过于遥远的物体,因为双眼的视线几乎平行,视差偏移接近于零,所以很难判断物体的距离,更不可能产生立体的感觉。例如当人们仰望星空时,会感觉天上的所有星星似乎都在同一个球面上,不分远近。

5）屈光度

眼睛折射光线的作用叫作屈光,用光焦度来表示屈光的能力叫作屈光度。屈光度是与眼的光学部分有关的一个度量。有一个屈光度的镜头,可以聚焦平行光线在1m的距离。人眼的聚焦能力约为60屈光度,这表明聚焦平行光在17mm的距离,这就是晶状体和视网膜的距离。

人可以通过改变眼睛的屈光度来保证不同距离的物体能够在视网膜上正确成像,不同年龄的人可以改变屈光度的能力有很大差别,越年轻,调节能力越强。如果注视运动物体,则眼睛的屈光度可以自动调节。

6）瞳孔的工作原理

瞳孔是晶状体前的孔,它对光线强弱的适应是自动完成的。通过瞳孔的调节,始终保持适量的光线进入眼睛,使落在视网膜上的物体图像既清晰,又不会有过量的光线灼伤视网膜。瞳孔虽然不是眼球光学系统中的屈光元件,但在眼球光学系统中却起着重要的作用。瞳孔不仅可以对明暗做出反应,调节进入眼睛的光线,也影响着眼球光学系统的焦深和球差。

7) 分辨率

分辨率是人眼区分两个点的能力。当空间平面上的两个黑点相互靠拢到一定程度时,离开黑点一定距离的观察者就无法区分它们,这意味着人眼分辨景物细节的能力是有限的,这个极限值就是分辨率。研究表明,人眼的分辨率有以下一些特点:

① 当光照强度太强、太弱或背景亮度太强时,人眼分辨率降低;

② 当视觉目标运动速度加快时,人眼分辨率降低;

③ 人眼对彩色细节的分辨率比对亮度细节的分辨率要差,如果黑白分辨率为1,则黑红为0.4,绿蓝为0.19。

目前,科学界公认的数据表明,人观看物体时,能够清晰看清视场区域对应的分辨率为2169×1213,再考虑上下左右比较模糊的区域,人眼的分辨率是6000×4000。

8) 视觉暂留

视觉暂留即视觉暂停,又称为“余晖效应”,1824年由英国伦敦大学教授皮特•马克•罗葛特在他的研究报告《移动物体的视觉暂留现象》中最先提出。人眼观看物体时,成像于视网膜上,并由视神经输入大脑,感觉到物体的像。但当物体移去时,视神经对物体的印象不会立即消失,而要延续0.1～0.4s的时间,人眼的这种性质被称为视觉暂留。

视觉暂留现象首先被中国人运用,走马灯便是历史记载中最早的视觉暂留应用。随后,法国人保罗•罗盖在1828年发明了留影盘,它是一个被绳子从两面穿过的圆盘,圆盘的一个面画了一只鸟,另一面画了一个空笼子;当圆盘旋转时,鸟在笼子里出现了,这证明了当眼睛看到一系列图像时,它一次只保留一个图像。

2. 头盔显示器

头盔显示器(Head-Mounted Display,HMD)是目前3D显示技术中起源最早、发展最为完善的技术,也是现在应用最为广泛的3D显示技术,通常采用机械方法固定在用户的头部,头与头盔之间不能有相对运动,当头部运动时,头盔显示器自然地随着头部运动而运动,如图3-22所示。头盔配有位置跟踪器,用于实时探测头部的位置和朝向,并反馈给计算机。计算机根据这些反馈数据生成反映当前位置和朝向的场景图像,并显示在头盔显示器的屏幕上。通常,头盔显示器的显示屏采用两个LCD或者CRT显示器分别向两只眼睛显示图像,这两个图像由计算机分别驱动,两个图像存在着微小的差别,类似于“双眼视差”。大脑将融合这两个图像获得深度感知,得到一个立体的图像。

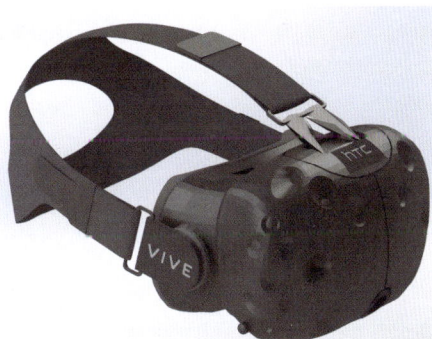

图 3-22　头盔显示器

对于HMD系统,根据显示表面的不同,头盔显示器主要分为基于LCD的头盔显示器、基于CRT的头盔显示器和基于VRD的头盔显示器。

(1) 基于LCD的头盔显示器。以低电压产生彩色图像,但只具有很低的图像清晰度。在头盔显示中,通过采用笨重的光学设备形成高质量的图像。

(2) 基于CRT的头盔显示器。使用电子快门等技术实现双眼立体显示,提供小面积的高分辨率、高亮度的单色显示。但其CRT较重,存有高电压,佩戴较危险,视场较小,缺乏沉浸感。

（3）基于 VRD 的头盔显示器。目前比较流行的头盔显示器,它直接把调制的光线投射在人眼的视网膜上,产生光栅化的图像。观看者会感到这个图像出现在前方 2 英尺(约 0.6m)处的 14 英寸(36cm)监视器上,实际上,图像出现在眼的视网膜上,所形成的图像质量高,有立体感,全彩色,视场宽,无闪烁。

HMD 可以使参与者暂时与现实世界相隔离,完全处于沉浸状态,主要用于飞行模拟和电子游戏,不适合多用户协同工作的方式。

3. VR 一体机

VR 一体机是具备独立处理器的 VR 头显(头戴式显示设备),具备独立运算、输入和输出的功能,其功能不如外接式头盔显示器强大,但是没有连线束缚,自由度更高。VR 一体机不需要与手机或者计算机连接,只要通过 Wi-Fi 和蓝牙连接后,就可以随时观看 VR 影视、玩 VR 游戏以及体验各种全景视频,可以享受比较好的移动 VR 体验。

PICO4 是 PICO 于 2022 年 9 月全新推出的 VR 一体机产品,也是品牌并入字节跳动后推出的首款产品,如图 3-23 所示。PICO4 采用了最新技术的头盔显示器,搭载了高通骁龙 XR2 主控平台,确保了卓越的性能与流畅的体验,它配备了 8GB 内存与 128GB 存储空间,无论是处理复杂任务还是存储大量内容,都游刃有余;特别设计的距离感应功能使得用户在摘下头显时,设备能自动进入休眠或关机状态,有效节省电能;前置 1300 万像素的高清摄像头,支持自动对焦,让影像捕捉更加清晰细腻。

图 3-23　PICO4 头盔显示器

硬件配备方面,PICO4 采用无线连接,支持 Wi-Fi 2.4G/5G 频段及 802.11b/g/n/ad/ac 协议,蓝牙 5.0 的加入进一步提升了设备的连接稳定性和速度;采用双喇叭定制音腔与双数字硅麦,结合降噪拾音技术,不仅提升了音质,还能通过第三方软件支持语音识别,增强交互体验;采用 USB-C 接口,支持快速充电与数据传输,同时保留 Micro-USB 2.0 接口以便扩展其他外接设备,如手势识别器等。

PICO4 光学系统采用自由曲面技术,镜片可拆卸,满足不同用户的个性化需求。视场角方面,水平 HFOV≥65°与垂直 VFOV≥55°为用户带来了宽广的视野范围。而空间计算技术的运用方面,头部的六自由度空间计算定位可以准确识别用户在场景中的空间位置及头部朝向,实现超大场景空间定位;手部控制器的六自由度空间计算定位可以精准捕捉手部控制器在空间中的位置与姿态信息,让用户能够自然、流畅地与虚拟物体进行空间交互,共同彰显了这款头显在虚拟现实领域的顶尖实力。

外观和穿戴设计方面,PICO4 采用双屏设计,每屏尺寸达到 2.89 寸,分辨率高达 4K,为用户带来震撼的视觉享受;实现全无线连接,确保穿戴时的自由与便捷,且头显的前后重量经过精心平衡,佩戴舒适;与头部接触的部分采用泡绵软接触材料,既防汗又易于清洁,且支持可拆卸设计,方便用户维护与更换。

4. 吊杆式显示器

吊杆式显示器也称为双目全方位显示器(Binocular Omni-Orientation Monitor,BOOM),如图 3-24 所示。它是一种可移动式显示器,将两个独立的 CRT 显示器捆绑在一起,且由两个互相垂直的机械臂支撑,可以让显示器在半径 2 米的球形空间内自由移动。吊杆上的每个节点处都有三维定位跟踪装置,可以精确定位显示器在空间中的位置和朝向。

与头盔显示器相比,吊杆式显示器采用了高分辨率的 CRT 显示器,因此其分辨率高于头盔显示器,且图像柔和、系统延迟小、不受磁场和超声波等噪声的影响。吊杆式显示器的主要缺点是机械臂对用户的运动有影响,在工作空间中心的支撑架会产生"死区",所以其工作区要去掉中心大约 $0.5m^2$ 的范围,且不能解决由于屏幕距离眼睛过近而产生的不适感。

5. 洞穴式显示设备

洞穴式显示设备(Cave Automatic Virtual Environment,CAVE)是一种较理想的沉浸式虚拟现实环境,是基于多通道视景同步技术、三维空间整型校正算法、立体显示技术的房间式可视协同环境,如图 3-25 所示。CAVE 就是由投影显示屏包围而成的一个洞穴,分别有 4 面式、5 面式和 6 面式 CAVE 系统。用户在洞穴空间中不仅可以感受到周围环境的影响,还可以获得高仿真的三维立体声,并且可以利用相应的跟踪器和交互设备实现六自由度的交互感受。

图 3-24 吊杆式显示器

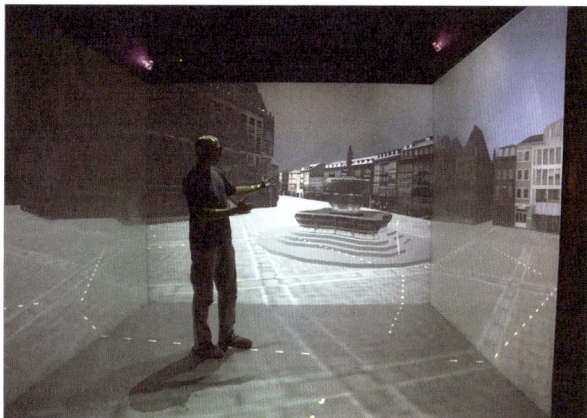

图 3-25 洞穴式显示设备

CAVE 系统可以实时与用户发生交互并做出响应。系统不仅能产生立体的全景图像,还有头部跟踪功能,可以准确测定头部位置,并能判断出用户正在向哪个方向观看。系统还可以根据用户的视线实时描绘出虚拟的场景。另外,CAVE 系统可以让多个用户同时参与到同一个虚拟环境中,是一个比较理想的虚拟现实显示系统。

基于 CAVE 系统这种完全沉浸式显示环境的特性,CAVE 为科学家带来了一种伟大而创新的思考方式,扩展了人类的思维,使科学家能直接看到他们的创意和研究对象。例如,大气学家能"钻进"飓风的中心观看空气复杂而混乱无序的结构;生物学家能检查 DNA 规则排列的染色体链对结构,并虚拟拆开基因染色体进行科学研究;理化学家能深入物质的微细结构或广袤环境中进行试验探索。可以说,CAVE 可以应用于任何具有沉浸感需求的虚拟仿真应用领域,是一种全新的、高级的科学数据可视化手段。

CAVE 系统存在的主要问题是价格昂贵,需要较大的空间与很多的硬件,目前没有产品化与标准化,而且对实验的计算机系统的图形处理能力也有极高的要求,因此在一定程度上对它的普及产生了影响。

6. 响应工作台显示设备

响应工作台显示设备(Responsive Work Bench,RWB)是德国国家信息技术研究中心 GMD于 1993 年发明的,该系统是计算机通过多传感器交互通道向用户提供视觉、听觉、触觉等多模态信息,具有非沉浸式、支持多用户协同工作的立体显示装置。

响应工作台显示设备一般由 CRT 投影仪、反射镜和具有散射功能的显示屏(散射屏)组成,如图 3-26 所示。顶部的 CRT 投影仪把图像投影到竖直的散射屏。另外,底部的 CRT 投影仪对准反射镜,把图像投影到反射镜面上,再由反射镜将图像反射到倾斜的散射屏上。图像被两块散射屏同时通过漫散射向屏上反射。若多个用户佩戴立体眼镜坐在工作台周围,则可以同时在立体显示屏中看到三维对象浮在工作台上面,因此虚拟景象具有较强的立体感。

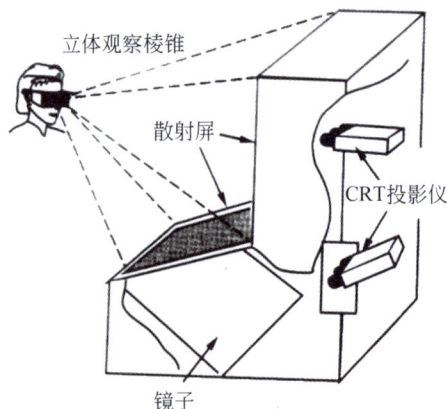

图 3-26 响应工作台显示设备

该系统显示的立体视图只受控于观察者的视点位置和视线方向,而其他观察者可以通过各自的立体眼镜来观察虚拟对象,因此比较适合辅助教学和产品演示。如果有多台响应工作台,则同时可对同一虚拟对象进行操控和通信,实现真正的分布式协同工作。

7. 墙式投影显示设备

墙式投影显示设备类似于放映电影形式的背投式显示设备,屏幕大,容纳的人数多,分为单通道立体投影系统、多通道立体投影系统和球面立体投影系统,适用于教学和成果演示。

1)单通道立体投影系统

该系统以一台图形工作站作为实时驱动平台,两台叠加的立体、专业 LCD 投影仪作为投影主体,可以在显示屏上显示一幅高分辨率的立体投影影像,如图 3-27 所示。

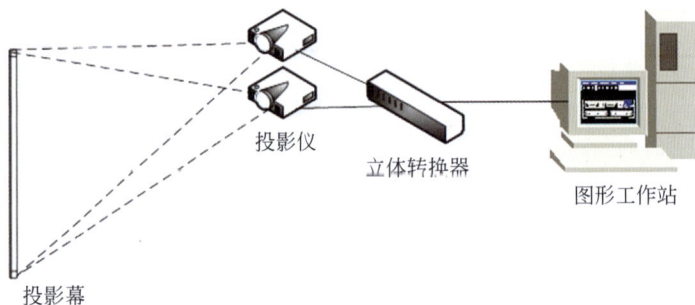

图 3-27 单通道立体投影系统

与传统的投影相比,单通道立体投影系统是一种成本低、操作简便、占用空间小、性价比非常高的小型虚拟三维投影显示系统,广泛应用于高等院校和科研院所的虚拟现实实验室中。

2) 多通道立体投影系统

多通道立体投影系统采用巨幅平面投影结构来增强沉浸感,配备了完善的多通道声响及多维感知性交互系统,充分满足虚拟显示技术的视、听、触等多感知应用需求,是理想的设计、协同和展示平台,它可以根据场地空间的大小灵活地配置两个、三个甚至若干个投影通道,无缝地拼接成一幅巨大的投影幅面,显示极高分辨率的二维或三维立体图像,形成一个更大的虚拟现实仿真系统环境,如图 3-28 所示。

多通道立体投影系统是目前非常流行的一种具有高度沉浸感的虚拟现实投影显示系统,通常用于一些大型虚拟仿真应用,例如虚拟战场、数字城市规划、三维地理信息系统等大型虚拟仿真环境,现在也逐渐开始应用于工业设计、教育培训、会议中心等领域。

3) 球面立体投影系统

球面立体投影系统是近年来出现的投影展示设备,它弥补了传统直幕投影展示的缺陷,可以实现 360°各个方位观看投影,展示画面视野宽广,不规则的投影形状给人新奇的视觉感受,在观看者心里留下深刻印象,如图 3-29 所示。

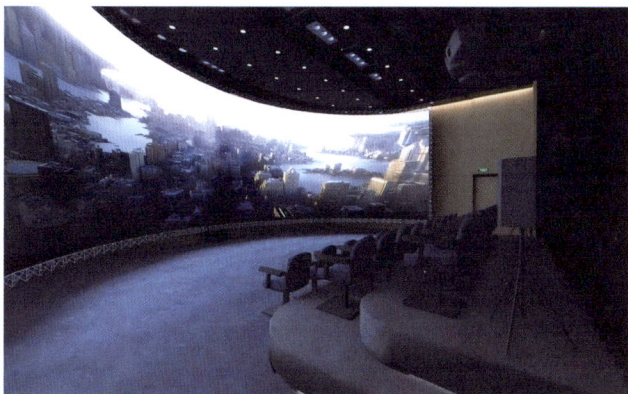

图 3-28　多通道立体投影系统　　　　图 3-29　球面立体投影系统

顾名思义,球面立体投影是指通过投影机将投影画面投放至球形投影幕上,由于它的投影幕是球形,而不是传统意义上的规则图形,因此更具新颖性,在众多行业的展示过程中获得了展出商的青睐,应用范围十分广阔。

根据投影机摆放位置的不同,可以把球面立体投影系统简单地分为内投球、外投球。这种分类方式既简单直观,又便于大众理解与接受。

内投球根据球形投影幕材质的不同又分为硬质无缝内投球、内投半球和充气球幕。它们的成像原理基本上是一致的,都采用了配置鱼眼镜头的高流明投影机并放置在投影幕的内部底端,将投影机信号反射至球形投影幕上,使整个球幕表面形成浑然一体的立体画面。

硬质无缝内投球幕的外形极符合宇宙天体的外形,在表现宇宙天体方面有很大的优势,只要用户把行星、卫星、太阳等天体的画面用此内投球展示出来,就是一个"活脱脱"的天体,可以向人们逼真地展示宇宙的奥秘,如图 3-30 所示。

可以把投影幕固定在墙壁上、地面上或悬挂在空中,能够在计算机或投影机的配合下作为多媒体工作。硬质无缝内投球使用率较高,原因在于其直径较小,包括 0.6m、0.8m、1.0m、1.2m、

1.5m 不等,携带方便,能够很清晰地展示用户的内容,使观众有身临其境的感受,可以广泛运用在空间科学中心、舞台、展馆、天文台、地震局、宇航局、学校、博物馆等场所,通过动画和图像等表现方式展示有关地球、卫星、行星、地震、海洋、大气、太阳等的内容。内投球的广泛应用将会在科学研究和教育领域、娱乐展示方面发挥重要作用。

内投半球投影是一种新型的展示技术,如图 3-31 所示。

图 3-30 硬质无缝内投球

图 3-31 内投半球投影

它利用特殊的光学镜头和高流明的摄影机,通过先进的计算机视觉技术和投影显示技术打破了以往投影图像只能是平面规则图形的局限,将普通的平面影像进行特殊的变换,投影到球形幕内,形成一个内投的半球影像,整个产品成为炫目的影像半球,使球体看起来像一个科幻的水晶球,同时配合环绕立体声音响设备,可以将观众带到一个临场震撼、虚实结合的奇妙感觉中,效果无与伦比,吸引参观者的眼球。

充气球幕其实是一个软质拼接型球幕,如图 3-32 所示,主要基材为高透光性的特种 PVC,利用高频焊合或车缝工艺使 12～60 片 PVC 组成一个整球幕,其展示依靠充气原理,采用进出排风系统使整个球幕像热气球一样鼓起来,其成像原理与内投球的成像原理相同,多被用在大型户外展览中心。球幕外的观众可同时欣赏到 360°的无缝投影内容,可为各大公司的产品上市活动、记者发布会、路演活动、会议活动等各种商业文化活动提供全方位的新媒体、超震撼的视觉解决方案。充气球幕的应用也不局限于单个球幕,可以使用多个球幕形成队列、链状等创意性的球幕显示应用。

图 3-32 充气球幕

由于充气球幕有较多的拼接缝隙,直径较大,因此制作成本相对较高,对场地的要求也较多,一般应用于大型室外场景且远距离观赏效果更佳,普及范围远远没有硬质无缝内投球那样广泛。

外投球是指通过投影机在球形投影幕的外部进行投影,如图3-33所示,它是针对现有图像投影机平面投影的技术不足,而提供的一种新颖的、先进的、在球形屏幕上显示图像的投影装置。

图3-33 外投球

外投球由一个不透明球体的球幕和包围在球幕周围的呈放射状排列的三台或三台以上的多台投影装置构成。外投球的直径尺寸一般为1200~2500mm,可采用调挂的方式悬挂在空中,也可采用支座固定。这种产品可以广泛应用在空间科学中心、天文台、地震局、宇航局、学校、博物馆等场所,通过动画和图像等表现方式展示有关地球、卫星、行星、地震、海洋、大气、太阳等的内容,另外它还可以根据需要表现用户想要表现的所有内容。展品主体部分的球形影幕布外形极符合宇宙天体的外形,在表现宇宙天体及天体表面的自然现象(如大气、地震、台风)等方面有很大的优势。

由于外投球要使用到多台投影机,在无形之中增加了成本,同时还要利用无缝融合拼接技术,这也增加了制作难度与操作难度,对场地的要求也就相应提高了,因此与无缝内投球相比较来说,外投球的使用率在逐渐降低。

综上所述,关于球面投影这种多媒体展示设备而言,虽然根据它的材质、成像原理等的不同可分为多个种类,但其中硬质无缝内投球的使用普及率是最高的,也是众多使用者最喜爱的。

8. 立体眼镜显示系统

立体眼镜显示系统包括立体图像显示器和立体眼镜。每个用户佩戴一副立体眼镜来观看显示器。立体图像显示器通过专门设计,以两倍于正常扫描的速度刷新屏幕,采用分时显示技术,计算机给显示器交替发送两幅有轻微偏差的图像。显示器采用两倍于60Hz的刷新率,保证了左右眼视图的刷新率保持在60Hz,且图像稳定。由于使左、右眼画面连续交替显示在屏幕上,并同步配合立体眼镜,加上人眼视觉暂留的生理特性,就可以看到真正的立体图像,如图3-34所示。与HMD相比,立体眼镜成本较低,而且用户长时间佩戴不会感到疲劳。

9. 三维显示器

三维显示器指的是直接显示虚拟三维影像的显示设备,用户不需要通过立体眼镜、头盔等设备就能获得立体影像,如图3-35所示。具体来说,就是根据视差障碍原理,利用特定的算法将需要显示的影像进行交叉排列,然后通过特定的视差屏障后为用户提供逼真的三维图像。

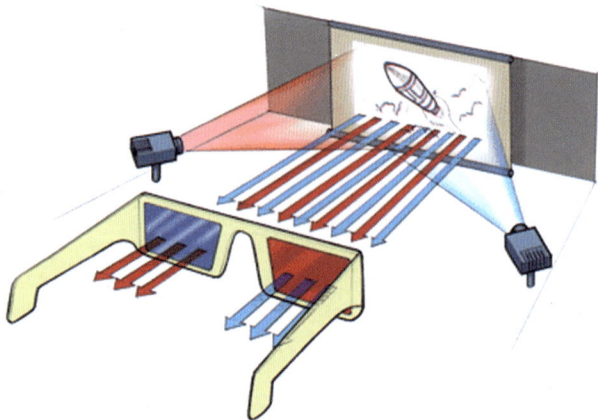

图 3-34　立体眼镜显示系统

图 3-35　三维显示器

人类天生的平行双眼在观察世界时,提供了两幅具有位差的图像,映入双眼后即形成了立体视觉所需的视差,这样经过视神经中枢的融合反射,以及视觉心理的认同,便产生了三维立体感觉。利用这个原理,如果显示器将两幅具有位差的左图像和右图像分别呈现给左眼和右眼,就能获得立体的感觉。

从技术研究和实现方法来看,三维显示器具有代表性的新技术可分为以下几种。

1) 视差照明技术

视差照明技术是美国 DTI(Dimension Technologies Inc)公司的专利,它是自动立体显示技术中研究得最早的一种技术。DTI 公司从 20 世纪 80 年代中叶开始进行视差照明立体显示技术的研究,并在 1997 年推出了第一款实用化的立体液晶显示器。从视差照明实现立体显示的原理来看,它是在投射式的显示器(如液晶显示屏)后形成离散的、极细的照明亮线,然后将这些亮线以一定的间距分开,这样观察者的左眼通过液晶显示屏的偶像素列能够看到亮线,而右眼通过显示屏的偶像素列不能够看到亮线,反之亦然。因此,观察者的左眼只能看到显示屏的偶像素列显示的图像,而右眼只能看到显示屏的奇像素列显示的图像。于是,观察者就能够接收到视差立体图像对,从而产生深度感知。

2) 视差屏障技术

视差屏障技术也称为光屏障式 3D 技术或视差障栅技术,最早由日本夏普公司的欧洲实验室研究开发,属于一种可以在二维和三维模式间转换的自动立体液晶显示器。从实现原理来看,视差屏障技术的实现方法是使用一个开关液晶屏、一个偏振膜和一个高分子液晶层,利用一个液晶层和一层偏振膜制造出一系列旋光方向呈 90°的垂直条纹。这些条纹宽几十微米,通过这些条纹的光就形成了垂直的细条栅模式。夏普公司称之为"视差障栅"。在立体显示模式时,视差障栅可以控制显示的像素是给左眼看还是给右眼看。如果把液晶开关关闭,显示器就变成了一个普通的二维显示器。

3)微柱透镜投射技术

微柱透镜投射技术是飞利浦公司研发的立体显示技术,采用了基于传统的微柱透镜方法。从实现原理来看,该技术是在液晶显示屏的前面加上一个微柱透镜,使液晶显示屏的成像平面与微柱透镜的成像平面处在一个水平线上,这样就能够使两个成像平面的焦点重合,透过柱透镜的图像的像素就会被分隔成很多个不同的子像素,通过微柱透镜就能以不同的方向得到子像素,当观察者观看液晶显示屏时,就可以看到不同的子像素。该技术的优点是它可以不和像素列保持平行,这样在观察图像时就形成了一定的角度,可以观察到很多视差图像。

4)微数字镜面投射技术

微数字镜面投射技术是牛津大学和麻省理工学院共同研发的三维显示技术,这项技术利用微数字镜面,将图像基元定向地反射到不同的观察范围内,在两眼之间形成视差,可以使观察者在不同的位置观察到不同的图像,这样就出现了运动视差。这种技术的优点是能够实现高分辨率、多维视差的图像,并能很好地控制色彩,但是这种立体显示技术的不足之处是要求长光路,因此实现小型化不太容易。

5)指向光源技术

对指向光源技术投入较大精力的主要是 3M 公司。指向光源技术搭配两组 LED,配合快速反应的 LCD 面板和驱动方法,让 3D 内容以排序方式进入观察者的左右眼并互换影像产生视差,进而让人眼感受到 3D 效果。3M 公司还成功研发了 3D 光学膜,该产品实现了无须佩戴 3D 眼镜就可以在手机、游戏机及其他手持设备中显示真正的三维立体影像,极大地增强了基于移动设备的交流和互动。

6)多层显示技术

美国 Pure Depth 公司在 2009 年 4 月宣布研发出改进后的裸眼三维显示器,其采用多层显示(Multi-Layer Display,MLD)技术,这种技术能够通过一定间隔重叠的两块液晶面板实现在不使用专用眼镜的情况下,观看文字及图像时呈现 3D 影像的效果。

国内厂商欧亚宝龙旗下的 Bolod 裸眼 3D 显示器如今已经发展到第四代,产品也全部实现高清显示,在国内的 3D 显示行业处于领先位置。

7)全息图像技术

全息图像技术是伦敦大学帝国理工学院的 Dennis Gabor 博士发明的,他也因此获得了 1971 年的诺贝尔物理学奖。全息图像技术与前面所述的利用人体视差原理制造三维显示器的方式不同,它不是通过创建多幅平面图像再通过大脑"组装"成立体图像的,而是在真实空间内创造一个完整的立体影像,观察者甚至可以在前后左右观看,是真正意义上的立体显示。因此,全息显示器是今后发展的重要方向。

图 3-36 所示为 Looking Glass Factory 公司生产的一款全息显示器。该设备像笔记本电脑一样可以折叠,并在玻璃面板上方投影 3D 图像,它所呈现的图像的每个视图的分辨率为 267×480,并能同时显示 32 个不同的视图。另外,任何人都可以用手与图像进行交互。

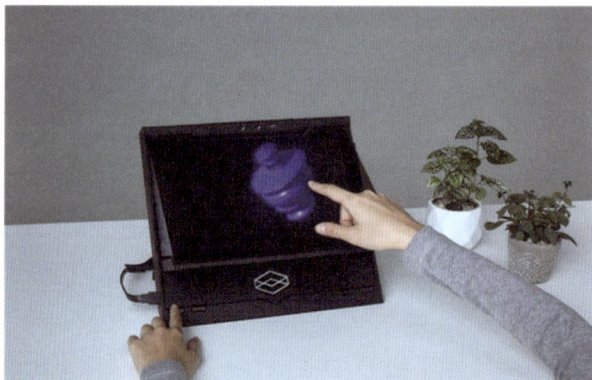

图 3-36　全息显示器

3.3.2　听觉感知设备

听觉也是人类感知世界的重要传感通道,研究表明,有 15％的信息是通过听觉获得的。通过在虚拟现实系统中增加三维虚拟声音,可以增强用户在虚拟环境中的沉浸感和交互性。在介绍听觉感知设备之前,首先需要了解听觉感知的相关概念。

1. 听觉感知的相关概念

1) 声音

声音是由物体振动产生的声波,是通过介质(空气或固体、液体)传播并能被人或动物听觉器官所感知的波动现象。最初发出振动的物体叫作声源。声音以波的形式振动传播。声波能够在所有物质(除真空外)中传播,其传播速度由传声介质的某些物理性质(主要是力学性质)所决定。例如,音速与介质的密度和弹性性质有关,因此也随介质的温度、压强等状态参量而改变。气体中音速约每秒数百米,随温度升高而增大,0℃时空气中的音速为 331.4m/s,15℃时为 340m/s,温度每升高 1℃,音速约增加 0.6m/s。通常,固体介质中的音速最大,液体介质中的音速较小,气体介质中的音速最小。

2) 频率范围

人耳可以感知的频率范围为 20Hz～20kHz。随着年龄变大,频率范围逐渐缩小。另外,人耳分辨能力最灵敏的频段为 1～3kHz 的频率。

3) 直达声

直达声是指直接传播到听众左右耳的声音。

4) 反射声

反射声是指从室内表面经过初次反射后到达听众耳际的声音,约比直达声晚十几到几十毫秒。

5) 混响声

混响声是指声音在厅堂内经过各个边界面和障碍物多次无规则反射后,形成漫无方向、弥漫整个空间的袅袅余音。

6) 声音定位

人们经常借助听觉来判断发音物体的位置,声音定位在人和动物的日常生活中有着重要意义。人类对声音的定位用来确定声源的方向和距离。研究表明,一般情况下,人脑识别声源位置是利用经典的"双工理论",即两耳收到的声音的时间差异和强度差异。时间差异是指声音到达两个耳朵的时间之差。当一个声源放在头右侧测量声音到达两耳的时间时,声音会首先到达右耳,如果两耳的路径之差为20cm,则时间差异约为0.59ms。强度差异是指声音到达两耳的强度上的差异。当人面对声源时,两耳的时间差异和强度差异均为0。时间差异对低频率声音定位特别灵敏,而强度差异对高频率声音定位比较灵敏。因此,只要到达两耳的声音存在时间差异或者强度差异,人就能够判断出声源的方向。

7) 掩蔽效应

一种频率的声音阻碍听觉系统感受另一种频率的声音的现象称为掩蔽效应。前者称为掩蔽声音,后者称为被掩蔽声音。简单地说,就是指人的耳朵只对最明显的声音反应敏感,而对于不敏感的声音,反应则不太敏感。例如在声音的整个频率谱中,如果某一个频率段的声音比较强,则人就对其他频率段的声音不敏感了。应用此原理,人们发明了MP3等压缩的数字音乐格式,在这些格式的文件里,只突出记录了人耳较为敏感的中频段声音,而对于较高和较低频率的声音则简略记录,从而大大压缩了所需的存储空间。掩蔽效应可分成频域掩蔽和时域掩蔽。

频域掩蔽是指一个强纯音会掩蔽在其附近同时发声的弱纯音,也称为同时掩蔽,如图3-37所示。从图中可以看到,声音频率在300Hz附近、声强约为60dB的声音掩蔽了声音频率在150Hz附近、声强约为40dB的声音和声音频率在400Hz附近、声强约为30dB的声音。又如,一个声强为60dB、频率为1000Hz的纯音,另外还有一个声强为42dB、1100Hz的纯音,前者比后者高18dB,在这种情况下,我们的耳朵就只能听到那个1000Hz的强音。如果有一个1000Hz的纯音和一个声强比它低18dB的2000Hz的纯音,那么我们的耳朵将会同时听到这两个声音。要想让2000Hz的纯音也听不到,则需要把它降到比1000Hz的纯音低45dB。一般来说,弱纯音离强纯音越近,就越容易被掩蔽。

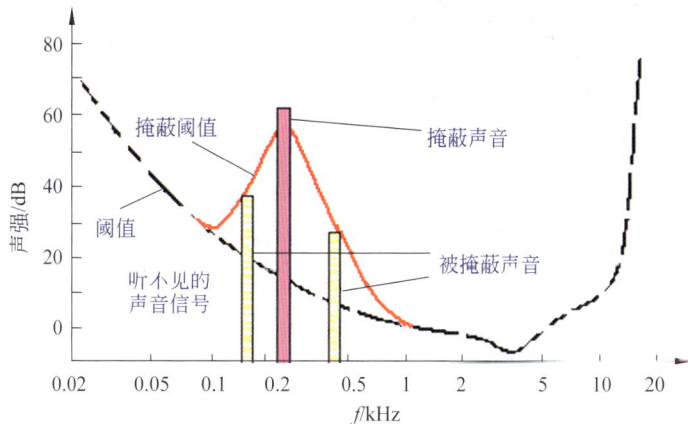

图 3-37 频域掩蔽

时域掩蔽指掩蔽效应发生在掩蔽声与被掩蔽声不同时出现的情况。时域掩蔽又分为超前掩蔽和滞后掩蔽。如果掩蔽声音出现之前的一段时间之内发生掩蔽效应,则称为超期掩蔽,否则称为滞后掩蔽。产生时域掩蔽的主要原因是人的大脑处理信息需要花费一定的时间。一般来说,超前掩蔽很短,只有5~20ms,而滞后掩蔽可以持续50~200ms。

8) 立体声

立体声是指具有立体感的声音,包括直达声、反射声和混响声。自然界发出的声音都是立体声,但如果把这些立体声经记录、放大等处理后重放,所有的声音都从一个扬声器放出来,这种重放声(与原声源相比)就不是立体声了。这时,由于各种声音都从同一个扬声器发出,原来的空间感(特别是声群的空间分布感)也消失了,这种重放声称为单声。如果从记录到重放整个系统能够在一定程度上恢复原来的空间感(不可能完全恢复),那么这种具有一定程度的方位层次感等空间分布特性的重放声,就称为音响技术中的立体声。

2. 扬声器

扬声器是一种十分常用的电声转换器件,是一种固定式的听觉感知设备,如图 3-38 所示。通过它能够让多个用户同时听到声音。扬声器的主要问题是在虚拟现实系统中很难控制用户两个耳膜收到的信号,以及两个信号之差。当调节给定的虚拟现实系统,对给定的用户头部位置提供适当的感知时,如果用户头部离开该位置,这种感知很快就会消失。

扬声器一般在投影式虚拟系统中使用,但会造成与投影屏之间的互相影响。若扬声器放在屏幕前,则会妨碍视觉效果;若放在屏幕后,则会影响声音的输出。因此,给扬声器选择一个合适的位置很关键。扬声器也可以在基于头部的视觉现实设备中使用,非常方便。

3. 耳机

与扬声器相比,耳机尽管只能给一个用户使用,但使用起来更加方便灵活,移动性好,尤其适合虚拟系统这种经常发生移动的环境,如图 3-39 所示。

图 3-38　扬声器　　　　　　　　图 3-39　耳机

与扬声器相比,耳机通常是双声道的,因此更容易实现立体声和三维虚拟声音的展现,能够提供高质量的沉浸感。但由于用户必须把耳机安装在头部,因此增加了负担,且发声功率低,只能刺激用户的耳膜,不能刺激其他身体器官,降低了用户的真实感。

3.3.3　触觉感知设备

触觉同样是人类感知世界的重要通道之一,触觉是指分布于全身皮肤上的神经细胞接收来自外界的温度、湿度、疼痛、压力、振动等方面的感觉。触觉反馈由接触反馈和力反馈两部分组成。

接触反馈可以传送接触表面的几何结构,虚拟对象的表面硬度、滑度和温度等实时信息,接触反馈体现了作用在人皮肤上的力,反映了人类触摸的感觉,或者皮肤上受到压力的感觉。

力反馈可以提供虚拟对象的表面柔软性、重量和惯性等实时信息。力反馈是作用在人的肌肉、关节和肌腱上的力。

接触反馈和力反馈是两种不同形式的力量感知,两者不可分割。当用户感觉到物体的表面纹理时,同时也感觉到了运动阻力。在虚拟环境中,这两种反馈都是使用户具有真实体验的交互手段,也是改善虚拟环境的一种重要方式。

人的大部分触觉来自手和力臂,以及腿和脚。但是感受密度最高的应该是指尖。指尖能够区分出距离 2.5mm 的两个接触点。而人的手掌却很难区别出距离在 11mm 以内的两个点,用户的感觉就好像是只存在一个点。

1. 接触反馈设备

目前,由于技术的原因,成熟的接触反馈设备只能提供最基本的"接触"的感觉,还不能提供材质、纹理以及温度等感觉,并且接触反馈设备仅局限于手指接触反馈设备。常用的接触反馈设备有充气式接触手套和振动式接触反馈手套。

1) 充气式接触手套

美国莱斯大学工程专业的学生在 2015 年制作了一款充气式接触手套,原型包含一个控制电路板(固件)作为触觉设备和个人计算机之间的接口,可以用来控制和监测设备的性能,如图 3-40 所示。

该手套的实际产品如图 3-41 所示。选择使用可充气气囊作用于手指产生触觉,该设备的空气供应气囊、手指气囊和它们之间 1/16 英寸的管道均由 3D 打印机打印。供应气囊借助伺服电动机和凸轮附件把空气输送至手指气囊。同样,利用小型气阀直接让供应气囊输送空气到手指气囊,这样只使用一个伺服电动机便可为 5 个手指充气,同样也可以独立地为任何手指充气。整个装置可以安装在前臂上,并且是无线控制。手套的各个手指是独立的,由于小指在日常生活中的作用并不是很大,因此无名指和小指的压力触发是来自同一个信号。

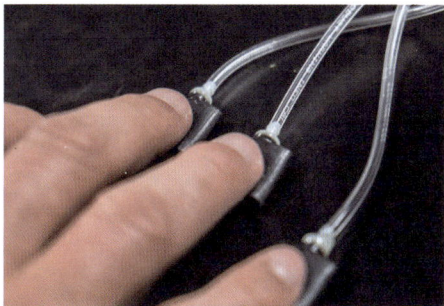

图 3-40　充气式接触手套原型

图 3-41　充气式接触手套

2) 振动式接触反馈手套

NeuroDigital 技术团队所发明的 Gloveone 手套就属于振动式接触反馈手套,如图 3-42 所示。它能让用户感受并触摸从屏幕或是虚拟现实头盔中看到的任何虚拟对象。例如,如果屏幕上显示了一个虚拟苹果,用户只要戴上 Gloveone 手套,就可以感受到它的形状和重量,以及其他所有物理特征,甚至还可以体验一下敲碎苹果的感觉。

图 3-42　振动式接触反馈手套

Gloveone 手套是把触觉转换成了振动感。Gloveone 手套的手掌与指尖部位安装有若干个制动器，它们可以按照不同的频率和强度独立振动，模拟出精准的触感。Gloveone 手套内置了 9 轴惯性测量单元传感器，因此用户可以利用相关数据进一步提升使用体验。此外，用户只需简单地触碰一下手指，就可以执行操作命令。在手掌、大拇指、食指以及中指上有 4 个传感器，可以监测彼此间的交互，所以用户只要戴上手套，就能在虚拟现实环境中做很多操作，例如在游戏中开枪，抓住掉落的花瓣，或是控制操作菜单。相对于手势操作，这种手指操控的精准度更高。

Gloveone 手套只与触觉反馈相关，目前无法提供空间追踪功能，因此需要依赖一些辅助传感器，例如 Leap Motion 或者英特尔 RealSense 来进行头部追踪工作，或者将 Gloveone 手套与其他传感器或技术集成在一起，例如微软的 Kinect 或者 OpenCV。

2. 力反馈设备

力反馈设备采用先进的技术跟踪用户身体的运动，将其在虚拟空间的运动转换成对周围物理设备的机械运动，使用户能够体验到真实的力度感和方向感。其工作原理是由计算机通过力反馈系统对用户的手、腕、臂等的运动产生阻力，使得用户能够感受到作用力的方向和大小。目前常用的力反馈设备有力反馈鼠标、力反馈手臂、力反馈手套等。

1) 力反馈鼠标

力反馈鼠标是可以给用户提供力反馈信息的特殊鼠标，如图 3-43 所示。力反馈鼠标的使用方法和普通鼠标相似，区别在于当用户使用力反馈鼠标时，光标接触到任何物体时，感觉就如同用手真正触摸到它一样逼真。力反馈鼠标能让用户感受到物体真实的表面纹理、弹性、质地、磁性和振动。力反馈鼠标仅提供了 2 个自由度，功能范围很有限，目前主要应用于娱乐领域。

2) 力反馈手臂

早期为了控制远程机器人，科技人员对力反馈手臂开展了研究。力反馈手臂可以用来仿真物体重量、惯性，以及与刚性物体接触时对人手产生的力反馈。力反馈手臂使用起来不太方便，因此目前常被灵活方便的个人触觉接口（Personal Haptic Interface Mechanism，PHANToM）所取代，如图 3-44 所示。

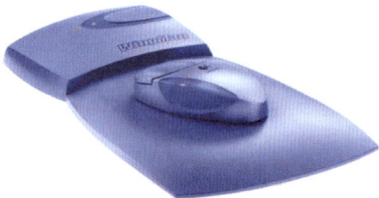

图 3-43　力反馈鼠标

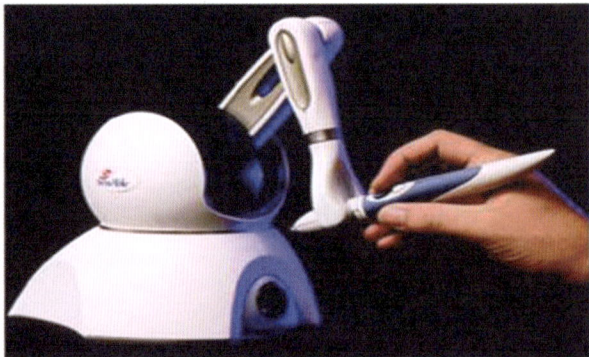

图 3-44　力反馈手臂

PHANToM 接口的主部件是一个末端带有铁笔的力反馈臂，有 6 个自由度，其中 3 个是活跃的，可以提供平移力反馈。铁笔的朝向是被动的，因此不会有转矩作用在用户的手上。力反馈手臂的空间接近用户手腕的活动空间，非常灵活，用户的前臂放在一个支撑物上，其结构组成如图 3-45 所示。

力反馈技术已经被应用于医学和军事领域，例如 VOXEL-MAN TempoSurg 岩骨手术模拟

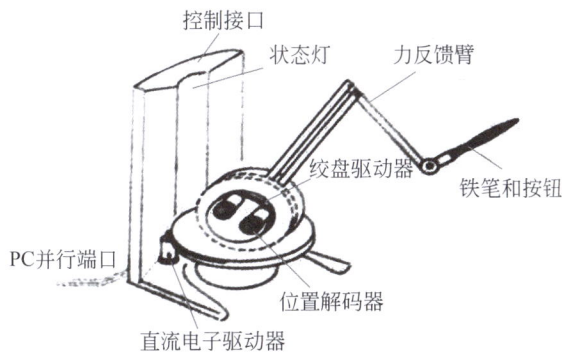

图 3-45 力反馈手臂结构组成

器就是一款专用的中耳手术训练工具,以高分辨率 CT 数据得出的颅底 3D 模型为基础研制而成,如图 3-46 所示,力反馈手臂在该模拟器下方,医生可通过镜子看到立体模式显示图像,使用镜子下方的力反馈手臂让钻针在手术区域内自由移动。由于模拟程序与真实的患者方向、医生观察方向以及手部方向几乎相同,所以力反馈手臂可以模拟与真实手术相近的触觉效果。

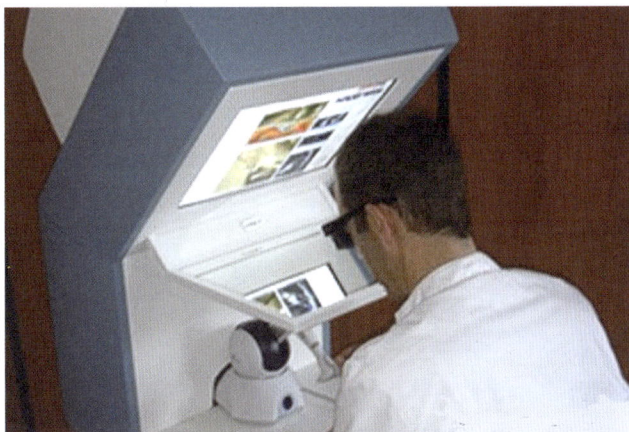

图 3-46 力反馈手臂的应用

3)力反馈手套

力反馈手套是一款最接近人手的机械手,它借助数据手套的触觉反馈功能,使用户能够用手体验虚拟世界,并能在与虚拟三维物体进行交互的过程中感受到物体的移动和反应,如图 3-47 所示。

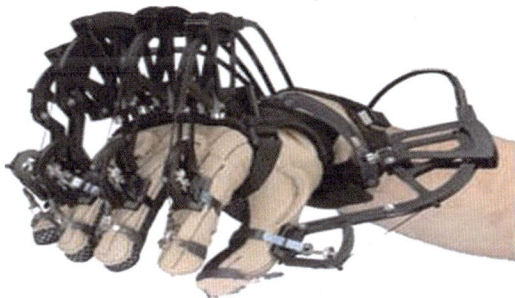

图 3-47 力反馈手套

3.3.4　肌肉/神经交互设备

肌肉/神经交互设备主要是图 3-48 所示的 MYO 臂环,它是由加拿大 Thalmic Labs 公司于 2013 年年初推出的一款控制终端设备。MYO 臂环的基本原理是:臂带上的感应器可以捕捉到用户手臂肌肉运动时产生的生物电变化,从而判断佩戴者的意图,再将计算机处理的结果通过蓝牙发送至受控设备。

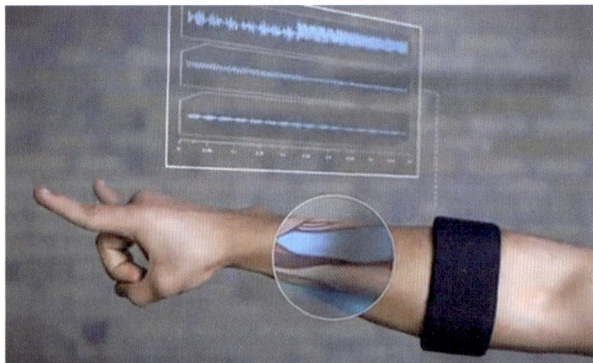

图 3-48　MYO 臂环

MYO 臂环创始人之一兼首席执行官史蒂芬·雷克表示,他们一直在研究如何运用科技来增强人类的能力,与医疗电极不同的是,MYO 臂环并不直接与皮肤接触,用户只需将臂环随意套在手臂上即可。MYO 臂环可以识别出 20 种手势,甚至是手指的轻微敲击动作也能被识别,用户可以利用手势来进行一些常用的触屏操作,如对页面进行放大、缩小和上下滚动等,甚至还能操控无人机,如图 3-49 所示。另外,MYO 臂环还能对他人产生的不规则噪声自动予以屏蔽。2013 年 3 月,官方已经发布了 API,并邀请了开发者,MYO 臂环可以通过蓝牙与智能设备连接,支持 macOS 和 Windows 操作系统。

图 3-49　通过臂环控制无人机

3.3.5　语言交互设备

不用打开手机,只要几个简单的语音指令,就能叫外卖、充话费,甚至能在淘宝上"剁"上几单。阿里人工智能实验室推出了首款智能语音终端设备天猫精灵 X1,如图 3-50 所示。该设备就是典型的语言交互设备,它集合了语音识别、自然语言处理、人机交互等技术,拉近了普通消费者和 AI(人工智能)的距离。

天猫精灵 X1 内置第一代中文人机交流系统 AliGenie,它的一大特点是使用了第一个商用声纹识别及购物系统,能够识别每个人的身份。

"声纹识别技术会根据声音条件识别出不同的使用者,以此保证使用的安全性和私密性。"阿里人工智能实验室负责人表示,基于声纹识别技术,X1 还具有声纹购物功能,"这是第一个商用的声纹购物系统,可以通过声纹完成支付,当用户发起购物、充值等行为时,只需要说出声纹密码,声音识别系统确认是本人后才会完成交易。"

图 3-50　天猫精灵 X1

除了放音乐、讲故事、管理家庭智能设备,以及缴费、购物,天猫精灵 X1 还具有很多交互功能,例如管理行程、查天气、找手机、问百科、设闹钟、查食物热量、查快递、查价格等,还全面接入了 KEEP 健身课程。天猫精灵 X1 采用了专门为智能语音行业开发的芯片,在解码、降噪、声音处理、多声道协同等方面做了专门的优化处理。针对需要进行大量音频处理、声音合成的工作环境,定制芯片加入了独立的 NEON 处理单元,NEON 技术可加速音频和语音处理、电话和声音合成等,从而带来更优秀的语音识别及音频处理效果。

在收音方案上,天猫精灵 X1 采用了六麦克风收音阵列技术,有助于收集来自不同方向的声音,从而更容易在周围的噪声中识别出有用的信息,从而达到更好的远场交互效果。

天猫精灵 X1 背后的团队在降噪技术上做了大量研究,在厨房、客厅、卧室、书房等环境中,对玻璃、木材、混凝土、金属、石材等各种材质和环境进行了上千次实验,并专门针对家庭使用场景做了优化,即使在有噪声的环境中也能正常唤醒和使用,并且具备一定的学习功能,可以根据环境噪声进行学习和进化,适应不同的家庭环境噪声,经过 7 天左右的优化,会更加适应所在家庭的环境。

此外,天猫精灵 X1 还使用了回声对消和远近场拾音等技术,即使在播放音乐的同时也能正常接收语音指令。

3.3.6　意念控制设备

意念控制设备在人的思想集中在某件物品上时,戴在用户头部的传感器能够测量出其脑电波。与传感器相连接的微型计算机就能够向咖啡机等设备发出信号使之启动,如图 3-51 所示。

BBC 声称,人们在佩戴一款名为 BBC iPlayer 的新耳机时,集中注意力就可以换台,该耳机如图 3-52 所示。不过目前该耳机正在接受测试中,而且用户需要保持专注 10s。BBC 业务发展部主管赛勒斯·赛罕说:"可以想象,人们不必从沙发上起来或者找遥控器,只要想着看某一频道,电视就会为你换台。"

图 3-51　意念控制设备

同样,新一代假肢也变得更智能,拥有更多关节,可承受更大的重量,还能实现意念控制,甚至让使用者感觉到假肢所接触的物品。约翰·霍普金斯大学应用物理实验室的工程师研制的机械手臂拥有 26 个关节,能够拿起大约 20.4 千克的物品,而这可通过人的意念进行控制,如图 3-53 所示。

图 3-52　BBC iPlayer

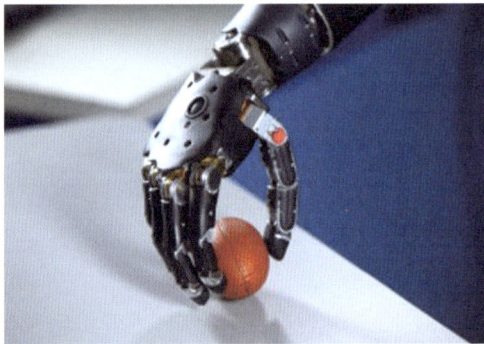

图 3-53　机械手臂

这款机械手臂名为模块化假肢(Modular Prosthetic Limb,MPL),能够识别大脑信号,使用者只需在脑中想着要做什么动作,这款假肢就能做出相应动作。不过,这款假肢还未得到食品和药品管理局的批准,而且还需要把当前 50 万美元的售价降至普通民众能接受的水平。

首席工程师迈克·麦克洛克林表示:"我们希望这款假肢尽可能地复杂,从而提升设计工艺,让使用者享受到更实用的功能。但最终若要商业化,则需降低成本。"

3.3.7　三维打印机

除了以上介绍的视觉、听觉、触觉等感知设备外,三维打印机是近年来非常流行的一种输出设备。三维打印机的产量和销量自 21 世纪以来有了极大的增长,其价格也逐年下降,如图 3-54 所示。

图 3-54　三维打印机设备

3D 打印技术出现在 20 世纪 90 年代中叶,它是一种以数字模型文件为基础,运用粉末状金属或塑料等可黏合材料,通过逐层打印的方式来构造物体的技术。该技术在珠宝、鞋类、工业设计、建筑、工程、施工、汽车、航空航天、医疗产业、教育、地理信息系统、土木工程、枪支以及其他领域都有所应用。通过 3D 立体打印制造的汽车模型和枪械模型分别如图 3-55 和图 3-56 所示。

图 3-55　3D 打印的汽车模型

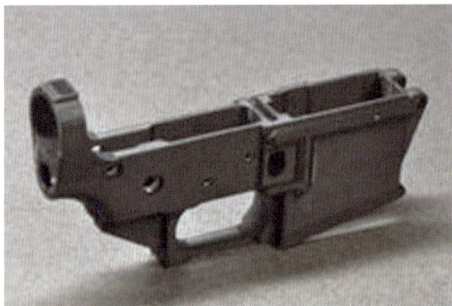

图 3-56　3D 打印的枪械模型

2014 年 8 月 28 日,西安市周至县的胡伟(化名)在盖房时不幸被电弧击中头部,由 3 层楼房高空处坠落,被送到医院紧急手术后,虽然保住了性命,但还是导致半个"脑盖"缺失,严重毁容。第四军医大学西京医院通过 3D 打印技术辅助,成功为他实施了手术,使其恢复外貌。

小结

本章主要介绍了虚拟现实系统的硬件设备：虚拟现实系统的生成设备，输入设备，输出设备。通过本章的学习，读者应重点掌握以下知识点。

虚拟现实的生成设备是用来创建虚拟环境、实时响应用户操作的计算机，包括高性能个人计算机、高性能图形工作站、巨型机、分布式网络计算机。

输入设备用来输入用户发出的动作，使用户可以驾驭一个虚拟场景，在用户与虚拟场景进行交互时，利用大量的传感器来管理用户的行为，并将场景中的物体状态反馈给用户，通常包括跟踪定位设备、人机交互设备、快速建模设备。

为了实现虚拟现实系统的沉浸特性，输出设备必须能将虚拟世界中的各种感知信号转变为人能接受的视觉、听觉、触觉、味觉等多通道刺激信号。目前主要应用的输出设备包括视觉、听觉和触觉设备等。

习题

一、填空题

1. 虚拟现实系统的硬件设备主要包括_____、_____和_____。
2. 影响图形工作站的主要因素有_____、_____、_____、_____、_____。
3. 光学跟踪器使用的技术有_____、_____和_____。
4. 虚拟现实系统常用的人机交互设备有_____、_____和_____。
5. 快速建模设备主要有_____和_____。
6. 头盔显示器主要分为_____、_____和_____。
7. 墙式投影显示设备分为_____和_____。
8. 听觉感知设备主要有_____和_____。
9. 触觉反馈由_____和_____两部分组成。
10. 常用的接触反馈设备有_____和_____。

二、简答题

1. 虚拟现实应用的个人计算机配置有哪些基本要求？
2. 跟踪定位设备的作用是什么？包括哪些种类？
3. 机械跟踪器与惯性跟踪器相比有何区别？
4. 数据衣的工作原理是什么？
5. 3D扫描仪可以分成哪几类？各具有哪些特点？
6. 视域和视角有何区别？
7. 吊杆式显示器有何特点？
8. 洞穴式显示设备有何特点？
9. 墙式投影显示设备可以分成哪几类？各具有哪些特点？
10. 3D打印技术的应用领域有哪些？

第4章

CHAPTER 4

虚拟现实开发软件和语言

虚拟现实的相关开发软件在虚拟现实开发过程中承担着建立三维场景、实现交互以及开发应用功能等方面的任务。尽管虚拟现实的相关开发软件有多种,但三维建模软件、虚拟现实开发平台以及虚拟现实开发语言是其中不可或缺的部分。

4.1 三维建模软件

视频4-1 三维建模软件

虚拟现实注重的是真实感和沉浸感,为了给用户创建一个能使其身临其境的环境,必要条件之一就是创建一个逼真的三维场景。因此,三维建模技术在虚拟现实开发中发挥着重要作用,是虚拟现实技术开发的基础。虚拟现实开发中常用的 3D 建模软件有 3ds Max、Maya、SketchUp、Cinema 4D、Rhino(犀牛)及 Unity3D 等,本节主要介绍 3ds Max、Maya 和 Cinema 4D 软件。

4.1.1 3ds Max

Autodesk 3D Studio Max 简称为 3ds Max 或 Max,是 Autodesk 公司开发的基于 PC 系统的三维动画渲染和制作软件,软件欢迎界面如图 4-1 所示。3ds Max 广泛应用于建筑设计表现、游戏开发、虚拟现实、影视动画广告、模拟仿真、辅助教学、工程可视化等领域。

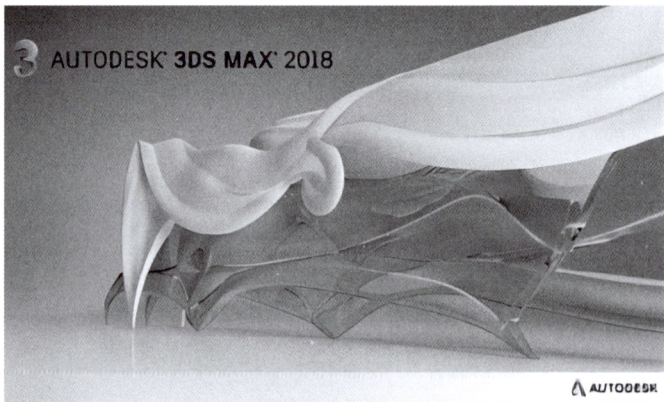

图 4-1　3ds Max 的欢迎界面

1. 3ds Max 简介

3ds Max 的前身是 3D Studio,于 1990 年 Autodesk 的多媒体部正式推出。曾在 DOS 平台和

军事、建筑行业独领风骚。随着 Windows 操作系统和基于 CGI 工作站的大型三维设计软件 Softimage、Lightwave 等的普及,1996 年 4 月,第一个 Windows 版本的 3D Studio 系列诞生,称为 3D Studio Max 1.0。此后的 3ds Max 不断开发出各种插件,并吸收一些优秀的插件,成为一款非常成熟的大型三维动画设计软件,不仅有了完整的建模、渲染、动画、动力学、毛发、粒子系统等功能模块,还具备了完善的场景管理和多用户、多软件的协作能力。2005 年 10 月 11 日,Autodesk 公司发布了 3ds Max 8 官方中文版,正式走入中文用户的世界。3ds Max 也在随着科技的发展而不断革新,它以广大的中低级用户作为主要销售对象,不断提升自身的功能,逐步向高端软件发展,为使用者提供性价比更高的产品。3ds Max 也逐渐占据了游戏开发、广告制作、建筑效果图和漫游、影视动画市场中的主流地位,成为使用广泛的三维动画软件之一。随着计算机硬件的发展,3ds Max 的功能在不断完善,版本也在不断更新。

2. 3ds Max 的主要功能与特点

3ds Max 有多种建模方法,包括基本几何体建模、2D 转 3D 建模、修改器建模、网格(Mesh)建模、多边形(Polygon)建模、面片(Patch)建模和 Nurbs 建模等。常用的是以多边形建模为主,配合其他建模方法。

3ds Max 的渲染功能十分强大,自带扫描线(Scanline)渲染器。3ds Max 还内置了 Mental Ray 渲染器,可以连接渲染器插件 Vray、Finalrender、Brazil、Lightscape 等。

3ds Max 的动画功能也相当强大,支持关键帧动画、层次动画、角色动画等。关键帧动画可以为所有属性设置动画,实现物体移动、旋转、缩放等基础变换动画。通过具有父子关系物体的层次动画设置,可以实现父物体带动子物体运动,或者通过反向动力学实现子物体带动父物体运动。3ds Max 提供了角色动画系统和群组动画来创建人体骨骼系统 Biped,通过 Physique 修改器蒙皮实现通过骨骼控制人物网格的运动。角色动画系统通过关键帧动画设计和叠加角色多个动作,直接加载由动作捕捉系统生成的 bip 等格式的动画文件。

4.1.2 Cinema 4D

Maxon Cinema 4D(简称 C4D)是由德国 Maxon Computer 公司开发的一款功能超强的三维设计软件,以极高的运算速度和强大的渲染著称。Cinema 4D 的 Logo 如图 4-2 所示。

1. Cinema 4D 简介

Cinema 4D 的前身是 FastRay,1991 年,FastRay 更新到了 1.0,此时还没有涉及三维领域。1993 年,FastRay 更名为 CINEMA 4D 1.0,仍然在 Amiga 上发布。1996 年,CINEMA 4D V4 发布 mac 版与 PC 版。自 2004 年 R9 版本推出后,其功能大大完善,并引起业界的极大关注及赞誉,被业界誉为"新一代的三维动画制作软件",并开始大量应用于各类影视制作中。2006 年,R10 版本的推出更被广大用户誉为"革命性的升级"。在电影、电视、游戏开发、医学成像、工业、建筑设

图 4-2　Cinema 4D 的 Logo

计、印刷设计或网络制图等方面,Cinema 4D 都以其丰富的工具包为用户提供了更多的帮助和更高的效率。与其他 3D 软件一样,Cinema 4D 具备高端 3D 动画软件的所有功能,但是,Cinema 4D 的工程师更加注重工作流程的流畅性、舒适性、合理性、易用性和高效性。因此,使用 Cinema 4D 会让设计师在创作、使用过程中更加得心应手,将更多的精力置于创作之中。

2. Cinema 4D 的主要功能和特点

Cinema 4D 拥有强大的 3D 建模功能，主要包含 MoGraph 系统、毛发系统、高级渲染模块、动力学模块、骨架系统、网络渲染模块、云雾系统和粒子系统等。Maxon Cinema 4D 快速、强大、灵活和稳定的工具集使设计、VFX、AR/MR/VR、游戏开发和可视化工作变得更灵活和高效。

Cinema 4D 支持多重处理、整批成像和可输出 Alpha 通道，还支持十多种输出格式。

Cinema 4D 广泛应用于广告、电影和工业设计等，逐渐成为电影公司的首选软件。

Cinema 4D 文件的常用格式为 c4d，可导出 fbx、obj、c4d、3DS、dae、dxf 等常用的三维格式。C4D 模型具有文体体积小、渲染速度快的特点。

相对而言，C4D 软件具有以下几个突出的特点。

（1）文件转换优势。从其他三维软件导入的项目文件均可直接使用，而不用担心有文件损失等问题。

（2）功能强大的毛发系统。C4D 的毛发系统具有高水平的交互操作能力，可以对毛发添加动力场，是一个完整的毛发制作体系，可快速造型，并渲染出各种所需效果。

（3）高级渲染模块。C4D 拥有快速的渲染速度，可以在最短的时间内创造出最具质感和真实感的作品。

（4）BodyPaint 3D。使用该模块可以直接在三维模型上进行绘画，有多种笔触支持压感和图层功能，功能强大。

（5）MoGraph 系统将类似矩阵式的制图模式变得简单有效且极为方便。例如，一个单一的物体经过奇妙的排列和组合，并配合各种效应器，可以使得单调的简单图形具有不可思议的效果。

（6）C4D 预制库。C4D 拥有丰富而强大的预制库，预制库中包含各种模型、贴图、材质、照明、环境、动力学，甚至摄像机镜头预设，可大大提高工作效率。

（7）C4D 可无缝与后期软件 After Effects 衔接。

3. C4D 与 Maya 的区别

与 C4D 相比，Maya 的上手难度相对较大，要想深入 Maya 的底层，需要掌握 Maya 独有的 mel 语言。Maya 的优势主要集中于角色动画方面，但目前的市场流通性略差于 C4D。

C4D 是后起之秀，近几年在国内非常流行。C4D 还有专门为栏目包装准备的 MoGragh 模块，在图形动画、阵列动画方面具有一定的优势。

4. C4D 与 3ds Max 的区别

（1）操作界面方面：3ds Max 的界面较为混乱，对新手可能不太友好；而 C4D 的界面简洁，各个模块一目了然。

（2）渲染方面：3ds Max 的默认渲染扫描线渲染器效果一般，比较依赖于外置渲染器 Vray；C4D 的默认渲染器较为强大，渲染速度和质量较好，也可以借助第三方渲染器 octance、arnold 及 redshift 来达到更好的效果。

（3）软件整合度方面：C4D 可以制作 AI 交互效果，和后期合成软件 After Effects 衔接，这是其他软件不能及的。

3ds Max、Maya 和 C4D 都是三维建模软件，功能都很强大，在基础建模方面都不逊色，区别在于各自的主要应用领域不同。C4D 一般用于栏目包装、工业设计等，在这方面有很多模块比另外两个软件强大很多，也方便很多；Maya 主要应用于动画和特效；3ds Max 更倾向于建筑和工业。

4.1.3　Unity3D 模型制作规范

Unity3D(简称 U3D)是由 Unity Technologies 公司开发的一个跨平台的综合型游戏开发、动画制作和其他互动内容的集成环境,被广泛用于构建三维、二维视频游戏、模拟环境、培训材料以及其他可视化项目。Unity 的特点如下。

(1) 跨平台发布。使用 Unity 开发的游戏可以发布到多个平台,如 Windows、macOS、Linux、Android、iOS 以及各种游戏主机(如 PlayStation、Xbox、Nintendo Switch 等)。

(2) 图形引擎。Unity 拥有强大的图形渲染能力,支持高级着色器、物理基础的渲染(PBR)、光照烘焙等技术。

(3) 物理引擎。Unity 集成了物理模拟功能,允许开发者创建逼真的物体交互效果。

(4) 脚本语言。Unity 支持 C♯ 作为主要的脚本语言,这使得开发者能够利用面向对象编程来构建游戏逻辑和机制。

(5) Asset Store。Unity 拥有一个庞大的资源商店,开发者可以从这里下载各种预制件、模型、纹理、脚本等资源,加快开发速度。

(6) 社区与学习资源。Unity 拥有一个活跃的开发者社区,提供大量的教程、文档和技术支持。

(7) 免费与付费版本。Unity 提供免费版本和个人/专业版,可以满足不同规模开发者的需求。

在使用 Unity3D 引擎进行模型制作或应用开发时,为了确保模型能够在引擎中高效运行并保持视觉一致性,Unity3D 设定了一系列标准,这些标准涵盖从模型的设计、建模、纹理到最终导入 Unity3D 的整个过程。

1) 单位和比例统一

在建立模型之前,需要先设置好单位。所有模型的单位设置必须相同,模型之间的比例要正确,与程序导入单位一致。

建议统一单位为米(m),这样可以方便地调整模型大小,保持一致性。

2) 模型规范

(1) 全部角色模型最好站立在原点。没有特定要求下,必须以物体对象中心为轴心。

(2) 面数的控制。移动设备的每一个网格模型应控制在 300～1500 个多边形,将会达到比较好的效果。而对于桌面平台,理论范围为 1500～4000。假设游戏中任意时刻内屏幕上出现了大量的角色,那么就应该减少每一个角色的面数。例如,游戏《半条命 2》中每一个角色使用 2500～5000 个三角面。

正常单个物体应控制在 1000 个面以下,整个屏幕应控制在 7500 个面以下。全部物体不超过 20 000 个三角面。

(3) 模型优化。删除不可见的面,合并断开的点,移除孤立的点,以此来优化模型文件大小。模型文件应尽可能地精简,去除不必要的部分。

(4) 能够复制的物体尽量复制。假设一个 1000 个面的物体,烘焙好之后复制出 100 个,那么它所消耗的资源基本和一个物体消耗的资源一样多。

(5) 材质与贴图。使用 Unity 支持的材质类型,如 Standard 材质或 Multi/Sub-Object 材质。贴图尺寸应为 2 的幂次方,但不必一定是正方形。

(6) UV 坐标。模型 UV 坐标应合理分布,避免拉伸或重叠。UV 拆分应考虑贴图烘焙和材质绘制的需求。

（7）模型导入。在导入 Unity 之前，应检查模型是否有单独的点和面或重复的面和点，这些都应该被清理掉。模型导入时要注意其坐标轴是否正确，有时需要在建模软件中调整轴向以便更好地匹配 Unity 的世界坐标系统。

遵循这些规范可以确保模型在 Unity 中的表现既美观又高效。此外，随着 Unity 版本的更新，一些具体细节可能会有所变化，因此建议定期查阅官方文档以获取最新的指导原则。

总的来说，3ds Max、C4D 功能都很强大，用于基础建模都不逊色。但是区别在于各自的主要应用领域不同，C4D 一般用于栏目包装、工业设计等，在这方面有很多模块比另外两个软件强大很多，也方便很多，3ds Max 更倾向于建筑和工业。

4.2　虚拟现实开发引擎

虚拟现实开发引擎具有对建模软件制作的模型进行组织显示并实现交互等功能。目前较为常用的虚拟现实开发平台包括 Unity、Unreal Engine、VRP、Virtools、Vizard 等。

4.2.1　虚拟现实开发引擎的特点与作用

为降低虚拟现实开发门槛、提高开发效率、优化性能、实现复杂交互功能、推动行业发展，虚拟现实开发引擎通常具备以下特点。

（1）强大的图形渲染能力。能够呈现出逼真、精美的虚拟场景和高质量的光影效果，如 Unreal Engine 以其出色的图形输出闻名，可创造高度细腻和逼真的视觉体验。

（2）跨平台支持。可以将开发的内容发布到多种平台，如 PC、主机、移动设备以及不同的虚拟现实设备，扩大了应用的覆盖范围，例如 Unity 引擎支持将游戏部署到多个平台，包括 PC、控制台、移动设备、VR/AR 设备等。

（3）丰富的交互功能。支持多种输入设备和交互方式，如手柄、手势识别、眼球追踪等，让用户能在虚拟环境中自然、流畅地进行操作，提供更真实的沉浸感。

（4）高效的开发工具和流程。通常提供可视化的编辑界面、脚本语言等，方便开发者进行快速开发和迭代。例如 Unity 使用 C♯等脚本语言，开发者可以利用其丰富的 API 和可视化编辑环境高效进行开发。

（5）物理模拟。具备强大的物理引擎，能模拟现实世界中的物理规律，如重力、碰撞、摩擦等，使虚拟物体的运动和行为更加真实可信。

4.2.2　虚拟现实开发引擎的功能

虚拟现实开发平台可以实现逼真的三维立体影像，实现虚拟的实时交互、场景漫游和物体碰撞检测等。因此，虚拟现实开发平台一般具有以下基本功能。

1）实时渲染

实时渲染的本质就是图形数据的实时计算和输出。一般情况下，虚拟场景实现漫游时需要实时渲染。

2）实时碰撞检测

在虚拟场景漫游时，当人或物在前进方向被阻挡时，人或物应该沿着合理的方向滑动，而不是被迫停下，同时还要做到足够的精确和稳定，防止人或物因穿墙而掉出场景。因此，虚拟现实开发平台必须具备实时碰撞检测功能。

3）交互性强

交互性的设计也是虚拟现实开发平台的必备功能。用户可以通过键盘或鼠标完成虚拟场景的控制，例如可以随时改变在虚拟场景中漫游的方向和速度、抓起和放下对象等。

4）兼容性强

软件的兼容性是现代软件必备的特性。大多数多媒体工具、开发工具和 Web 浏览器等都需要将其他软件产生的文件导入。例如，将 3ds Max 设计的模型导入相关的开发平台，开发平台需要能对导入的模型添加交互控制等。

5）模拟品质佳

虚拟现实开发平台可以提供环境贴图、明暗度微调等特效功能，使得设计的虚拟场景具有逼真的视觉效果，从而达到极佳的模拟品质。

6）实用性强

实用性强即开发平台功能强大，要求可以对一些文件进行简单的修改，如图像和图形修改；能够实现内容网络版的发布，创建立体网页与网站；支持 OpenGL 以及 Direct3D；可以对文件进行压缩；可以调整物体表面的贴图材质或透明度；支持 360°旋转背景；可以将模拟资料导出成文档并保存；可以合成声音、图像等。

7）支持多种 VR 外部设备

虚拟现实开发平台应支持多种外部硬件设备，包括键盘、鼠标、操纵杆、方向盘、数据手套、六自由度位置跟踪器及轨迹球等，从而让用户充分体验到虚拟现实技术带来的乐趣。

4.2.3　常用虚拟现实开发引擎简介

1. Unity

Unity 是由 Unity Technologies 公司开发的是一款跨平台游戏引擎，可用于开发 2D 和 3D 游戏，支持多种个人计算机、移动设备、游戏主机、网页平台、增强现实和虚拟现实，是一个全面整合的专业游戏引擎，其标志如图 4-3 所示。Unity 可以让玩家轻松创建如三维视频游戏、建筑可视化、实时三维动画等类型的互动内容，其编辑器运行在 Windows 和 macOS 下，可发布游戏至 Windows、macOS、iOS、Windows Phone、Android、PlayStation、XBOX、Wii 等平台，也可以利用 Unity Web Player Development 插件发布网页游戏，支持 macOS 和 Windows 的网页浏览。据不完全统计，目前国内有 80％的 Android、iOS 手机游戏使用 Unity 进行开发，例如《神庙逃亡》《纵横时空》《将魂三国》《争锋 Online》《萌战记》《绝代双骄》《蒸汽之城》《星际陆战队》《新仙剑奇侠传 Online》《武士复仇 2》。

Unity 不仅限于游戏行业，在虚拟现实、增强现实、工程模拟、3D 设计、建筑设计展示等方面也有着广泛的应用。国内使用 Unity 进行虚拟仿真教学平台、房地产三维展示等项目开发的公司非常多，例如绿地地产、保利地产、中海地产、招商地产等房地产公司的三维数字楼盘展示系统很多都是使用

图 4-3　游戏开发引擎 Unity 标志

Unity 进行开发的，较典型的有《飞思翼家装设计》《状元府楼盘展示》等。

Unity 提供强大的关卡编辑器，支持大部分主流的 3D 软件格式，使用 C♯ 或 JavaScript 等语言实现脚本功能，使开发者无须了解底层复杂的技术即可快速开发出具有高性能、高品质的交互式产品。

随着 iOS、Android 等移动设备的大量普及和虚拟现实在国内的兴起，Unity 因其强大的功

能、良好的可移植性,得到了广泛的应用和传播。

1)Unity 界面及菜单介绍

Unity 的界面布局如图 4-4 所示,显示了 Unity 最为常用的几个面板。下面对各个面板进行详细说明。

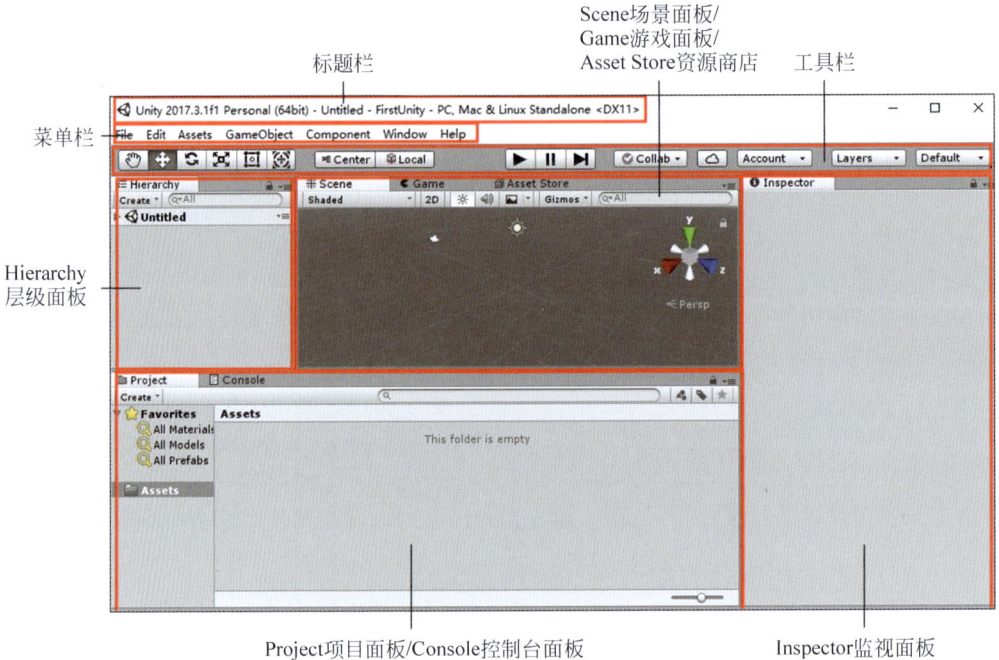

图 4-4   Unity 的界面布局

Scene(场景面板):该面板为 Unity 的编辑面板,可以将所有的模型、灯光、摄像机及其他对象拖曳到该场景中,还可以在该面板中选择、复制、移动、旋转和缩放对象。

Game(游戏面板):与场景面板不同,该面板不能编辑,主要用来预览和测试场景的运行效果和交互效果。

Hierarchy(层级面板):该面板的主要功能是创建、显示和编辑场景面板中创建的所有物体对象。

Project(项目面板):该面板的主要功能是显示该项目文件中的所有资源,除了模型、材质、图片、音频、预制对象、UI 对象等,还包括该项目的所有场景文件。

Inspector(监视面板):该面板用来显示和编辑场景对象所包含的组件和属性,包括三维坐标、旋转量、缩放大小、脚本的变量和组件信息等。

场景调整工具:可改变用户在编辑过程中的场景视角、物体法线中心的位置、物体在场景中的坐标位置、旋转角度、缩放大小等,以及更换物体世界坐标和本地坐标。

"播放""暂停""逐帧"按钮:用于运行游戏、暂停游戏和逐帧调试程序。

"层级显示"按钮:选中或取消选中该下拉列表框中的对应层选项,就能决定该层中所有物体是否在场景面板中显示。

"版面布局"按钮:调整该下拉列表框中的选项,即可改变编辑面板的布局。

除了 Unity 的这些初始化面板外,还可以通过 Add Tab 按钮和菜单栏中的 Window 下拉菜单增添其他面板和删减现有面板。Unity 中还包括用于制作动画文件的 Animation(动画面板),

用于观测性能指数的 Profiler(分析器面板),用于购买产品和发布产品的 Asset Store(资源商店),用于控制项目版本的 Asset Server(资源服务器),以及用于观测和调试错误的 Console(控制台面板)。

2)Unity 菜单

Unity 菜单栏几乎包含所有要用到的工具。Unity 的每个菜单选项下还有子菜单。当导入某些 unityPackage 包时,会在菜单栏增加菜单项或子菜单项。

Unity 软件的具体操作与应用将在第 6 章及以后的章节中进行介绍。

2. Unreal Engine

1)Unreal Engine 概述

虚幻引擎(Unreal Engine,UE)是数字游戏和图形交互技术开发商 Epic Games 公司开发的一款 3D 游戏引擎和虚拟现实开发工具,可用于开发游戏、虚拟现实、教育、建筑、电影等。

虚幻引擎开发的作品具有电影级的画面质量,真实,沉浸感强。虚幻引擎开发的产品有《黑神话:悟空》《战争机器》《无尽之剑》《镜之边缘》《虚幻竞技场》《质量效应》《生化奇兵》等。在美国和欧洲,虚幻引擎主要用于主机游戏的开发,在亚洲主要用于次世代网游的开发,如《剑灵》《TERA》《战地之王》《一舞成名》等。

虚幻商城提供了丰富的游戏内容、资源包、文档、范例项目、教程和演示,让开发者可以方便地获得高质量、适用于不同艺术风格和游戏类型的素材,并应用到虚幻引擎开发的作品中。

2)Unreal Engine 发展历史

UE1 于 1998 年发布,包含基本的游戏引擎功能,如渲染、碰撞检测、AI、网络、文件管理等,加入了脚本系统 UnrealScript。UE1 支持的平台有 Windows、Macintosh、Sony 的 PS2 等。

UE2 于 2001 年发布,重写了渲染部分,提升了画面质量,还增加了关卡编辑器和对微软 Xbox 的支持。

UE3 于 2004 年发布,画面质量和视觉效果有了极大提升。UE3 生命周期较长,2010 年还增加了对 iOS 和 Android 的支持,以便开发手机游戏。

UDK(the Unreal Development Kit)于 2009 年发布,是 UE3 的免费版本,包含开发基于 UE3 游戏的所有工具,还附带了几个原本极其昂贵的中间件。UDK 在非商业应用和教育应用方面完全免费,促进了虚幻引擎的普及。

UE4 于 2012 年发布,从 2003 年就开始研发,相比之前的版本有两大变化:去掉了 UnrealScript,增加了蓝图(蓝图是一种可视化的编程方式),使得策划人员和美术人员也可以编程;2015 年,UE4 开始免费开源,促进了 UE4 的普及和流行。

UE5 于 2020 年发布,新增了包括 Nanite 虚拟微多边形几何体和 Lumen 全动态全局光照方案等功能。大部分游戏都可以从 UE4.26 升级为 UE5。

3)虚幻编辑器

虚幻编辑器(Unreal Editor)是一个以"所见即所得"为设计理念的操作工具,使开发者可以直接对物体的位置和属性进行设置,且具有实时响应和真实感渲染功能。

虚幻编辑器的界面如图 4-5 所示,主要部分介绍如下。

(1)模式面板中包含位移模式、画笔模式等,可编辑 Actor、地形和树本等,还提供了一些预制对象。

(2)内容浏览器面板主要用来管理项目资源,如模型、材质、粒子、蓝图等。

(3)世界大纲视图面板用于管理放置在编辑关卡中的部件。

(4)细节面板用于为选中的对象设置属性。

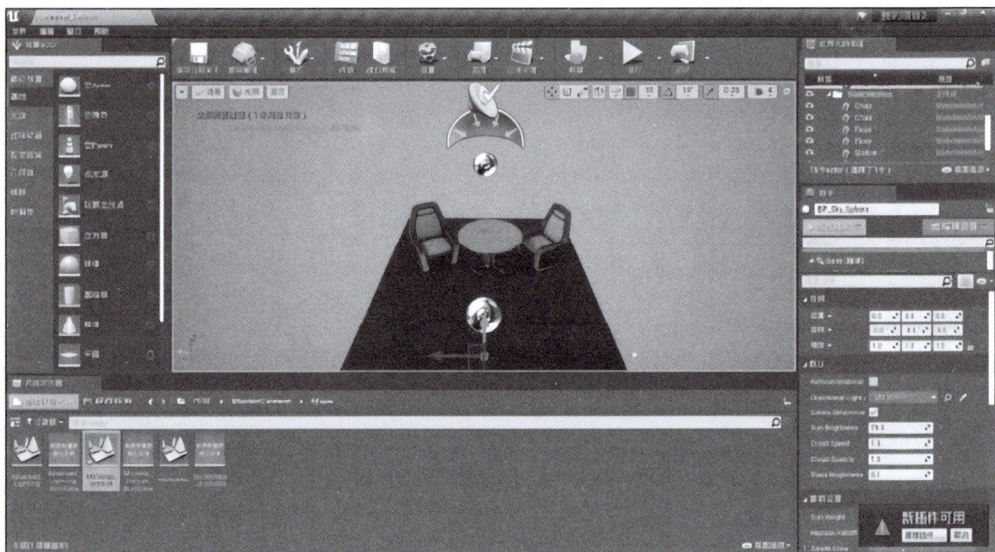

图 4-5　Unreal Engine4.26 编辑器界面

（5）工具栏中包含一些常用工具，如保存当前关卡、源码管理、模式、内容、设置等。

（6）视口位于工具栏下方，是完全可视化的操作环境，可在视口中对各个物体直接进行操作。

4）蓝图

Unreal Engine4 版本增加了可视化编程蓝图（Blueprint）功能，降低了设计开发门槛，使得没有程序设计基础的策划人员和美术人员也能参与到项目开发中。蓝图可以实现大部分 C++ 语言的功能，甚至小型游戏也可以完全通过蓝图来实现，但大中型游戏不建议完全通过蓝图开发。在 UDK 版本中，蓝图称为 kismet。

蓝图与 C++ 等面向对象编程语言在概念上是非常类似的，也可以定义变量、函数、宏等，还可以实现继承、多态等高级功能。蓝图基于节点工作，使用连线把节点、事件、函数及变量等连接到一起，从而创建复杂的游戏性元素，实现各种行为和功能，如图 4-6 所示。

蓝图有以下几种常见类型。

（1）关卡蓝图（Level Blueprint）。关卡蓝图是一种特殊类型的蓝图，是作用于整个关卡的全局事件图表。

（2）类蓝图（Blueprint Class）。类蓝图是一种允许内容创建者轻松地基于现有游戏类添加功能的资源。

（3）蓝图父类（Blueprint SuperClass）。创建不同类型的蓝图时，需要指定继承父类，以便调用父类创建的属性。常见的父类如下。

- Actor：可以在场景中创建编辑的 Actor。
- Pawn：可以从控制器获得输入信息处理的 Actor。
- Character： 个包含行走、跑步、跳跃及更多动作的 Pawn。
- Controller：没有物理表现的 Actor，可以控制一个 Pawn。
- Player Controller：角色控制器，交互式控制 Character。
- AI Controller：用于控制非玩家角色（Non-Player Character，NPC）。
- Game Mode Base：定义了项目的执行和规则等。

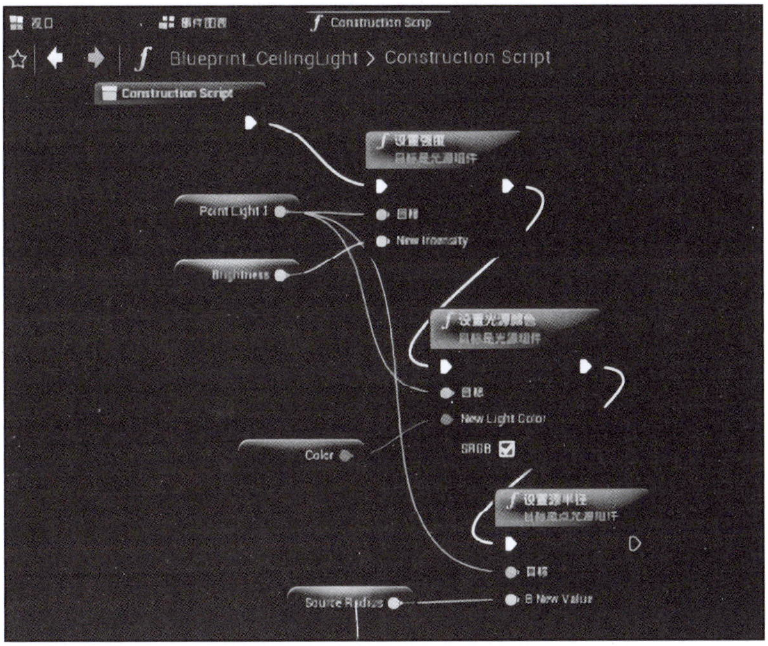

图 4-6　Unreal Engine4 中的蓝图

（4）仅包含数据的蓝图（Data-Only Blueprint）。仅包含数据的蓝图是指仅包含代码（以节点图表的形式）、变量以及从父类继承的组件的蓝图。

5）蓝图接口

蓝图接口（Blueprint Interface）是一个函数或多个函数的集合，它相当于 C++ 中的一个纯虚基类，仅有函数名称，没有实现，该接口可以添加到其他蓝图中。

使用蓝图进行开发的优势如下。

（1）容易上手，有效降低了引擎的学习成本。

（2）面向组件，开发方便，热更新。

（3）有效提高了项目开发效率，复杂的功能可用 C++ 封装成模块，在蓝图中直接调用，调整方便。

使用蓝图进行开发的缺点如下。

（1）可读性差。蓝图项目的逻辑较难梳理。

（2）不易交流。蓝图的算法通过截图展示，但复杂的程序很难通过截图的形式表达出来。而用蓝图编程，连线特别多的蓝图的循环结构与 goto 语句一样。

（3）对于大型项目维护困难。

4.3　虚拟现实开发语言

虚拟现实项目需要借助底层的图形接口（API），一般使用高级编程语言和脚本语言进行开发。脚本语言（Script Language）是一种以组件为基础的无类型、简单高效的解释型语言。目前，很多脚本语言超越了计算机简单任务自动化的领域，可以编写复杂而精巧的程序。在很多应用中，高级编程语言和脚本语言之间互相交叉，两者之间没有明确的界限。本节将对虚拟现实开发中常用的脚本语言和编程语言进行介绍。

视频 4-3 节
虚拟现实开
发语言

4.3.1　OpenGL

OpenGL 是由 Silicon Graphics Inc.(SGI)设计的,它起源于 SGI 内部为他们的图形工作站开发的一个名为 IRIS GL 的图形库。为了提高该库的可移植性和开放性,SGI 在其基础上开发了 OpenGL,并于 1992 年正式对外发布。自此以后,OpenGL 成为跨平台的行业标准 API,用于绘制 2D 和 3D 计算机图形。尽管 SGI 最初创立了 OpenGL,但后来 OpenGL 的规范和技术是由 Khronos Group 维护和发展的,这是一个由多个公司组成的联盟,致力于制定和推广 OpenGL 以及其他多种开放标准的 API。

1. OpenGL 简介

OpenGL(开放式图形库)是一个跨平台的二维及三维图形应用程序接口(API),提供了许多可以调用以绘制图形的函数,这些函数调用通常由驱动程序直接转换为硬件指令执行。OpenGL 可以在多种操作系统(如 Windows、macOS、Linux 以及一些嵌入式系统)上运行,被广泛应用于计算机图形学领域,尤其是游戏开发、CAD 软件、科学可视化以及虚拟现实技术。

OpenGL 具有以下功能。

(1)建立 3D 模型。OpenGL 除了能够处理一般的 2D 图形,即点、线、面的绘制外,主要任务是集合了 3D 立体的物体绘制函数。

(2)图形变换。OpenGL 利用基本变换以及投影变换处理图形。所谓的基本变换,就是在处理 2D 平面图形时的平移、旋转、变比、镜像变换。投影变换就是在处理 3D 立体图形时的平行投影以及透视投影。通过变换方式,可以将 2D 的平面图形清晰明了地变换成 3D 的立体图形,从而在减少计算时间的同时提高图形显示的速度。

(3)颜色模式。OpenGL 库中的颜色模式使用较为广泛的 RGBA 模式和颜色索引模式(color index)。

(4)光照、材质的设置。OpenGL 库中包含多种光照的类型。材质是用光反射率表示的,其原理是基于人眼的原理,场景中的物体是由光的红绿蓝分量以及材质的红绿蓝反射率的相乘后所形成的颜色值。

(5)纹理映射。纹理指的是物体表面的花纹。OpenGL 库中集合了对于物体纹理的映射处理方式,能够十分完整地复现物体表面的真实纹理。

(6)图像增强功能和位图显示的扩展功能。OpenGL 的功能包括像素的读写、复制外,以及一些特殊的图像处理功能。如融合、反走样、雾的特殊处理方式。对于图像的重现和处理,可以使得效果更有真实感。

(7)双缓存功能。OpenGL 创新性地运用了双缓存形式。计算场景、生成画面图像、显示画面图像分别将其由前台缓存和后台缓存开分处理,大大提高了计算机的运算能力以及画面的显示速度。

4.3.2　C♯

C♯ 是微软公司设计的一种面向对象的编程语言,是从 C 和 C++ 派生而来的一种简单、类型安全的编程语言。C♯ 在类、名字空间、方法重载和异常处理等方面去掉了 C++ 中的部分复杂性,借鉴和修改了 Java 的许多特性,使其更加易于使用,不易出错,并且能够与.NET 框架完美结合。

1. C♯ 的特点

(1)简单。C♯ 语法简洁,不允许直接操作内存,没有指针操作。C♯ 统一了数据类型,使得.NET 框架上的不同语言具有相同的类型系统。

(2)安全。安全性是现代应用的首要要求,C♯ 通过代码访问安全机制来保证安全性。根据代码的身份来源,可以分为不同的安全级别,不同级别的代码在被调用时会受到不同的限制。

(3)面向对象。C♯具有面向对象语言的关键特性:封装、继承和多态。C♯的类模型建立在.NET 虚拟对象模型之上,这个对象模型是基础架构的一部分,而不再是编程语言的一部分,这样即可实现语言自由。

(4)版本控制。C♯语言内置了版本控制功能,使开发人员可以更加容易地开发和维护 C♯程序。

2. Unity 中的 C♯

Unity 中 C♯脚本的运行环境使用了 Mono 技术,使用 Unity 脚本可以使用.NET 框架的相关类。Unity 自带 MonoDevelop 编辑器,如图 4-7 所示。

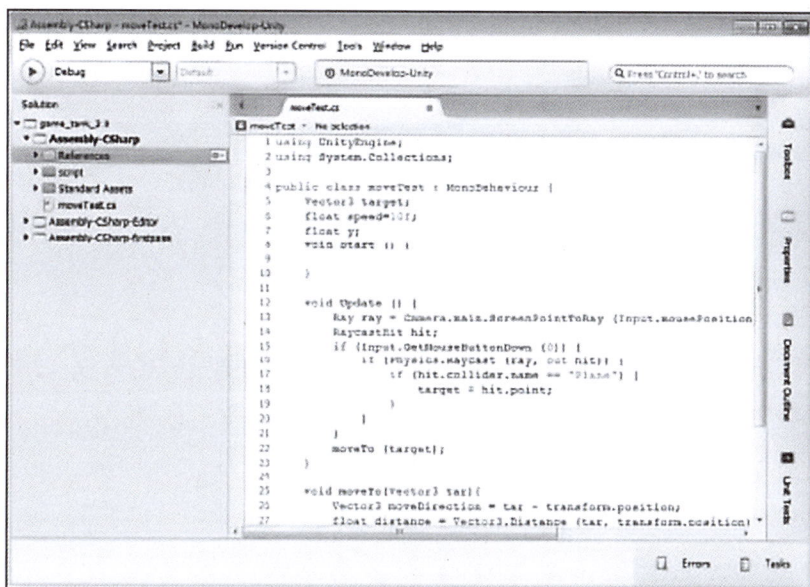

图 4-7　MonoDevelop 编辑器

Unity 中 C♯的使用和其他平台的 C♯有一些不同,Unity 中所有挂载到对象上的脚本都必须继承 MonoBehavior 类。MonoBehavior 类定义了各种回调方法,如 Awake()、OnEnable()、Start()、Update()、FixedUpdate()、OnDisable()、OnDestroy()等。Unity 还自带了完善的调试功能,控制台(Console)中包含当前全部错误,每一个错误信息明确指明了代码出错的原因和位置,如果是脚本错误,双击可以自动跳转到脚本编辑器进行修改。

3. 第一个 C♯程序

按照"国际惯例",学习一门语言的第一个程序就是输出"Hello World!"在这里,我们也沿袭这个惯例,用 Unity 完成一个"Hello World"程序,并将它编译成一个标准的 Windows 可执行程序。

1)新建项目工程

打开 Unity,单击 New 按钮,新建 Unity 项目工程。输入 Project Name(项目名称)和 Location(保存路径),单击 Create project 按钮即可创建新工程,如图 4-8 所示。

场景中包含名为 Main Camera 的摄像机以及 Directional Light(方向光)。在 Hierarchy 窗口选择该相机,在 Scene 窗口右下角显示摄像机预览的缩略图 Camera Preview,如图 4-9 所示。

2)创建游戏物体

创建 Text 控件,用于显示 Hello World 文字,有以下三种创建方法。

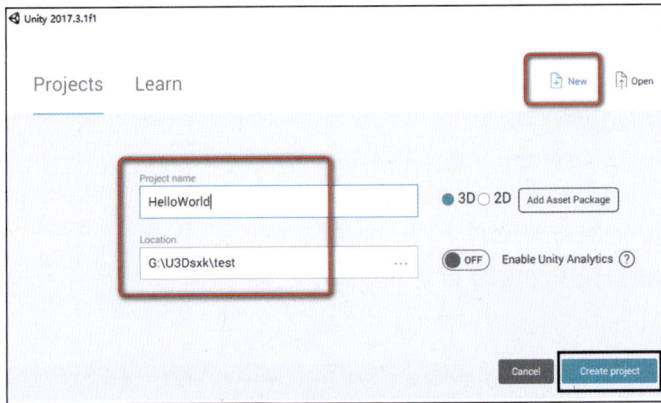

图 4-8　新建项目工程

图 4-9　摄像机及其预览缩略图

（1）在 Hierarchy 窗口单击 Create 下拉菜单，选择 UI→Text 选项，如图 4-10 所示，即可在 Hierarchy 窗口出现 Canvas、Text 和 EventSystem 三个游戏物体，如图 4-10 所示。其中，Text 是 Canvas 的子物体。

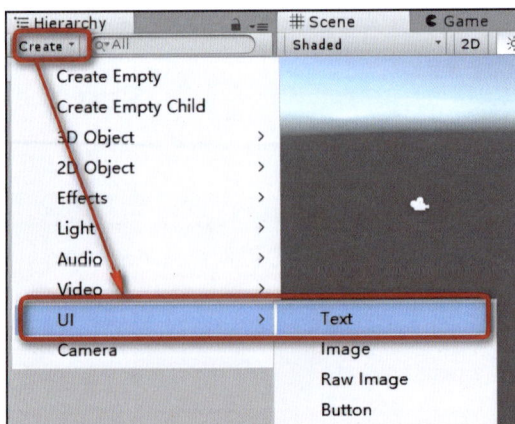

图 4-10　单击 Create 下拉菜单创建 Text

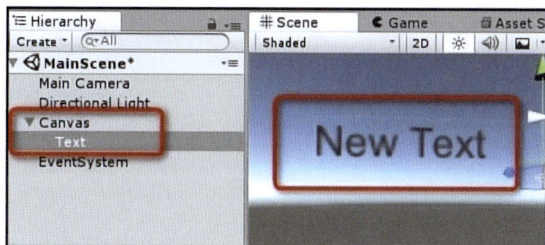

图 4-10 （续）

（2）直接在 Hierarchy 窗口空白处右击，在弹出的快捷菜单中选择 UI→Text 选项，也可以创建上面的物体，如图 4-11 所示。

（3）在菜单栏上选择 GameObject→UI→Text 选项来创建 Text 控件，如图 4-12 所示。

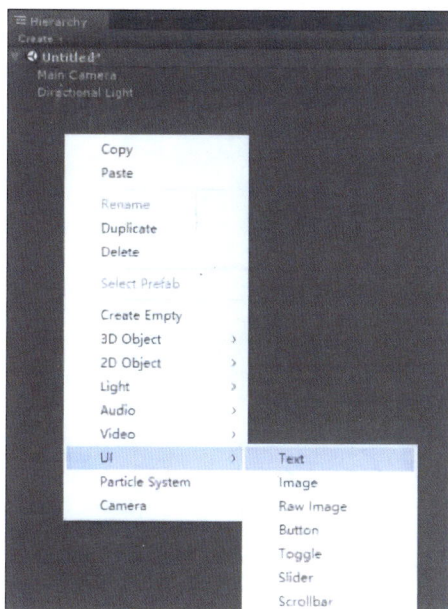

图 4-11 使用鼠标右键创建 Text

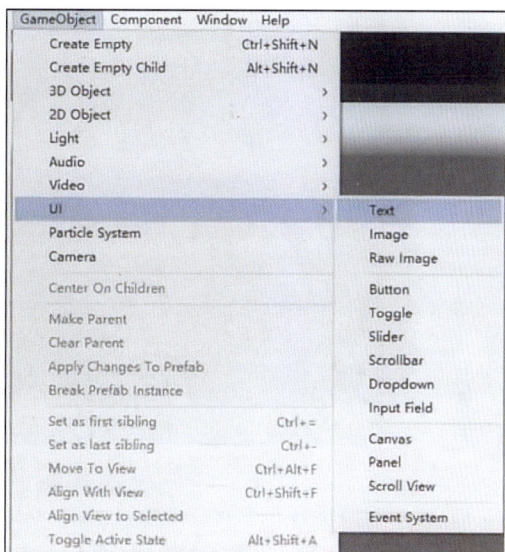

图 4-12 通过菜单栏的 GameObject 选项创建 Text

其他游戏物体的创建同理，都可以通过上面三种方式创建，根据个人习惯选择即可。一般使用方法（2），当需要在某个游戏物体下创建子物体时，直接在该游戏物体下右击，选择相应类型的游戏物体即可。

3）调整游戏物体

创建 Text 控件后，在 Game 窗口可以看到有 New Text 显示在某个位置，要想让文字居中，应先重置 Text 控件的位置。在 Inspect 窗口中单击 Rect Transform 组件右上角的设置按钮。单击 Reset 按钮即可重置该组件的值，如图 4-13 所示。此时看到 New Text 显示在 Scene 窗口中央，如图 4-14 所示。

New Text 是 Text 控件默认的文字，其位置由 Text 控件的 Rect Transform 组件决定，显示的文字由 Text 组件里的 Text 的值决定。目前，Text 的值为 New Text。更改 Text 里面的文字可以显示相应的字。接下来看看如何通过简单的代码将 Text 的文字改为"Hello World"。

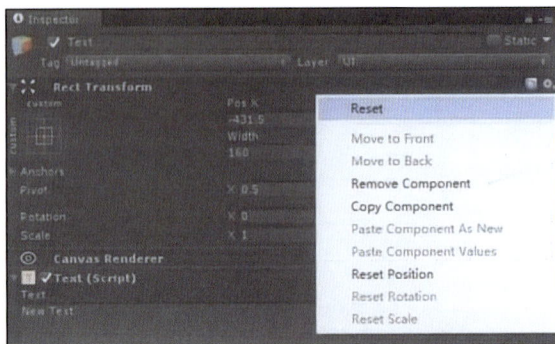

图 4-13　单击设置按钮并选择 Rect Transform 组件

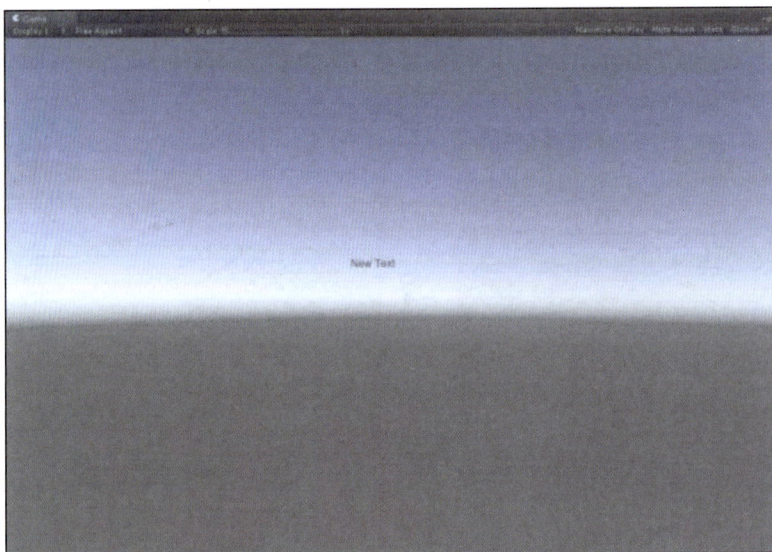

图 4-14　重置后 Text 的位置为 0 并位于屏幕中央

4）创建资源

用户需要养成资源分类的习惯，将同类资源存放在相应的文件夹中。所以，需要先新建 Scripts 文件夹存放脚本。新建文件夹有以下三种方法。

（1）在 Project 窗口中，在 Assets 文件夹上右击，在弹出的快捷菜单中选择 Create→Folder 选项，或者在右边的 Assets 文件夹空白处右击，如图 4-15 所示。

（2）在 Project 窗口中，单击 Create 下拉菜单，选择 Folder 选项，如图 4-16 所示。

（3）在菜单栏上选择 Assets→Create→Folder 选项，如图 4-17 所示。

新建 Scripts 文件夹后，在该文件夹上右击，在弹出的快捷菜单中选择 Create→C♯ Script 选项，新建 C♯脚本，将其命名为 HelloWorld，双击打开后如图 4-18 所示。

在 Unity 中创建的 C♯脚本都会自动先引入两个常用的系统命名空间和一个 Unity 引擎程序的命名空间。我们创建的 HelloWorld 类继承于 MonoBehavior 类，同时自动生成常用的 Start() 方法和 Update()方法。

5）编辑脚本控制游戏物体

结合图 2-69 所示的 C♯脚本，在第 4 行添加"using UnityEngine.UI；"。由于用到了 Unity 的 UGUI 系统来显示文字，所以要引入 Unity 的 UI 包。

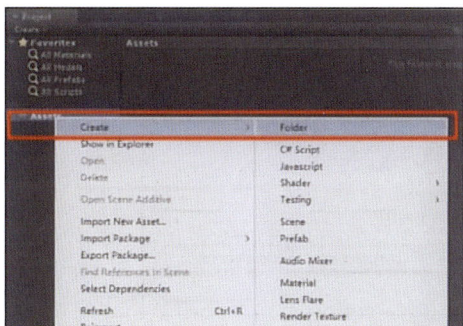

图 4-15 在 Assets 文件夹上右击创建文件夹

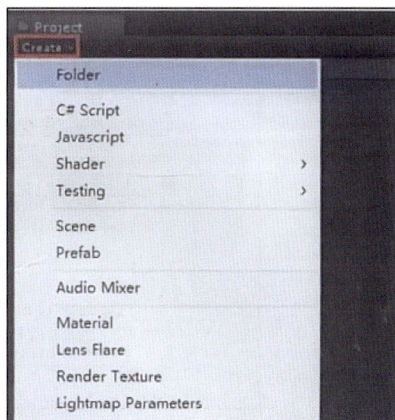

图 4-16 单击 Create 下拉菜单创建文件夹

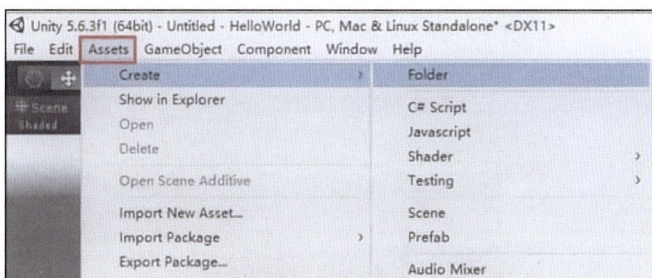

图 4-17 通过菜单栏上的 Assets 选项创建文件夹

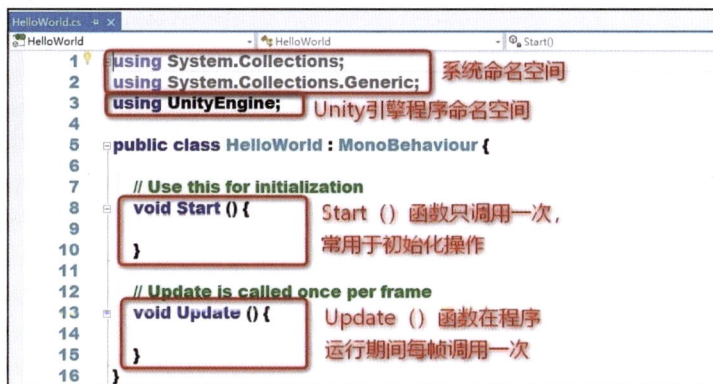

图 4-18 C#脚本的默认模板

在第 7 行添加"public Text myText;"变量为公有变量 public,会让该变量显示在 Inspector 窗口中,这是 Text 类型的变量,名称为 myText。这一行告诉脚本即将控制哪个游戏物体。在第 15 行添加 myText.GetComponent＜Text＞().text＝"Hello World",先指定对名为 myText 的变量进行操作,通过 GetComponent＜Tex＞获取该变量下 Text 类型组件,通过 text 获取该组件的 text 属性。text 属性是字符串类型,直接将 Hello World 字符串赋值给它即可。按 Ctrl＋S 组合键保存脚本,如图 4-19 所示。

6)游戏物体绑定脚本

编辑脚本写好脚本程序后,还需要将它挂到存在于场景中的游戏物体上才能运行。将该脚

图 4-19　编辑脚本

本拖曳到 Hierarchy 窗口中的一个游戏物体上，如可以拖曳到 Canvas 里。作为它的一个组件，此时 myText 变量是 public 类型，且尚未赋值。要对它进行赋值，需要将一个有 Text 组件的游戏物体拖入该变量中，如图 4-20 所示。

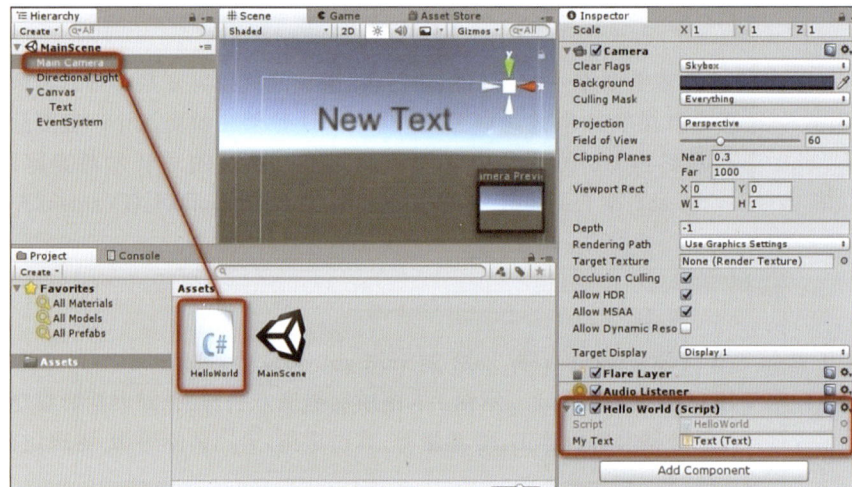

图 4-20　将脚本赋给 Canvas 游戏物体

运行游戏，即可看到 Game 窗口的文字变成了 Hello World!，如图 4-21 所示。

图 4-21　游戏运行时的 Game 窗口

7）保存场景

在 Project 窗口新建一个 Scenes 文件夹，准备保存场景。按 Ctrl＋S 组合键，弹出 Save Scene

窗口,选择 Scenes 文件夹作为保存路径,输入文件名 HelloWorld,单击"保存"按钮即可保存场景,如图 4-22 所示。

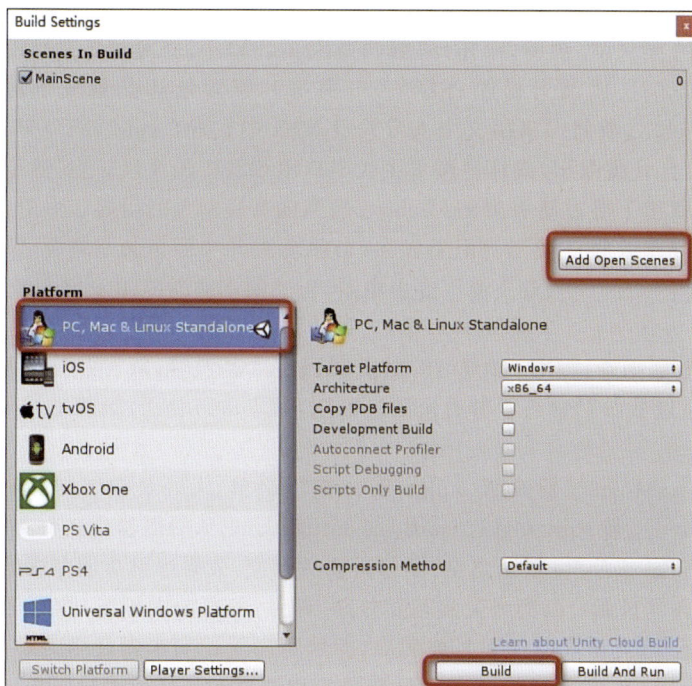

图 4-22 保存后的场景

4.3.3 C++

C++ 由美国 AT&T 贝尔实验室的 Bjarne Stroustrup 博士在 20 世纪 80 年代初期发明并实现(最初这种语言被称作 C with Classes,即带类的 C)。C++ 一开始是 C 语言的增强版,从给 C 语言增加类开始,不断地增加新特性,如虚函数(virtual function)、运算符重载(operator overloading)、多重继承(multiple inheritance)、模板(template)、异常(exception)、RTTI 等。C++ 进一步扩充和完善了 C 语言,成为一种面向对象的程序设计语言。早期游戏开发中,大多选择 C++ 语言,如 Unreal Engine。

Unreal Engine 工程有两种类型:蓝图和 C++。这两种类型的工程没有任何实质性的区别,蓝图支持的功能涵盖了 C++ 支持的几乎所有特性,即蓝图几乎等价于 C++。然而某些场合下,蓝图的性能比原生 C++ 代码要慢。

前三代 Unreal Engine 都包含 UnrealScript 脚本语言,但随着引擎的发展,脚本接口不断扩充,用于函数调用和类型转换的通信中间层变得越来越复杂和低效,迫使 UE4 版本转移到了一个纯 C++ 的架构。

UE4 开始直接使用 C++ 作为逻辑层语言,这样引擎层与逻辑层语言统一,不需要胶水代码去转发,消除了逻辑层和引擎层的交互成本。为便于开发,UE4 对 C++ 做了一些包装,如反射、序列化、热重载和垃圾回收等,大大降低了 C++ 的开发难度。

UE4 在 C++ 编译开始前,使用工具 UnrealHeaderTool 对 C++ 代码进行预处理,收集类型和成员等信息,自动生成相关序列化代码,再调用真正的 C++ 编译器,将自动生成的代码与原始代码一并进行编译,生成最终的可执行文件。

在编辑器模式下,UE4 将工程代码编译成动态链接库,这样编辑器可以动态地加载和卸载某个动态链接库。UE4 为工程自动生成一个 cpp 文件,cpp 文件包含当前工程中所有需要反射的类信息,以及类成员列表和每个成员的类型信息,在动态链接库被编辑器加载时,自动将类信息注册到编辑器中。编译完工程后,UE4 编辑器会自动检测动态链接库的变化,然后自动热重载这些动态链接库中的类信息。

在进行虚拟现实开发时,一般根据开发平台来选择相应的开发语言。

小结

虚拟现实应用开发软件通常包括三维建模软件、虚拟现实开发引擎和虚拟现实开发语言。通过本章的学习,读者应重点掌握以下内容。

1. 虚拟现实开发中常用的 3D 建模软件有 3ds Max、Maya、SketchUp、Cinema 4D、Rhino(犀牛)及 Unity3D 等,掌握它们的特点及应用的场景。

2. 掌握一种三维建模软件的基本操作。

3. 目前最常用的虚拟现实开发平台是 Unity、Unreal Engine,了解它们的特点及应用场景。

4. 了解虚拟现实常用的开发语言。

5. 具备初步的高级语言程序设计能力。

习题

一、简答题

1. 简述 3ds Max 的界面由哪几部分组成,各自的功能是什么。

2. 简述 Cinema 4D 的应用领域和主要特点。

3. 简述 Unity 的界面布局及各部分功能。

4. 试述 Unreal Engine 蓝图和 C++ 开发的特点。

5. 查阅资料,了解 Unity 和 Unreal Engine 的发展历程、最新动态和发展趋势。

二、论述题(每小题不少于 500 字)

1. 观看由 Unreal Engine 制作的影视作品,论述 Unreal Engine 的特点。

2. 体验利用 Unity 开发的游戏或应用软件,论述 Unity 的特点。

三、操作题

1. 在 Unity 中模拟 Flappy Bird,在 Unity 中添加 Sphere、Cube 并改变其位置和大小,添加 C# 程序和相关组件,使 Sphere 通过 Cube,并显示游戏成功,运行效果如图 4-23 所示。

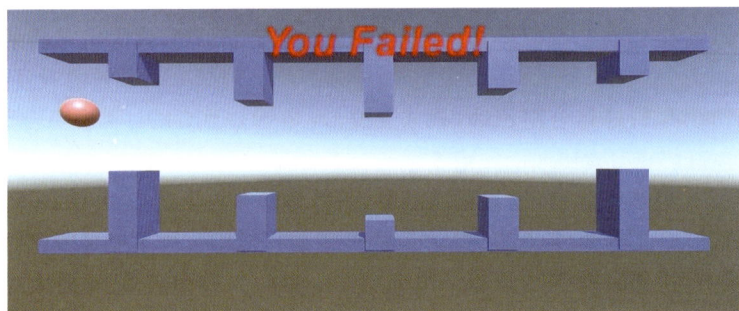

图 4-23　Flappy Bird 运行效果

2. 在 Unity 中添加 C♯程序和相关组件,模拟角色上楼梯,效果如图 4-24 所示。

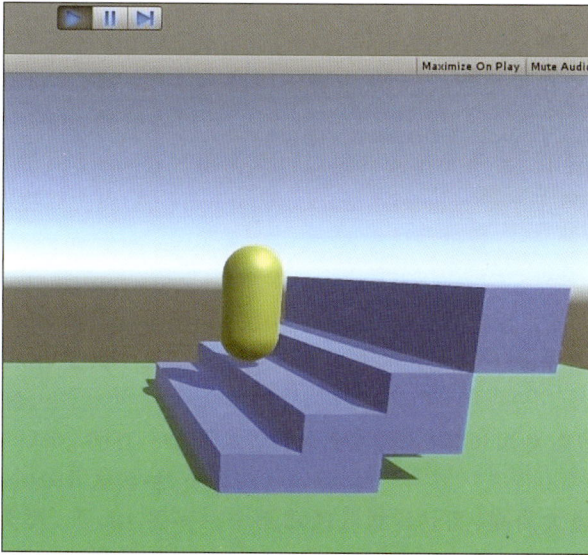

图 4-24　模拟角色上楼梯效果

第 5 章

三维全景技术

三维全景技术是近年来迅速发展并逐渐流行的一个虚拟现实分支。三维全景技术是一种桌面虚拟现实技术，并不是真正意义上的 3D 技术。三维全景技术具有以下几个特点。

(1) 属于实地拍摄，有照片的真实感，是真实场景的三维展现。

(2) 具有一定的交互性，用户可以通过鼠标控制视觉方向，还可以任意放大和缩小，如亲临现场般环视、俯瞰和仰视。

(3) 浏览漫游不需要单独下载插件，并且全景图片文件采用先进的图像压缩与还原算法，文件较小，利于网络传输。

(4) 无须采用专业设备进行拍摄制作，适用于各种层次的用户。

5.1 三维全景概述

三维全景技术是一种运用数码相机对现有场景进行多角度环视拍摄后，利用计算机进行后期缝合，并加载播放程序来完成展示的一种三维虚拟技术。

5.1.1 三维全景的概念

1. 三维全景

全景图(又称为全景照片或全景 Panorama)是指大于人的双眼正常有效视角(大约水平 90°，垂直 70°)或包括双眼余光视角(大约水平 180°，垂直 90°)以上，乃至 360°完整场景范围拍摄的照片。

三维全景(Three-dimensional Panorama)是基于全景图的真实场景虚拟现实技术，是把相机环绕 360°拍摄的一组或多组照片拼接成一个全景图像，通过计算机技术实现全方位、互动式观看的真实场景还原展示，并具有较强的互动性，能用鼠标控制环视的方向，使人有身临其境的感觉。

根据全景图外在的表现形式，通常可以分为柱形全景、球形全景、立方体全景和物体全景几类。

(1) 柱形全景是最简单的全景，就是通常所说的"环视"。在柱形全景中，可以环水平 360°观看四周的景色，但在用鼠标上下拖动时，上下的视野将受到限制，上看不到天，下看不到地。

(2) 球形全景可以达到水平 360°，上下 180°的效果。在观察球形全景时，观察者位于球的中心，通过鼠标、键盘的操作可以观察任何一个角度。

(3) 立方体全景是由前、后、左、右、上、下 6 张照片拼接而成的。相机位于立方体的中心，也是全视角。目前拍摄的方式有两种：一种是用常规片幅相机以接片的形式将拍摄对象及其周围所有场景都拍摄下来，展示时须将照片逐幅拼接起来，形成空心球形，画面朝内，然后观赏者在球内观看；另一种则利用鱼眼镜头或常规镜头拍摄，然后利用专用软件拼接合成，这种形式所形成的影像只能借助计算机来观赏、演示。这两种拍摄手法均称为内球球形全景。

（4）物体全景是在拍摄时围绕拍摄对象进行等距的多维旋转拍摄，直至将整个球体拍摄完成。展示时，将图片逐一拼接起来形成球形，画面朝外观看，这种拍摄手法称为外球球形全景。物体全景主要面向电子商务，与风景全景的主要区别是：物体全景的观察者在物体的（外面）周围。物体全景广泛应用于商品和玩具展示、文物观赏、艺术和工艺品展示等。

2. 全景视频

全景视频是一种用 3D 摄像机进行 360°拍摄的视频，用户在观看视频时，可以随意调节视频进行观看。

全景视频让人有一种身临其境的感觉，且不受时间、空间和地域的限制。全景视频不再是单一的静态全景图形式，而是具有景深、动态图像、声音等，同时还具备声画对位、声画同步，表现效果是全景图望尘莫及的。全景视频与全景图相比，有了质、量、形式和内容的巨大飞跃。

5.1.2　三维全景应用领域

三维全景具有广阔的应用领域，既弥补了效果图角度单一的缺憾，又比三维动画经济实用。三维全景的主要应用领域如下。

（1）旅游景点虚拟导览展示。结合景区游览图导览，三维全景可以让观众自由穿梭于各景点之间，是旅游景区、旅游产品宣传推广的最佳方法。

（2）酒店网上三维全景虚拟展示应用。利用网络远程虚拟浏览宾馆的外形、大厅、客房、会议厅等各项服务场所，展现宾馆环境，便于客户进一步了解酒店。

（3）房地产三维全景虚拟展示，装修样板展示应用。房产开发销售公司可以利用三维全景技术展示楼盘的外观，房屋的结构、布局和室内设计，购房者通过网络即可查看房屋的各方面。

（4）企业展示宣传和娱乐休闲场所三维全景虚拟展示应用。

（5）汽车三维全景虚拟展示应用。通过三维全景技术展现汽车内饰、局部细节和汽车外观，让更多的人实现轻松看车、买车，使汽车销售更轻松高效。

（6）博物馆、展览馆、剧院、特色场馆三维全景虚拟展示应用。

（7）虚拟校园三维全景虚拟展示应用。

（8）城市街景、小区环境虚拟展示应用。

5.2　全景照片的拍摄硬件

全景照片及视频的拍摄设备包括相机、摄像机镜头、无人机等，辅助设备包括全景云台、三脚架及其他配件等，本节将对相关设备进行介绍。

5.2.1　三维全景制作的常见硬件

全景摄影使用的相机、三脚架与一般摄影没有太大的区别。从实现全景摄影的功能来说，所有相机、家用 DC，甚至手机，都能进行全景摄影。但最为方便且效果又好的就是采用鱼眼镜头或广角镜头加单反相机拍摄。因此，全景摄影采用的设备通常有数码相机、鱼眼镜头或广角镜头、全景云台和三脚架，如图 5-1 所示。

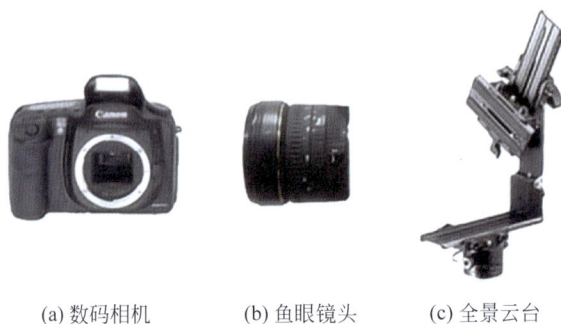

(a) 数码相机　　　　(b) 鱼眼镜头　　　　(c) 全景云台

图 5-1　数码相机、鱼眼镜头和全景云台

鱼眼镜头是一种特殊的超广角镜头,焦距一般为 6～16mm。鱼眼镜头极短的焦距和特殊的结构使其具有接近 180°,甚至超过 180°的广阔视角。

广角镜头,特别是焦距小于 20mm 的超广角镜头,也是全景摄影中常用的镜头。相对于鱼眼镜头,广角镜头没有那么严重的透视变形,水平视角也小于鱼眼镜头,但成像质量好,拼接出的全景图片分辨率较高,更适合对影像质量要求较高的全景摄影。

鱼眼镜头一般只需要拍摄 4～6 张照片,再使用全景拼合软件拼接即可实现三维全景,如图 5-2 所示。其他镜头视角不够广,需要多拍几张甚至几十张照片才能实现三维全景。重点是相机参数调好后要保持不变,并固定在一个点拍摄,在水平视角 360°拍摄一周,且每张照片要有 25% 以上的重合,然后下俯 45°拍摄和上仰 45°拍摄,最后补天、补地各拍摄一张。

图 5-2　单反相机＋鱼眼镜头全景拼合仅需要拍摄 4～6 张照片

全景摄影必须使用三脚架,手持相机进行全景摄影拍出的全景摄影作品质量不高。另外,全景摄影最好使用专用的全景云台拍摄,快门线和遥控器也是常用的配件。

5.2.2　VR 全景视频设备

1. 光场摄像机

要拍摄真正意义上的 VR 视频,就需要光场摄像机,如 Lytro 公司的 Immerge,如图 5-3

所示。

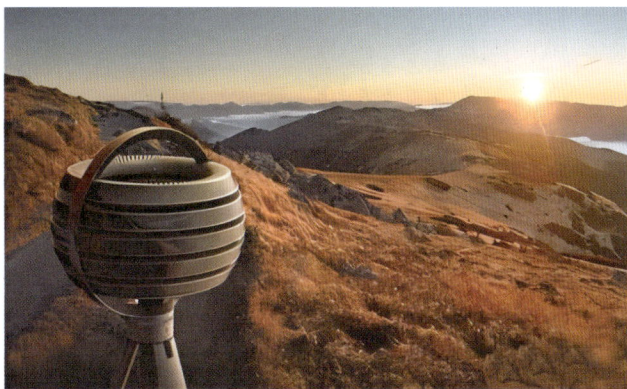

图 5-3　Lytro 公司的专业光场摄像机

光场摄像机的工作原理是通过矩阵式摄像头（非常多的微型摄像头）捕捉和记录周围不同角度射入的光线信号，再利用计算机合成出任意位置的图像，如图 5-4 所示。

图 5-4　Immerge 光场摄像机工作示意

光场摄像机 Immerge 的数百个镜头和图像传感器分为 5 个"层"（每层都由 20 部 GoPro 相机组合在一起），除此之外，还配套专用的服务器（图 5-5）和编辑工具等。

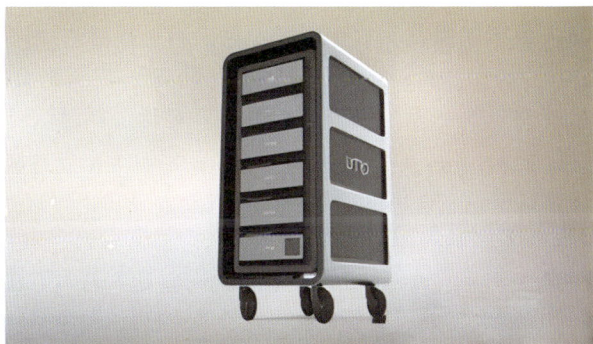

图 5-5　Immerge 光场摄像机配套服务器

与传统摄像机不同的是，光场摄像机除了记录色彩和光线强度信息外，还会通过摄像机的感光矩阵（图 5-6）记录光线的射入方向，这就是"光场"技术的由来。

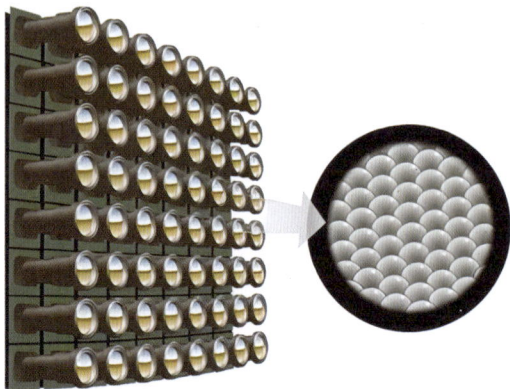

图 5-6　Immerge 光场摄像机感光矩阵

2. 电影级的全景拍摄装备

电影级摄像机除了分辨率、色彩等参数指标非常优秀以外，还配备有大尺寸的感光元件（CCD/CMOS），具有高感、低噪（高宽容度）等特性，此外还必须能够拍摄高帧率视频（甚至超过1000 帧/秒），输出 RAW 格式，并满足长时间、苛刻环境拍摄等一系列要求。常见的摄像机有 RED 的 ONE 系列（图 5-7）、ARRI 的 Alexa 系列，以及 SONY 的 F 系列摄像机等。

图 5-7　RED 的 ONE 系列全景摄像机

将体积巨大、使用复杂的专业摄像机小型化，并集成在一个"球/盒子"里，即可形成 360° 全景摄像机。下面介绍相关的全景摄像机方案或摄像机。

1）HypeVR 摄像机方案

Hype 采用将 14 台 RED Dragon 拼合的方式实现了电影级 VR 设备的方案，如图 5-8 所示。Red Dragon 单机的最高分辨率是 6K，最终视频拼接完成后的分辨率可以达到 16K@90fps，文件格式为 3D 格式。

HypyVR 摄像机方案还配备了 Velodyne 公司的激光雷达扫描仪（图 5-8 右上角的银色器件），该扫描仪在开机后会快速自旋以反馈摄像机集群与周围物体的距离。

Velodyne 激光雷达扫描仪能够捕捉二维深度信息，利用深度信息，HypeVR 的深度信息处理系统（后期处理）可以让观众拉近或拉远与主体（如赛场）之间的距离，提供一定范围内的自由移动。与前面提到的光场摄像机类似，这是目前最接近真正 VR 效果的摄像机方案。

2）NextVR 摄像机方案

与 HypeVR 摄像机方案类似，NextVR 摄像机方案采用将 6 台 RED Dragon 拼合的方案，有

图 5-8　HypyVR 摄像机方案

3 个方位,每个方位安放两台,支持 3D 功能,如图 5-9 所示。虽然只有 6 台摄像机,但还配备了佳能 8～15mm f/4L 鱼眼镜头和 RED Pro 监视器等。

图 5-9　NextVR 摄像机方案

3) HeadcaseVR 摄像机方案

HeadcaseVR 摄像机方案主要采用 17 日 Codex Action 摄像机,如图 5-10 所示。Codex 摄像机有 12bit RAW 的记录体系和 13.5 挡的高动态,采用 2/3 英寸的 CCD 传感器,单相机分辨率为 1920×1080,最高为 60fps。

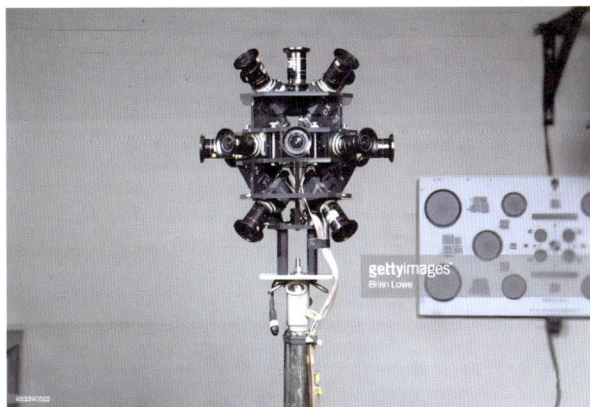

图 5-10　HeadcaseVR 摄像机方案

Codex 摄像机镜头的优势是尺寸较小，只有 45mm×42mm×53mm，同时配备专业的采集设备进行实现录制。HeadcaseVR 摄像机方案定制了适合移动 VR 视频拍摄的移动设备，这台移动设备可解决 VR 视频拍摄中由移动产生的位移偏差及抖动问题。

4）强氧科技 VR 摄像机方案

强氧科技第二代 VR 摄像机方案由 10 台 Drift Ghost-S 拼接而成，上两台，下两台，中间 6 台，如图 5-11 所示。强氧科技 VR 摄像机方案具有 4K 分辨率，支持 30fps 节目录制及输出，并且能够无限连续录制。

图 5-11　强氧科技 VR 摄像机方案

强氧科技第三代 VR 摄像机方案采用基于奥林巴斯 M4/3 成像系统的 4K 相机，针对不同的应用场景采用三目、九目及 3D 三款不同形式的摄影机，并搭配 4K@60fps 实时 VR 全景缝合工作站，如图 5-12 所示。

图 5-12　强氧科技全景缝合工作站

强氧科技还有一款能够直播与记录 360°全景视频的摄影机——ArgusPro。该摄像机拥有 4K60P 直播、8K30P 记录（后期）的广播级色彩质量，具备全光纤信号传输功能，是大型活动、演唱会、体育比赛全景直播的利器。

5）极图科技直/录一体化摄像机 Upano XONE

极图科技的直/录一体化摄像机 Upano XONE 如图 5-13 所示。Upano XONE 不仅可以拍摄 6K 分辨率的高质量 360°3D 视频，还具有芯片级机内实时拼接、一键无线 VR 直播、VR 眼镜实时监看等功能,被广泛应用在影视、旅游、教育、体育等行业。

图 5-13 极图科技直/录一体化摄像机 Upano XONE

视频 5-2 三维全景漫游制作流程

视频 5-3 操作案例 1PTGui 拼接照片

视频 5-4 操作案例 2 使用 Pano2VR 编辑全景图

视频 5-5 操作案例 3 使用 Pano2VR 设置交互操作

视频 5-6 操作案例 4VR 漫游制作

5.3 VR 全景漫游的制作

VR 全景漫游不是真正的 VR,而是三维全景技术的应用,即 360°(或称 720°)照片。这些照片并不是虚拟合成的,而是真实的影像资料的拼接,拼接的画面有时会有一定程度的弯折或断裂。

下面介绍 VR 全景漫游的制作过程。

5.3.1 制作流程

VR 全景漫游的制作步骤是素材拍摄—导入修图—全景图拼接—设置交互热点,这样即可生成 VR 全景漫游作品。

1. 素材拍摄

全景图像素材用相机、手机均可拍摄,根据拍摄镜头、辅助设备和拍摄地点的不同,拍摄照片的数量和要求等也不相同。

1) 拍摄照片数量

在拍摄距离不变的情况下,拍摄 VR 全景所使用的镜头视角越大,拍摄的张数越少。

如果使用手机拍摄,手机镜头的等效焦距为 28 毫米,对应的视角是 75°。想要将 360°×180° 的画面记录完整,且要保证相邻两张照片有 25% 的重合,记录横轴方向一圈就至少需要镜头每旋转 36°就记录一张照片,合计记录 10 张照片。竖边的视场角为 60°,需要上仰 45°、水平 0°、下俯 45°拍摄 3 圈,每圈旋转 36°就拍摄一张照片,每圈共拍摄 10 张照片,还需要进行垂直补天和补地拍摄,合计需要拍摄 3 圈,共 30 张照片+补天两张照片+补地两张照片=34 张照片,才能拼合成一个完整的 VR 全景图。

使用 24 毫米半画幅相机并安装 18 毫米镜头进行拍摄,通常需要水平、斜上(上仰 45°、斜下拍(下俯 45°)拍摄 3 圈,共 30 张照片+上仰 90°垂直拍摄两张照片+垂直向下拍摄一张照片+补地拍摄一张照片=34 张照片。

如果使用 15 毫米鱼眼镜头拍摄,则只需水平方向每间隔 60°拍摄一张照片,顺时针旋转一圈拍摄 6 张照片,即可获得水平方向 360°的影像;再上仰 90°垂直拍摄两张照片,垂直向下拍摄一张照片+补地拍摄一张照片,共计 10 张照片。

使用不同焦距的镜头拍摄 VR 全景照片对应的拍摄张数见表 5-1。

表 5-1 使用不同焦距的镜头拍摄 VR 全景照片对应的拍摄张数

镜 头 类 型	360°需要拍摄张数/张	每张拍摄转动角度/度
8 毫米鱼眼镜头	4	90
12 毫米鱼眼镜头	5	72
14 毫米鱼眼镜头	6	60
15 毫米鱼眼镜头	6	60
16 毫米鱼眼镜头	6（一圈）	60
18 毫米鱼眼镜头	8＋8＋8（三圈）	45
24 毫米直线镜头	10＋10＋10（三圈）	36

2）拍摄方式

（1）手持拍摄设备拍摄全景照片时，要确保站在同一个点；当转身拍每张照片时，要让照相机非常靠近身体。拍摄时要竭力去模仿有三脚架的环境，尽量把照相机端平端稳，绕着一个点旋转。拍摄的张数可以在表 5-1 的数值基础上适当多拍摄 1～2 张，提高重合度以便拼接。

（2）使用普通三脚架（无全景云台）拍摄全景照片时，要保持在一个水平面上旋转照相机，建议用一个水准器检测，尽可能地让三脚架的顶部保持水平。室内的拍摄高度一般为人站立后的眼睛高度（相机镜头与摄影师的眼睛齐平即可）。但根据场景的不同，机位也要相应地调整。一般说来，开阔的地方建议机位高一些，空间狭小的地方建议机位低一些。旋转拍摄时，注意观察取景框中的参照物，保证每张照片与前一张照片具有一定的重合区域。

（3）使用三脚架＋全景云台拍摄全景照片时，首先要进行全景云台的调节和设置。通过全景云台的分度台进行定位，分度台一般具有多个挡位，如 5°、11.5°、18°、30°、36°、45°、60°、72°、90°等。调节完全景云台以后，按照使用普通三脚架的拍摄注意事项进行拍摄即可。

3）补地拍摄

在向下倾斜拍摄和垂直拍摄时，镜头可能会记录下带有三脚架或全景云台的画面，这时 VR 全景的地面就被三脚架和全景云台遮挡了，需要通过一些方法将被三脚架和全景云台遮挡的画面记录下来，便于后期拼接时进行修补。这是全景拍摄中的难点和重点。

补地拍摄通常有外翻补地和手持补地等方法。

（1）外翻补地拍摄是指利用三脚架和全景云台进行外翻补地拍摄，适用于无明显影子的室内场景或阴天的室外场景，拍摄质量相对较高。外翻补地拍摄时，通常在三脚架的中心位置放置一个标志物，如镜头盖，以便使三脚架平移后相机对准原来的中心位置，如图 5-14 所示。三脚架平移操作通常分别向左、向右各平移一次，拍摄两张补地图像。

（2）手持补地适用于户外地面无反光的情况和快速拍摄的场景。取下相机，挪开三脚架，在保证画面完整的情况下垂直向下拍摄，尽可能最少地记录被自己遮挡的画面，手持位置尽量与正常拍摄节点位置重合。操作方式如图 5-15 所示。

如果没有进行补地拍摄，也可以通过后期制作工具中的补地遮罩进行遮挡，或使用 Photoshop 软件中的工具（智能填充、仿制印章等）制作、修补地面，或将地面进行视角锁定，或用 LOGO 图标覆盖等。

4）拍摄注意事项

全景图的拍摄看似简单，只需要转动相机拍摄场景里的不同区域就可以了，但如果拍摄时

图 5-14　外翻补地拍摄示意图

图 5-15　手持补地正确姿势

不注意一些细节,照片很有可能在后期无法拼接起来。

(1) 照片的重合度。相邻的照片之间应该有不少于 25％的重合,这样后期软件才能正确地把两张照片合并起来。对于一些难度较大的场景接片(如银河、大海、拱桥等场景接片),则需要 50％左右的重合度。

当然,重合度也不是越高越好,过高的重合度(超过 66％)反而会造成软件难以识别两张图片的差别,造成融合失败。

两张照片的重叠处最好不要有运动的物体,如车、人、云等,或变形非常明显的物体,如畸变的建筑,以免后期拼接困难。

(2) 视差(parallax)。视差是很多全景接片融合失败的罪魁祸首。视差是指从有一定距离的两个点上观察同一个目标所产生的方向差异。例如,只睁开一只眼睛,然后伸出一根手指,让手指正好遮住远处的一个物体,如图 5-16 所示的茶壶。转动脖子后再看茶壶,会发现原来和手指在一条直线上的茶壶竟然发生了偏移,也就是物体间的相对位置发生了变化,这种现象就叫作视差。

图 5-16　视差示意图

视差对后期接片会产生破坏性的效果，造成物体合成错位甚至无法拼接，因此需要通过调节节点和距离来消除或减弱视差。

视差的成因是转动轴和所谓的"节点"（无视差点）不在同一直线上，图 5-16 所示的例子中，节点是眼睛，但转轴却是脖子，眼睛和脖子之间的距离就造成了所看到的视差。照相机的节点一般在镜头中间的某个地方，可通过专门的全景吊臂来让转轴和节点重合。把相机放在三脚架和云台上，如图 5-17 所示，视差会比手持要小。如果手持拍摄，可以尝试打开相机背屏，然后把相机放在一只手上，以这只手为转轴转动，而不是举着相机以身体为转轴转动。

图 5-17　照相机与全景云台

除了节点外，视差还和景物的远近有关。越近的物体，其视差效应越明显；而中景和远景的视差几乎可以忽略。因此，拍摄时要注意保持和前景物体的距离。

（3）镜头畸变和透视形变。超广角镜头会带来大量的边缘畸变和透视形变，造成两张照片难以拼合，或拼出来的图像变形严重。当然，也可以让前景是水面、草地、泥土、云雾等特征不太明显的物体，这样就很难发现其中的变形。

（4）相机的曝光（光圈、快门、ISO）、对焦点及白平衡。虽然很多后期软件可以自动调节并合成曝光、白平衡不一样的照片，但前期的统一更能保证后期拼接时的万无一失。

锁定白平衡，只需要把白平衡模式从自动调成某个固定模式，如"阴影""白天"等。锁定对焦，只需要在对焦完成后，把镜头或相机的对焦转盘转到手动对焦模式。锁定曝光，则是在测光完成后调至手动模式并调整光圈快门到相应参数；如果光比过大，则可以使用包围曝光拍摄（后期时先合成 HDR，再合成全景）。

（5）横向转动拍摄时，要保持相机水平，否则会出现地面歪斜、波浪状天际线，或拼接后需要裁剪掉大量像素的情况。建议在拍摄时采用全景云台或带有水平仪的云台。如果是普通云台或手持拍摄，则可以打开相机的内置水平线，或以天际线、海平面等为参考，在转动时不断调整水平状态。

2. 导入修图

将照片导入计算机，并使用 Photoshop、Lightroom 等软件对照片素材进行适当处理，统一尺寸、色调、对比度等，对有缺陷的照片进行修补。

3. 全景图拼接

Photoshop 中的 photomerge 接片系统的合成结果是以"图层＋蒙版"的形式显示的，方便手动修改拼接结果和检查错位的接缝，但速度非常慢，而且生成的不是 RAW 格式，功能不如更专业的软件强大。

PTGui Pro、Autopano Giga 是两款业界常用的拼图工具，提供了更精细的手动调整和更复杂的算法。许多在 ACR 和 Photoshop 中拼接失败的照片，可以在这两款软件中拼接成功。

4. 设置交互热点

使用 720 云平台或 Pano2VR 等软件设置热点链接、媒体和浏览模式等，然后生成 VR 全景漫游，导出并发布。

5.3.2　全景拼图软件 PTGui 的基本操作

PTGui 是全景制作工具 Panorama Tools 的一个图形用户界面。PTGui 通过为全景制作工具(Panorama Tools)提供图形用户界面(GUI)来实现对图像的拼接,从而创造出高质量的全景图像。PTGui 支持 Windows 和 macOS 操作系统,提供免费试用版,试用版输出的作品会带有 PTGui 的水印。目前正式版软件有 PTGui(普通版)和 PTGui Pro(增强版)两个版本。

PTGui 最重要的功能是对相应的图片进行拼接处理,在拼接的过程中,它会智能化地对图片进行对齐、校准,并且会对相邻两张图片的接缝进行融合,使其更加自然。通过 PTGui 拼接出的图片还可以产生并输出多种类型的全景图投影模式,如直线、柱面、全帧鱼眼、立体投影、墨卡托投影、等效视图、球面、小行星 300°立体投影等,如图 5-18 所示。

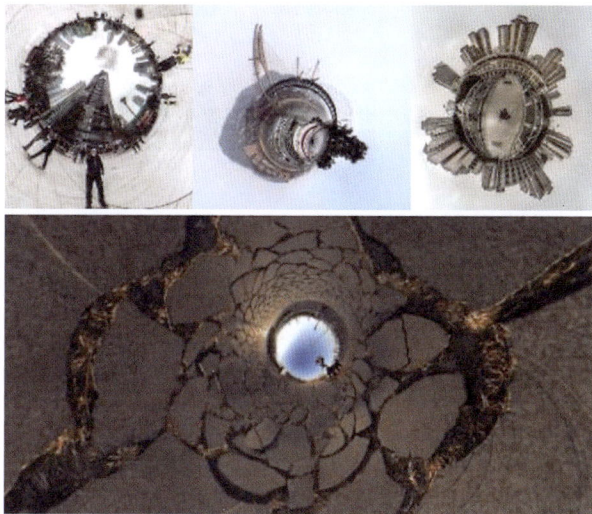

图 5-18　全景图的多种导出效果

【例 5.1】　使用 PTGui 对拍摄的照片素材进行拼接。

(1) PTGui 软件主界面如图 5-19 所示。全景图片的拼接主要有三大步骤:加载图像—对准图像—创建全景图。

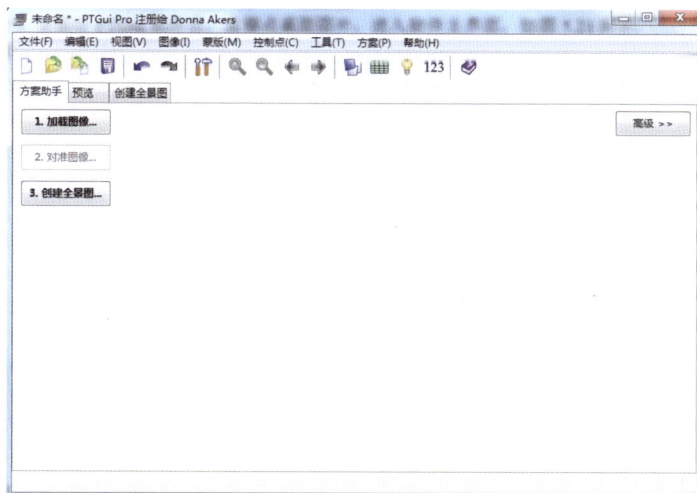

图 5-19　PTGui 软件主界面

（2）单击"加载图像"按钮，弹出"添加图像"对话框，如图 5-20 所示，导入照片时可以查看缩略图，确定要合成的照片是否正确。

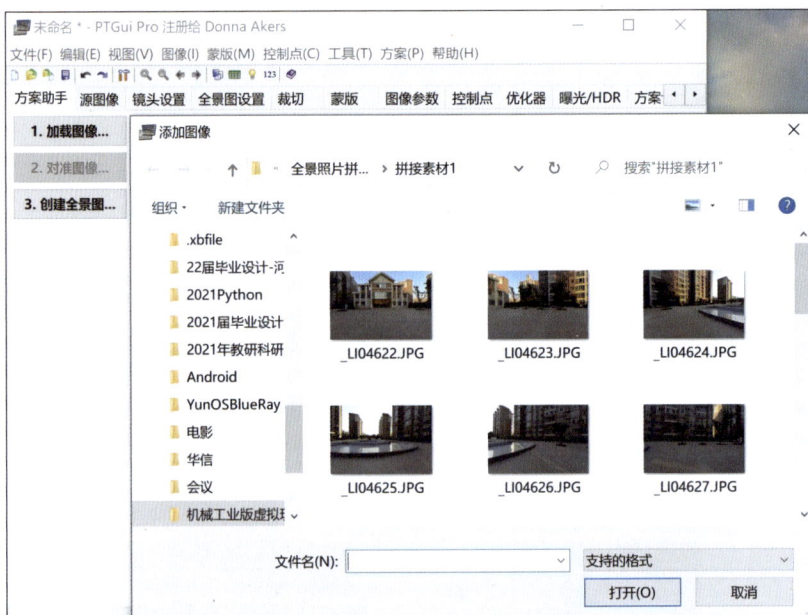

图 5-20　PTGui"添加图像"对话框

（3）导入成功后会显示调整界面，如图 5-21 所示，如果导入后照片出现颠倒或反向等情况，可以单击右侧的"旋转"按钮进行调整。

图 5-21　PTGui 对图片素材进行调整

（4）此时还可以选择"源图像"选项查看并调整每一幅源图像素材，如图 5-22 所示。如果软件未能识别镜头参数，也可以选择"镜头设置"选项打开相应的对话框进行设置，如图 5-23 所示。

调整完毕后，选择"方案助手"选项返回主界面，然后单击"对准图像"按钮，进行照片的定

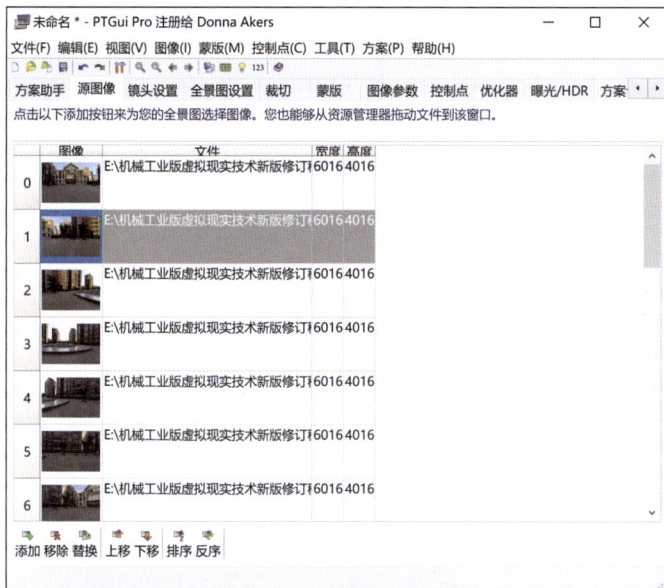

图 5-22　"源图像"窗口

图 5-23　"镜头设置"窗口

位。还可以选择"全景图编辑器"选项,打开"全景图编辑器"窗口,预览合成后的结果,以便对全景图做调整,如图 5-24 所示。

（5）在"全景图编辑器"窗口中,单击"编辑个别图像"按钮可查看每一幅原图的拼接区域,如图 5-25 所示。

在拍摄全景图时,相邻图片至少要有 25% 的重叠部分,PTGui 依据相邻图片重叠的部分,通过自动或手动方式添加、调整控制点来识别拼接图片。所以,控制点的准确度直接影响了拼接的效果。

如果发现个别图像拼接错误,则可以选择"控制点"选项,打开"控制点"调整窗口,如图 5-26

图 5-24　对准图像完成后生成的全景图及编辑器窗口

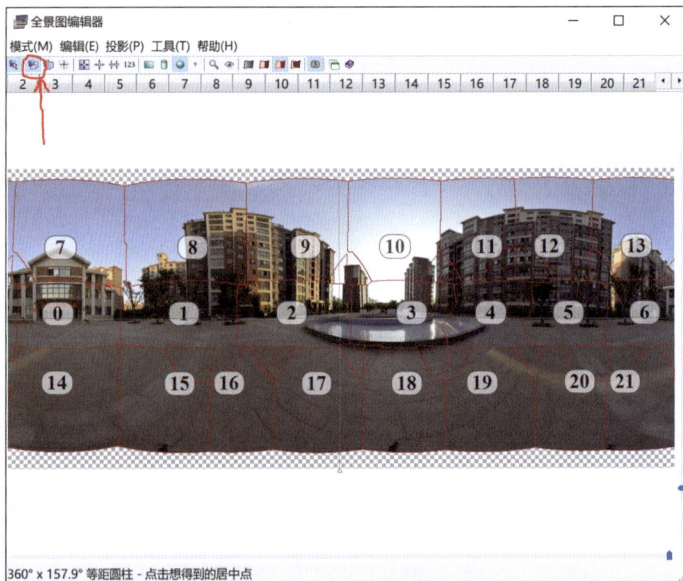

图 5-25　"全景图编辑器"窗口

所示。其中左侧是编号为 0 的源图,右侧是编号为 1 的相邻源图,两图中的彩色方块编号是目前软件自动识别的相同位置的控制点,左右两边分别对应。而图标号中加粗字体的标号是这些标号所在的源图与标号为 0 的源图有重叠部分的控制点。

通过观察,在"控制点"调整窗口中添加、删除、移动控制点,以确保拼接的正确性。如果对自动生成的控制点有所调整,则必须在选择"优化器"选项进行优化后,新的控制点才会生效,如图 5-27 所示。

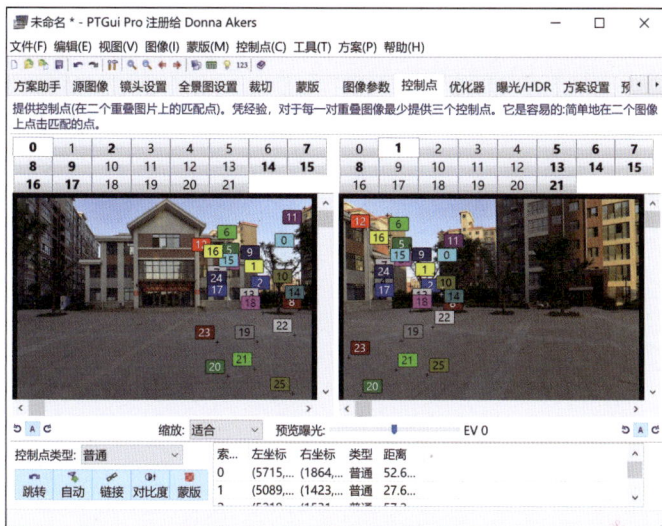

图 5-26 "控制点"调整窗口

图 5-27 控制点"优化器"窗口

（6）选择"全景图设置"选项，打开"全景图设置"窗口，如图 5-28 所示。PTGui 默认导出全景图的投影模式为等距圆柱（适用球面全景图），也可以根据不同需求选择柱面、立体投影、墨卡托等投影模式。

（7）单击"创建全景图"按钮，打开"创建全景图"窗口，如图 5-29 所示。设置全景图尺寸（一般宽高比为 2∶1）、品质（100%）、文件格式（通常为 jpg）、图层（设置为仅混合全景图）和输出文件的存放路径。设置完成后单击"创建全景图"按钮，弹出创建进度条，进度条加载完毕即可成功创建全景图。输出的全景图如图 5-30 所示。

此时生成的全景图即可使用 DevalVR Player、Panini 等播放器播放和浏览，也可以使用 Pano2VR 等软件，或在 720 云平台添加交互热点，设置浏览模式及效果，导出生成 VR 全景漫游

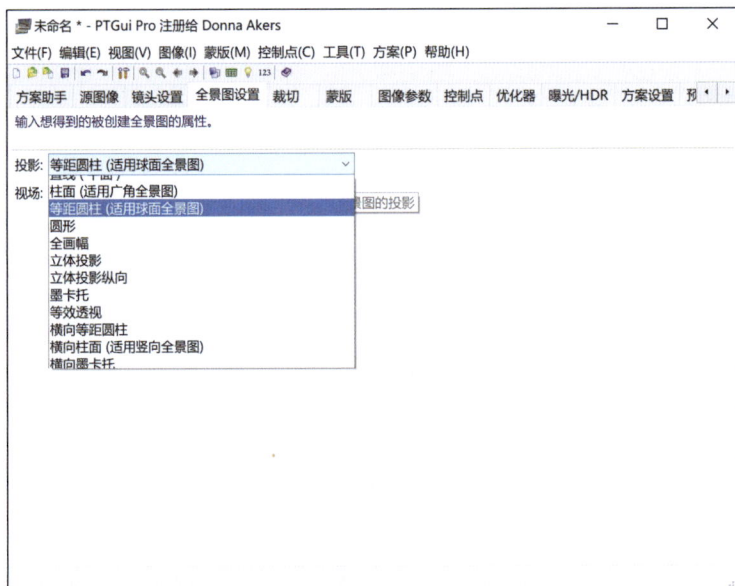

图 5-28 "全景图设置"窗口

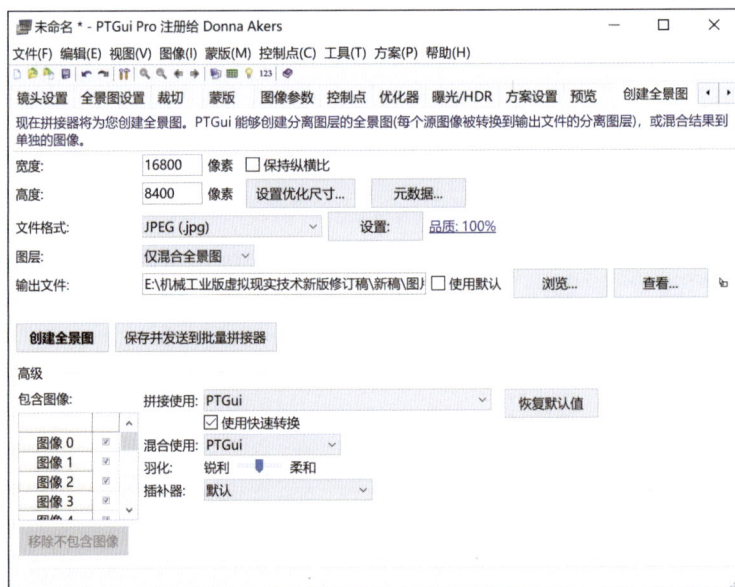

图 5-29 "创建全景图"窗口

并发布。

但是，由于这里使用的源图素材缺少补天、补地的照片，因此生成的全景图的天空和地面会有一部分缺失（黑色区域），后期需要使用 Photoshop 等软件进行补天、补地的处理。

（8）转换导出 QTVR/立方体，为补天、补地做准备。

选择"工具"→"转换到 QTVR/立方体"选项，打开"转换到 QTVR/立方体"对话框，如图 5-31 所示。单击"添加文件"按钮，将上述生成的全景图文件导入，选择"投影"模式为"等距圆柱"，"输出"类型为"立方体表面，6 个单独的文件"，"立方体表面名称"使用默认值。

单击"转换"按钮，生成 6 个单独的六面体文件，如图 5-32 所示。

图 5-30　生成的全景图

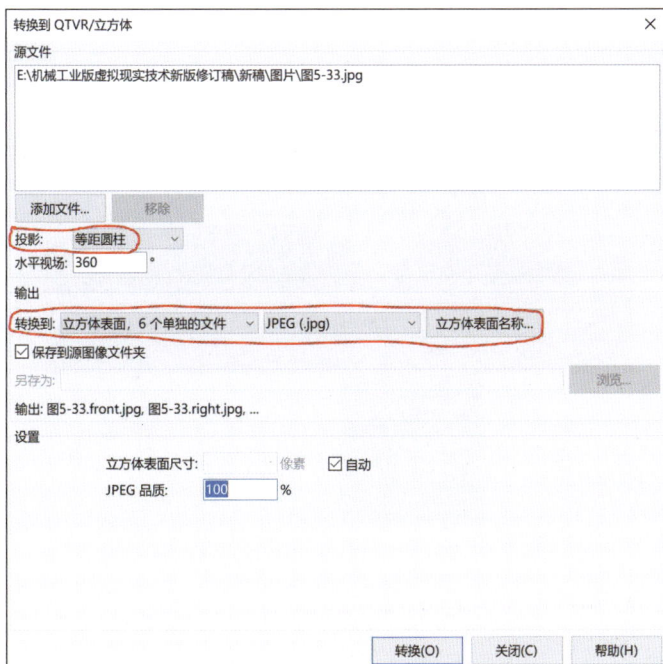

图 5-31　"转换到 QTVR/立方体"对话框

（9）在 Photoshop 中使用工具对顶部（top）和底部（bottom）文件进行修补，完成后如图 5-33所示。

5.3.3　VR 全景图的制作

Pano2VR 可以把拼接后的全景图处理成 swf 格式的 VR 全景图，便于在计算机、手机中浏览。

【例 5.2】　使用 Pano2VR 对单一全景图进行编辑，添加声音、作者信息等元素并生成 VR 全景图。

1）导入准备好的全景图

启动 Pano2VR 软件，在打开的界面中单击"选择输入"按钮，打开"输入"对话框，如图 5-34所示。软件支持输入的文件类型包括矩形球面投影、立方体面片、柱形、平板图等，通常选择系

图 5-32　转换后生成的 6 个单独六面体文件

图 5-33　修补以后的 6 个单独六面体文件

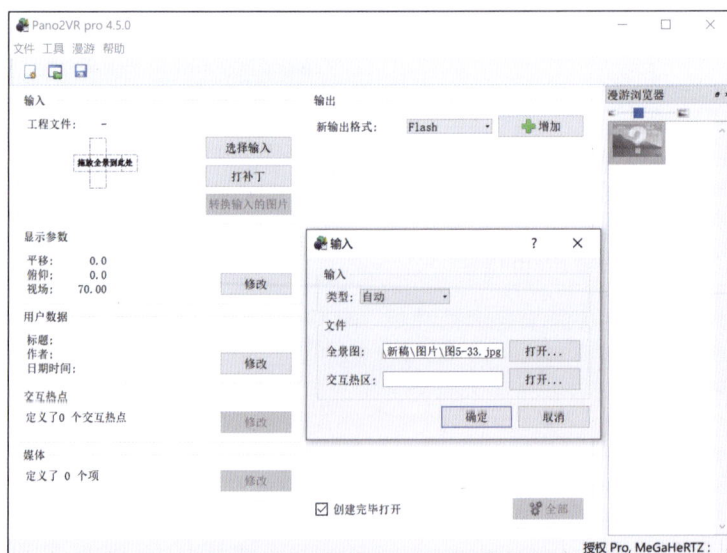

图 5-34　Pano2VR 的"输入"对话框

统能自动识别的文件类型即可。

导入的文件如果是6个单独的立方体面片文件且按默认方式命名，则任意导入其中的一个文件，其他文件系统可以自动识别并导入，也可以将拼接好的全景图直接拖曳到窗口的指定位置，这种拖曳方式可以同时输入多个文件。

2）修改显示参数

单击 Pano2VR 界面"显示参数"选项组中的"修改"按钮，打开"全景显示参数"对话框，如图5-35所示。在对话框中调整全景图的初始显示画面，然后单击"显示参数/限制"选项组中的"设定"按钮，确认画面初始位置。这里设置摄影机平摇为151.0，摄影机俯仰为6.0，FoV为100。

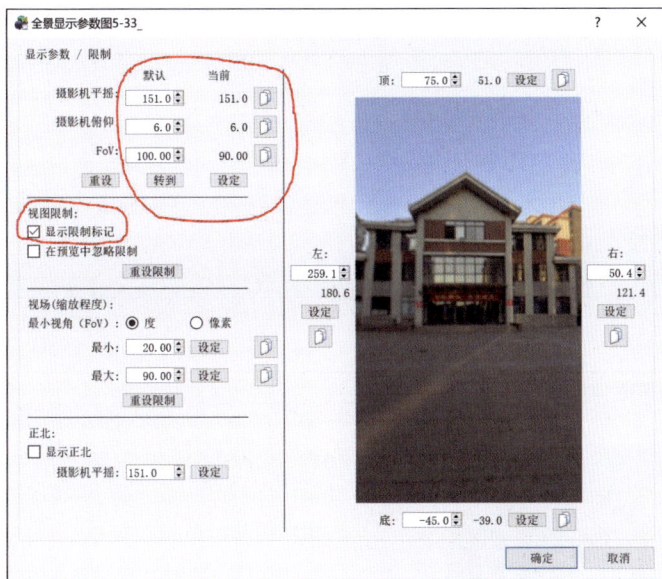

图 5-35 "全景显示参数"对话框

选中"视图限制"选项组中的"显示限制标记"选项，右侧预览区中显示限制标记，调整并设定左右、上下的视域范围。经限制后的全景图只能浏览指定的区域。

"视场（缩放程度）"选项组可以设置缩放的程度，如果选择"显示正北"选项，则可以标注正北方向。

3）设置用户数据

单击 Pano2VR 界面"用户数据"选项组中的"修改"按钮，打开"用户数据"对话框，即可进行用户信息的设置。如果处于联网状态，则可以设置作品的经纬度，如图5-36所示。

4）交互热点设置

交互热点的设置主要用于多个全景图之间的连接，见例5.3。

5）媒体设置

单击"媒体"选项组中的"修改"按钮，打开"全景媒体编辑器"对话框，如图5-37所示。

6）生成全景漫游图

单击"输出"选项组中的"增加"按钮，打开"Flash 输出"对话框，如图5-38所示。在该对话框中可以设置输出文件路径、窗口尺寸、皮肤样式等基本参数，还可以进行"视觉效果""高级设置""多重分辨率渐进浏览""HTML"等设置。

最后，单击"确定"按钮即可生成 VR 全景图，文件扩展名为 swf。

【例 5.3】 使用 Pano2VR 软件对多幅全景图进行编辑，添加链接热点，设置交互操作。

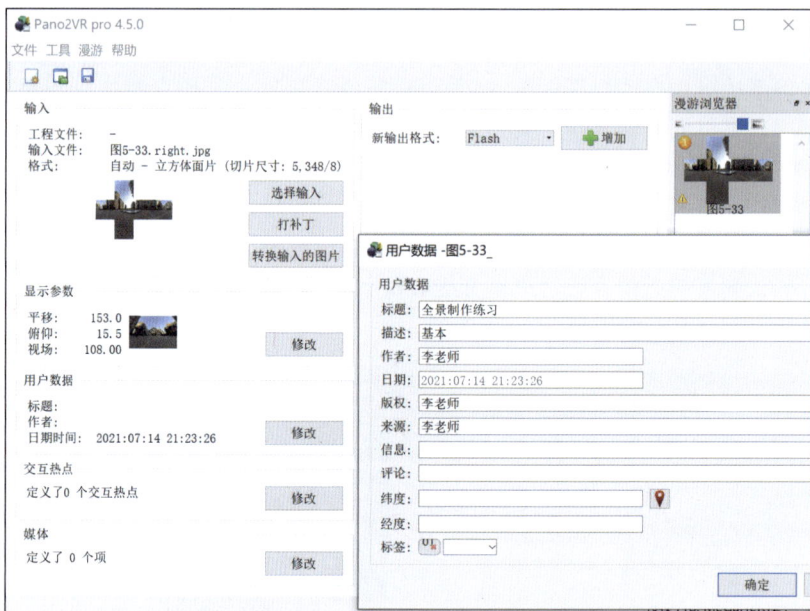

图 5-36 "用户数据"对话框

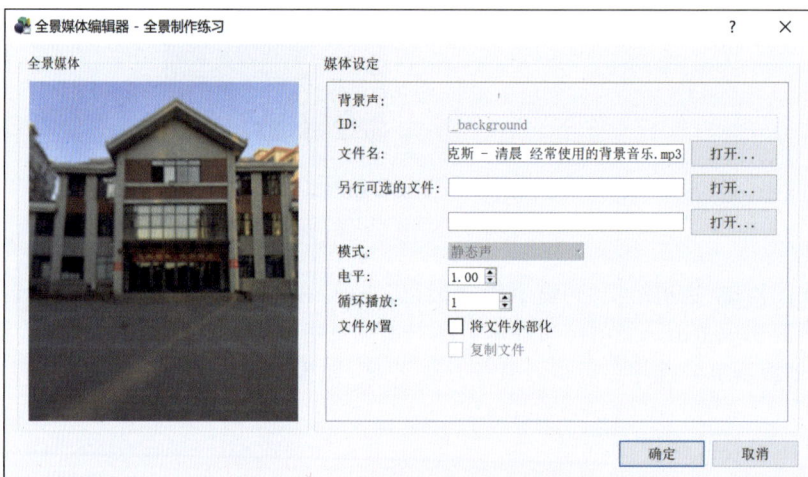

图 5-37 "全景媒体编辑器"对话框

1) 导入全景图

启动 Pano2VR 软件，将客厅、餐厅、厨房、卧室、书房、卫生间 6 个拼接好的室内全景图素材拖入窗口指定区域，如图 5-39 所示。

在右侧的"漫游浏览器"窗口中选择"客厅全景图"并右击，在弹出的快捷菜单中选择"初始场景全景"选项，将该图设置为初始场景全景，且该图上会出现①标志。

2) 用户信息及显示设置

依次选择每幅全景图，分别打开"全景显示参数"和"用户数据"对话框进行相应设置。

3) 交互热点设置

在 Pano2VR 界面选择"客厅"全景图，单击"交互热点"选项组中的"修改"按钮，打开"交互热点"对话框，如图 5-40 所示。

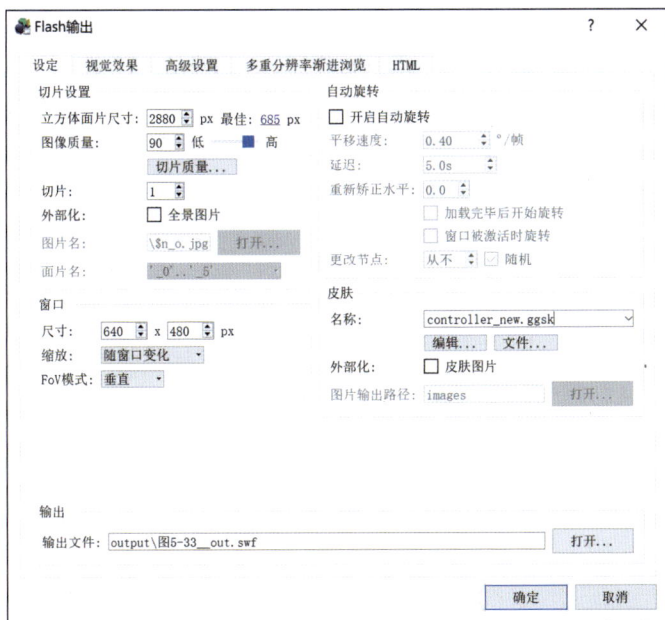

图 5-38 "Flash 输出"对话框

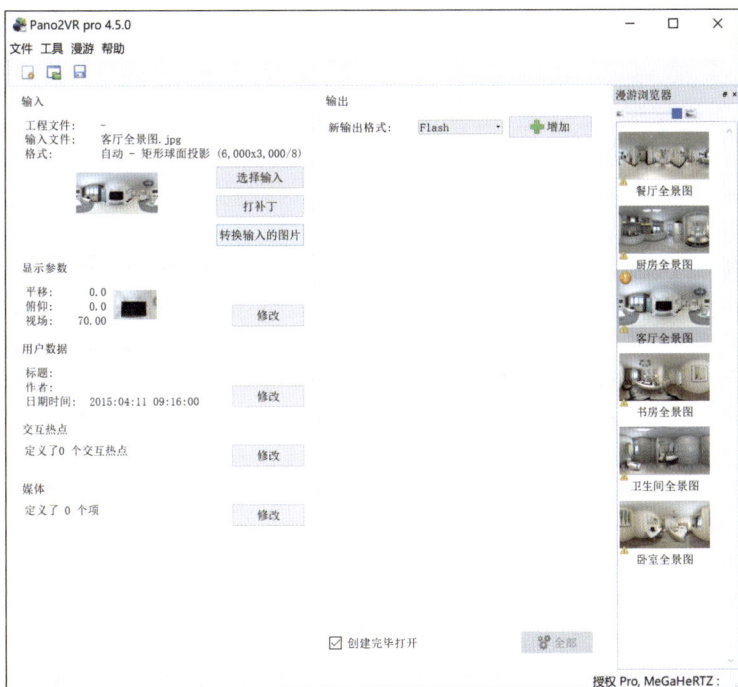

图 5-39 Pano2VR 软件主界面

  交互热点类型分为点型和多边形交互热区两种。本例选择"点型",然后在餐厅位置处双击添加一个热点,在对话框中输入标题,选择链接到餐厅的全景图,单击目标后的⊙按钮,浏览并确认目标图像,客厅到餐厅的热点链接即设置完成。在通往卧室的门口位置继续双击,添加客厅与卧室的热点链接。

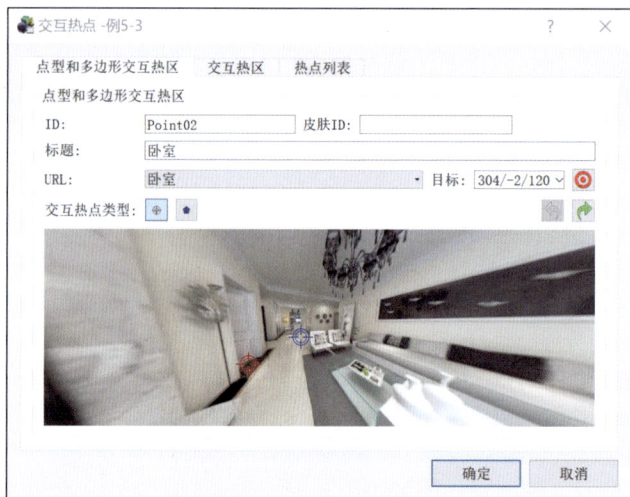

图 5-40　"交互热点"对话框

客厅与各个房间的热点链接完成后,依次选择卧室、餐厅、厨房、书房、卫生间的全景图,分别单击"交互热点"选项组中的"修改"按钮,在"交互热点"对话框中设置每个房间与其他房间的链接热点。正常情况下,除了客厅有进入其他房间的热点以外,其他房间均应该既有"进入"热点链接,也有"出去"热点链接,如果哪个房间缺少"进入"或"出去"的链接,则在右侧该房间的缩略图上会有一个黄色三角形的感叹号。图 5-41 所示的厨房全景图缺失"进入"或"出去"热点链接。

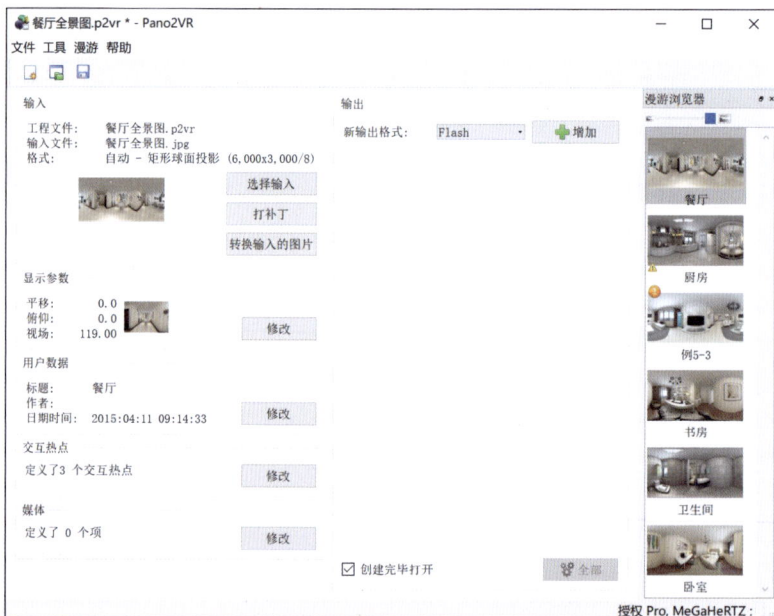

图 5-41　厨房全景图缺少"进入"或"出去"热点链接

4) 添加设置媒体信息

在 Pano2VR 界面选择客厅全景图,然后在"媒体"选项组中单击"修改"按钮,打开"全景媒体编辑器"对话框,如图 5-42 所示。这时在"全景媒体"列表中调整到客厅的电视机画面,在电视机上双击,即可打开"媒体浏览输入"对话框,选择一个"楼盘广告宣传片"视频文件导入,"媒体类型"设置为"视频",调整视频"尺寸"为 160×90 像素,"模式"选择"矩形 3D 指向性音频"("模式"选项用于设置媒体音频的视听效果,根据需要选择即可),其他参数选择默认值。

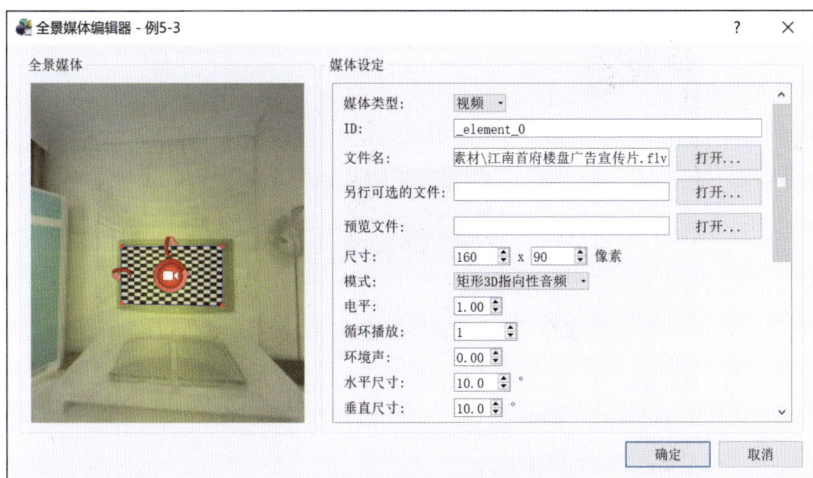

图 5-42　"全景媒体编辑器"对话框

5)设置视频播放模式

在"全景媒体编辑器"对话框中,向下拖动右侧的滚动条,可以看到更多参数设置,如图 5-43 所示。本例设置"鼠标点击模式"为"100％弹出"("鼠标点击模式"选项提供了多种视频播放模式,可根据需要选择)。

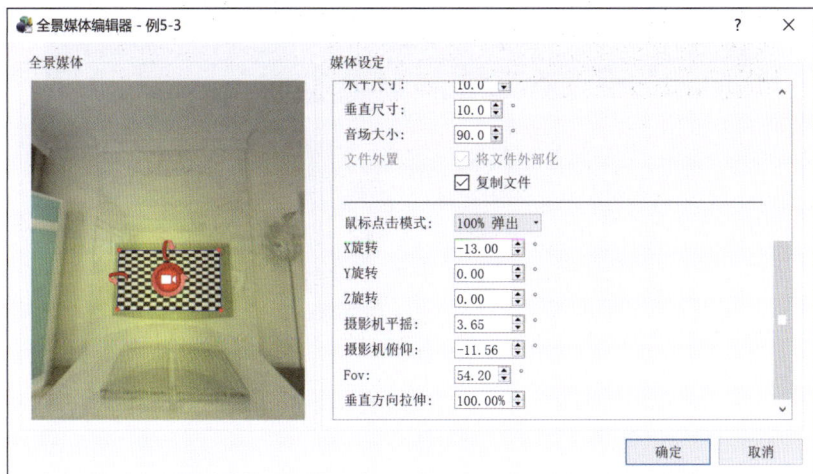

图 5-43　设置"鼠标点击模式"为"100％弹出"

6)输出 VR 全景漫游作品

在 Pano2VR 界面单击"输出"选项组中的"增加"按钮,打开"Flash 输出"对话框,进行相应设置。最后单击"全部"按钮,开始创建全部全景漫游图像,完成后的作品如图 5-44 所示。

5.3.4　全景航拍及应用简介

通过无人机在空中拍摄影像后,使用全景制作软件拼接而成的全景影像称为全景航拍,如

图 5-44　完成后的室内 VR 全景漫游作品

图 5-45 所示。与地面拍摄 VR 全景相同，航拍 VR 全景图也是围绕相机环绕一个圆周进行 360° 拍摄，与之不同的是，航拍 VR 全景图无法记录天空的画面，需要后期进行补天操作。

图 5-45　拼接后的全景航拍

部分无人机搭载的相机具有"一键全景"功能（如大疆御 2Pro），可以自动合成并自动补天，制作 VR 全景图很方便。下面以没有"一键全景"功能的无人机拍摄为例，介绍 VR 全景的制作过程。

1. 飞行前环境检查及相机参数设置

飞行前要做好规划，选择适当的时间和安全区域进行拍摄。飞行前要对飞行器进行全面检查，并设置相机参数，其中，相机参数的设置可参考以下数据。

（1）拍照模式：【M】手动模式。

（2）光圈：航拍相机通常使用固定光圈 F2.8。

（3）快门速度：根据曝光标尺的提示或直接查看遥控器面板确定快门速度。

（4）感光度：白天建议设置 ISO 值为 100，傍晚可根据曝光组合设置，但尽量不要超过 1600。

（5）白平衡：白天日光条件下建议将白平衡参数设置为 5300K。

（6）照片尺寸比例：3∶2。

（7）照片格式：JPEG＋RAW。

无人机的设置可以参考以下几点。

（1）校准罗盘。正确地校准罗盘是非常重要的，每次飞行前都要进行这一操作，特别是在一个新的地点进行航拍时，校准罗盘有助于确保无人机的安全。飞行时要远离金属物件和手机信号发射塔等可能会对罗盘产生干扰的建筑物。

（2）设置返航 GPS 坐标。在校准罗盘的同时，飞行控制器也锁定了能够接收信号的卫星，通常它会自动设定好返航的 GPS 坐标。有些无人机也可能有单独的 GPS 锁定功能。

（3）设置云台俯仰。在无人机设置中打开"扩展云台俯仰轴限位至上 30 度"功能，可以使云台上仰 30°，以便拍摄到更多的天空，有利于后期的补天操作。

2. 拍摄过程

（1）水平拍摄。无人机每旋转 40°拍摄一张照片，拍摄 8～10 张照片即可首尾相接。

（2）向下俯拍第 2 层。无人机每旋转 50°拍摄一张照片，拍摄 7～9 张照片即可首尾相接。

（3）向下俯拍第 3 层。无人机每旋转 90°拍摄一张照片，拍摄 4 张照片即可首尾相接。

（4）垂直向下俯拍一张照片。

3. 拼接全景图

打开 PTGui 软件，导入航拍的照片素材，依次进行"加载图像""对准图像""创建全景图"操作，即可生成图 5-46 所示的全景图片。

图 5-46　拼接后的航拍全景图

4. 天空修补

如果已经拍摄了天空素材，则此步骤可以忽略，否则需要在 Photoshop 中对全景图的天空进行修补。修补前可以准备好若干美观的天空图片素材，用于天空修补和替换。

5. 生成 VR 全景漫游并发布

将制作完成的全景图导入 Pano2VR 或 720 云平台进行 VR 全景漫游制作并发布。

【例 5.4】　使用 720 云平台制作"河南工程学院"校园 VR 全景漫游作品。

（1）720 云平台注册并登录。

打开浏览器（建议使用谷歌浏览器），输入网址 www.720yun.com 进入 720 云首页。单击右上角的"注册"按钮，输入手机号验证注册；如果已经注册过 720 云账号，则单击右上角的"登录"

按钮,输入手机号及密码或使用微信扫码登录。

(2) 上传已经拼接好的全景图素材。

登录成功后,进入首页页面,选择"发布-全景漫游"选项,进入发布页面。页面显示"支持 2∶1 与六面体全景图片素材,其中 2∶1 最大支持 120MB 以内的全景图片,六面体每张最大支持 60MB 以内的图片",如图 5-47 所示。

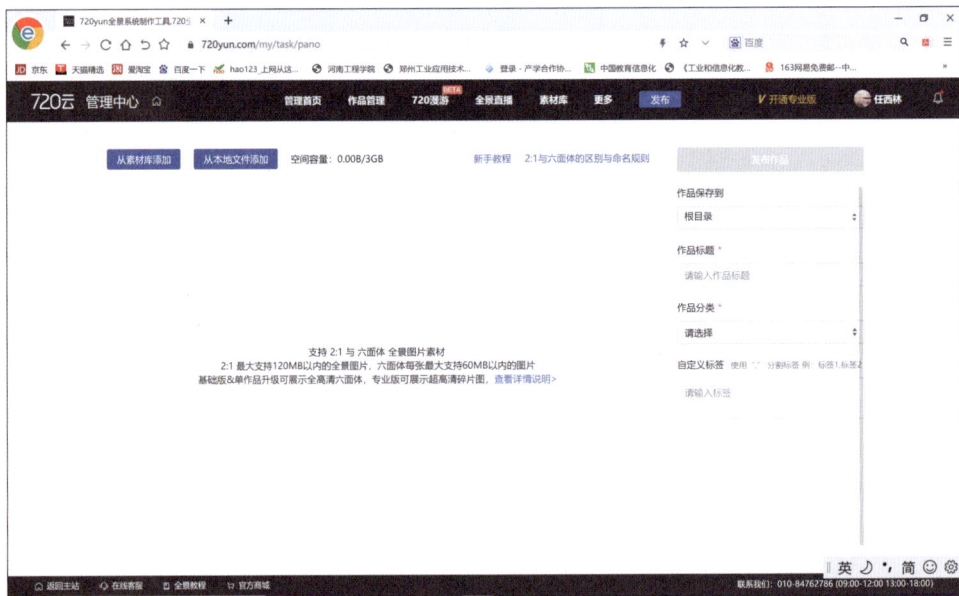

图 5-47　720 云平台添加素材页面

单击"从本地文件添加"按钮,根据具体需要选择是否在即将上传的 2∶1 或六面体全景图片中加入 720yun 水印,如果需要则单击"上传并打水印"按钮,不需要则单击"上传但不打水印"按钮。

上传后将自动打开本地文件夹,可以单选或多选本地作品,单击"打开"按钮即可上传。

全景图片上传完毕,通过鼠标拖曳移动全景图片的顺序,此顺序即为作品中的场景显示顺序,之后也可以通过作品编辑修改;还可以为全景图片重命名,重命名后的名称将同步至作品及素材库中,方便管理;可以预览场景是否完整,对全景图片进行移除。

单击右上角的账户名称,进入后台,选择"素材库",已上传的所有素材都保存在此处,如图 5-48 所示。可以在素材库中进行素材管理,同时也可以进行素材上传。在素材库中上传素材的优点是速度相对较快、较稳定,缺点是上传完毕后并不会直接生成作品,需要单击"发布"按钮,进入发布页面,选择"从素材库添加"选项,选择刚刚上传的作品并添加即可。同样,在发布时也可以同时选择从素材库添加老素材、从本地文件夹增加新素材,便于更好地创作。

(3) 填写作品基本信息。

完成素材的上传后,填写作品标题、作品分类等(红色 * 为必填项),再单击"发布作品"按钮即可,如图 5-49 所示。

(4) 全景漫游图编辑。

作品发布成功后,即可进入全景漫游图编辑制作页面编辑作品,如图 5-50 所示。其中,部分功能为 VIP 功能,但免费开放的功能已经能够满足多数用户的需求。

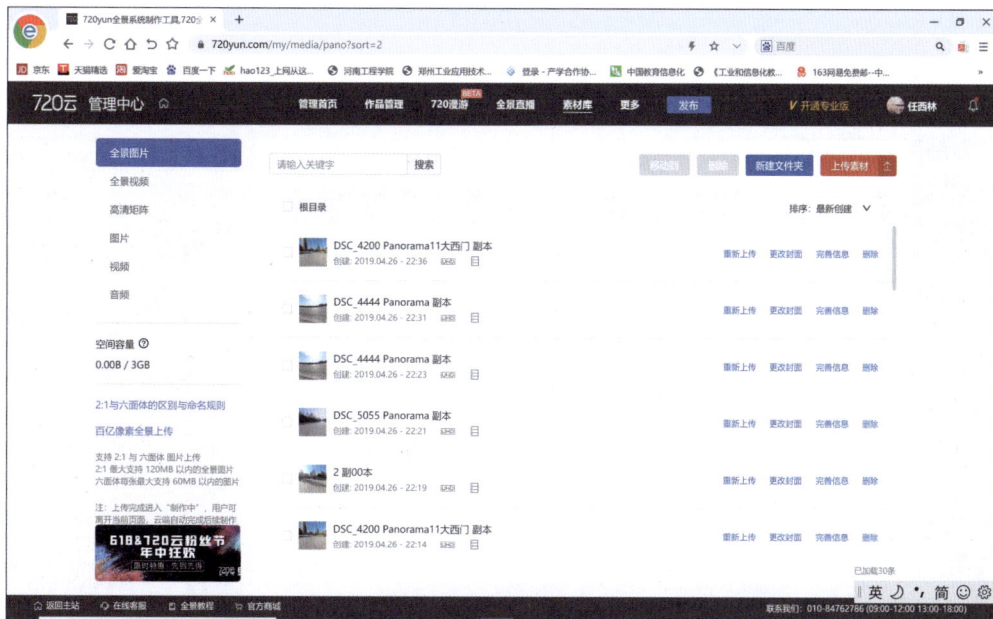

图 5-48　素材库页面

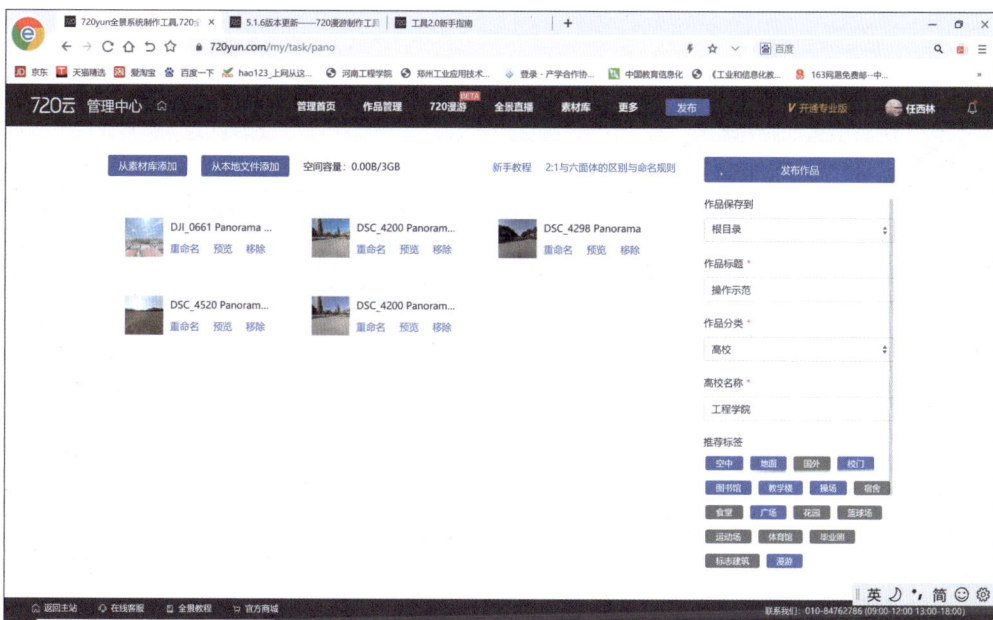

图 5-49　添加作品基本信息及发布页面

（5）全景漫游图基础设置。

选择左侧的"基础"菜单项，打开的界面如图 5-51 所示。

1）基础信息设置

封面：全景 H5 微信分享时，分享卡片上显示的小图。

作品分类：有助于作品快速进入分类频道；在网站搜索"分类作品"时，作品分类可帮助作品在相应频道下显示出来。

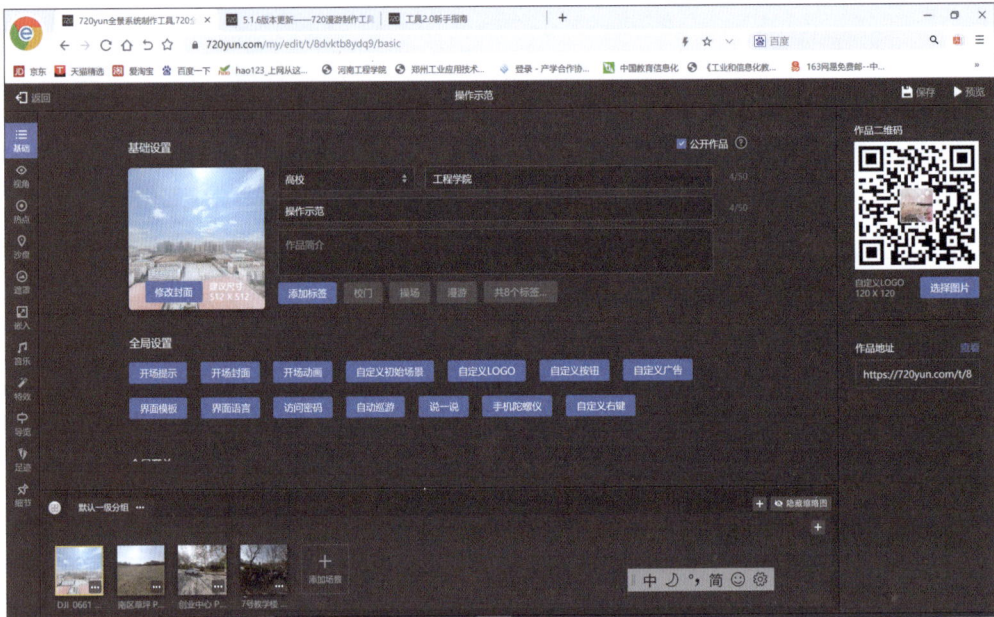

图 5-50　全景漫游图编辑制作页面

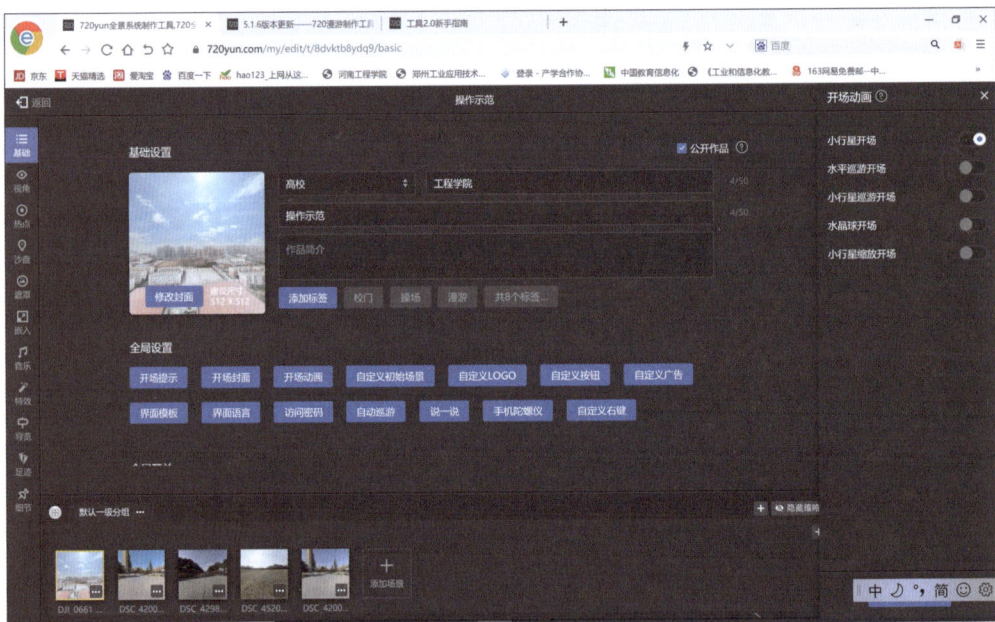

图 5-51　全景漫游图的基础设置

作品标题：H5 显示的网页标题或微信分享卡片上的标题(大字部分内容)。

作品简介：界面按钮"简介"中的内容或微信分享卡片上的描述语(小字部分内容)。

添加标签：为作品添加标签,在网站搜索"关键词"时,可在搜索结果中出现该作品。

公开作品：控制该作品是否在账户的个人主页上展示、搜索结果中出现,获取该作品链接的人均可正常访问。

2）全局设置

开场提示：用于提示该全景如何进行交互，可换成自己的 LOGO、品牌露出等图片。可拖曳右侧的控制条控制开场提示的显示时间。

开场封面：【VIP 功能】用于设置一张平面图（JPG、PNG、GIF 格式）作为 H5 的开场封面，建议用 PNG 格式，背景色选用系统提供的纯色，这样可以让封面图片适配到各类屏幕上，不被拉伸变形。

开场动画：用于切换全景的开场动画效果或关闭开场动画效果，以小行星开场设置居多。

自定义初始场景：【VIP 功能】用于设置分享后浏览者看到的第一个场景。

自定义 LOGO：【VIP 功能】根据用户需要来设置。

自定义按钮：【VIP 功能】用于为作品添加全局显示的按钮，最多支持 3 组，每组 5 个，共计 15 个；按钮类型支持链接（一键跳转到指定网页链接）、电话（手机号码、固定电话号码）、导航（一键进入地图导航，地图接口由高德地图提供）、图文（图文音频结合展示）、文章（支持文字、图片、视频等内容）、视频（支持第三方 HTTPS 协议视频分享通用代码、本地上传视频）。

访问密码：【VIP 功能】用于设置观看作品的密码。

界面模板：用于更改 H5 界面的 UI 样式，有 3 组免费模板及大量 VIP 界面模板。

自动巡游：设置全景画面在没有交互的情况下按指定时长自动巡游展示，主要应用在大屏展示设备上。

说一说：对作品进行留言、评论，不支持回复，需要登录账号才能进行留言。

标清/高清：设置默认的加载清晰度，以及控制按钮的显示与否。

手机陀螺仪：控制重力感应是否开启，以及控制按钮的显示与否。注意，部分设备由于自身无该硬件配置，可能会导致该功能不能生效。

自定义右键：【VIP 功能】在计算机端右击或手机端长按画面时，会弹出隐藏列表，最多支持添加 3 条自定义链接。

3）全局开关设置

创作者名称：控制是否显示账号昵称。

浏览量：控制是否显示作品人气数。

场景选择：控制是否在初始加载页面后展开全景缩略图列表，默认为展开。

足迹：控制是否显示全景图片的拍摄位置。

点赞：控制是否显示点赞功能。

VR 眼镜：控制是否显示切换作品 VR 状态（双目模式，用于搭配 VR Box 使用）。注意，苹果手机的微信浏览器不支持该功能，可用外部浏览器打开。

分享：控制是否显示提示分享的按钮。

视角切换：控制是否显示切换观看全景画面的视角状态，不同视角状态下，画面会进入不同的畸变模式，在某些画面场景下，可能会有意想不到的效果。一般不建议开启该功能。

场景名称：控制显示在每切换到一个新的全景场景时，屏幕上方是否临时显示该场景的名称。

4）底部场景选择

该部分为场景的缩略图列表控制区，可通过添加分组对全景图片进行分组、重命名场景名称、替换缩略图封面，甚至隐藏部分缩略图（可通过场景切换热点访问隐藏场景，加强引导性），也可为"场景选择"控制按钮更换图标、重命名图标文字。

6. 全景漫游图视角设置

选择左侧的"视角"菜单项,打开的界面如图 5-52 所示。

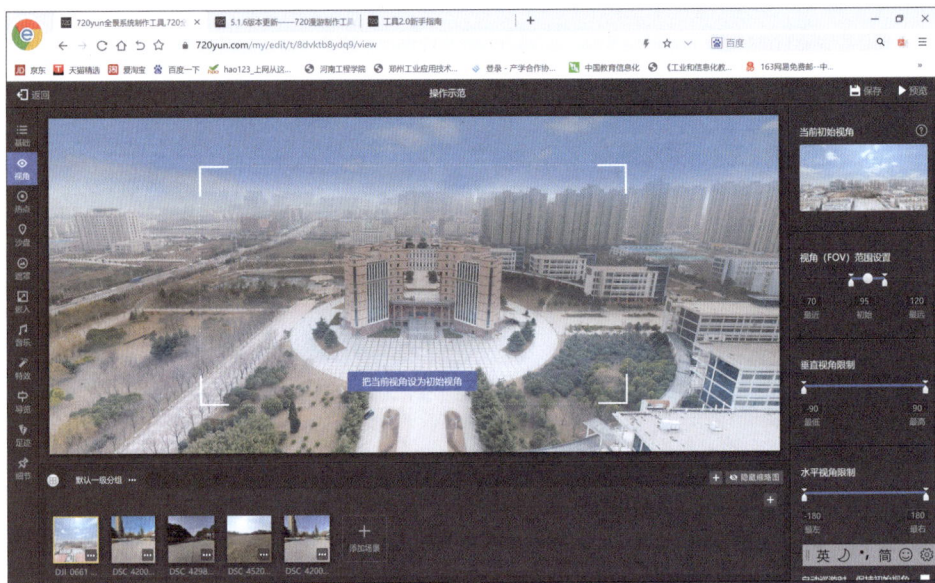

图 5-52　全景漫游图的视角设置界面

当前初始视角:在界面中将画面用鼠标拖曳或键盘方向键控制到想要的角度,单击"设置"按钮即可。

视角(FOV)范围设置:设置默认加载初始画面可缩放的最远画面和最近画面。

垂直视角限制:控制可观看的画面范围,如果不想展示顶部或地面的部分,可通过这个参数来控制显示范围(注意,该功能在陀螺仪开启的状态下不生效)。

手机端因为设置有回弹效果,所以导致画面会显示限制区域。

自动巡游时,保持初始视角:设置在无交互状态下进行自动巡游时是否将画面的垂直高度巡游到初始视角的高度。如果最后的交互让画面停留在地面或天空位置,则必须开启该功能,特别是在使用大屏幕设备时。

7. 全景漫游图热点设置

选择左侧的"热点"菜单项,界面如图 5-53 所示。这是链接多个全景图的关键设置,可以选择静态或动态(GIF 格式)的图标,也可以自定义图标或设置多边形图标添加在全景图的适当位置,以便链接全景的各个区域。

热点的类型如下所示。

全景切换:单击切换到指定场景。

超链接:单击跳转到超链接页面。

图片热点:单击弹出图片内容。

视频热点:【VIP 功能】单击弹出视频内容,视频内容支持第三方视频或本地视频。

文本热点:单击弹出文字介绍内容。

音频热点:单击播放音频内容。

图文热点:单击弹出图片、文字、音频结合的内容;展示界面有两套模板可供选择。

环物热点:单击弹出序列图片内容,可通过左右拖曳来切换观看不同的图片,用于展示环境

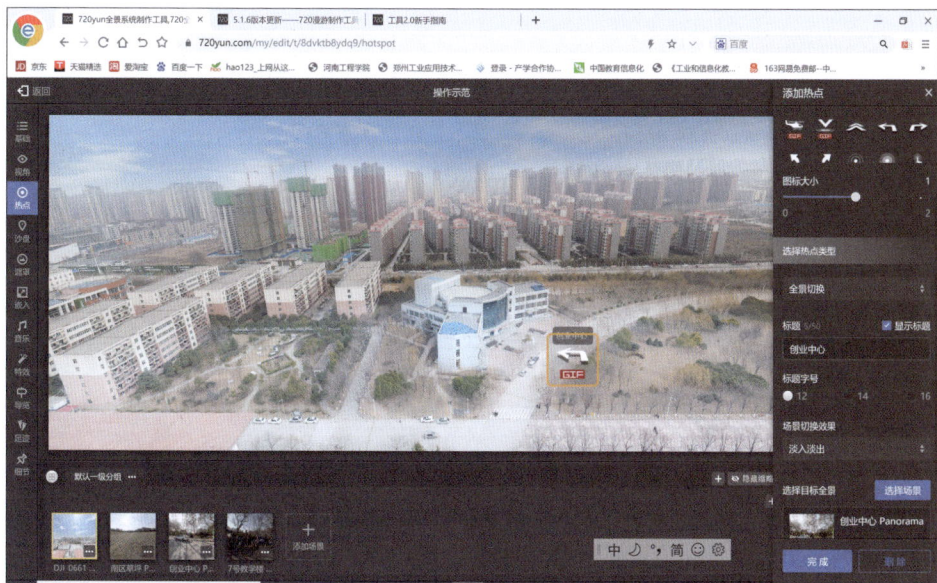

图 5-53 全景漫游图热点设置界面

图片素材组、状态切换图片素材组。

文章热点：单击弹出文章内容，文章支持文字、图片、视频混排。

8. 全景漫游图沙盘设置

选择左侧的"沙盘"菜单项，界面如图 5-54 所示。

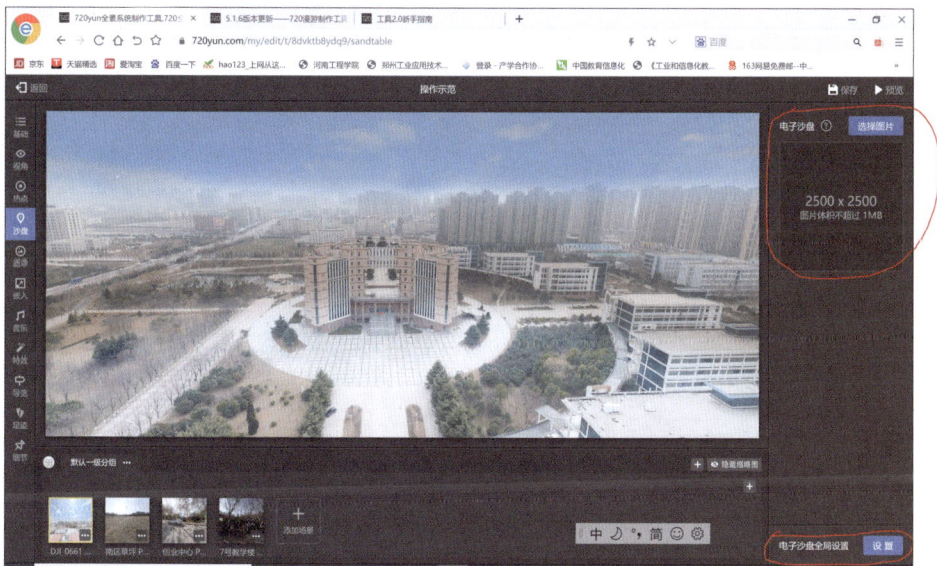

图 5-54 全景漫游图沙盘设置界面

电子沙盘可为项目添加平面户型图、总体结构平面示意图等，以及在图上添加定位点，快速定位到目标场景。

9. 全景漫游图遮罩设置

选择左侧的"遮罩"菜单项，界面如图 5-55 所示。

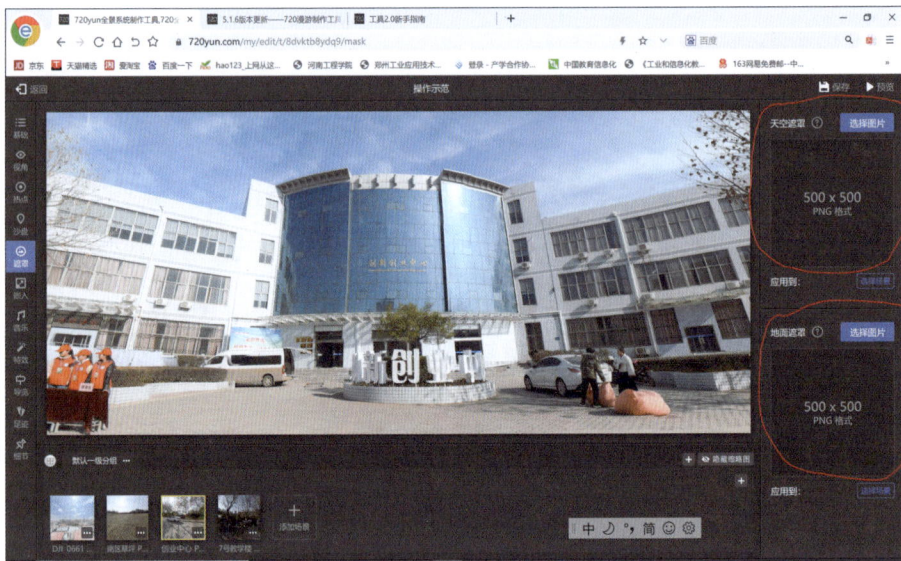

图 5-55　全景漫游图遮罩设置界面

天空遮罩：在场景顶部的位置添加图片，从而遮盖顶部或展示 LOGO、品牌等信息。
地面遮罩：在场景地面的位置添加图片，从而遮盖底部或展示 LOGO、品牌等信息。

10. 全景漫游图嵌入设置

选择左侧的"嵌入"菜单项，界面如图 5-56 所示。在图 5-56 中，在创新创业中心的建筑物附近添加了文字介绍信息，还可以在全景图中嵌入以下类型的对象。

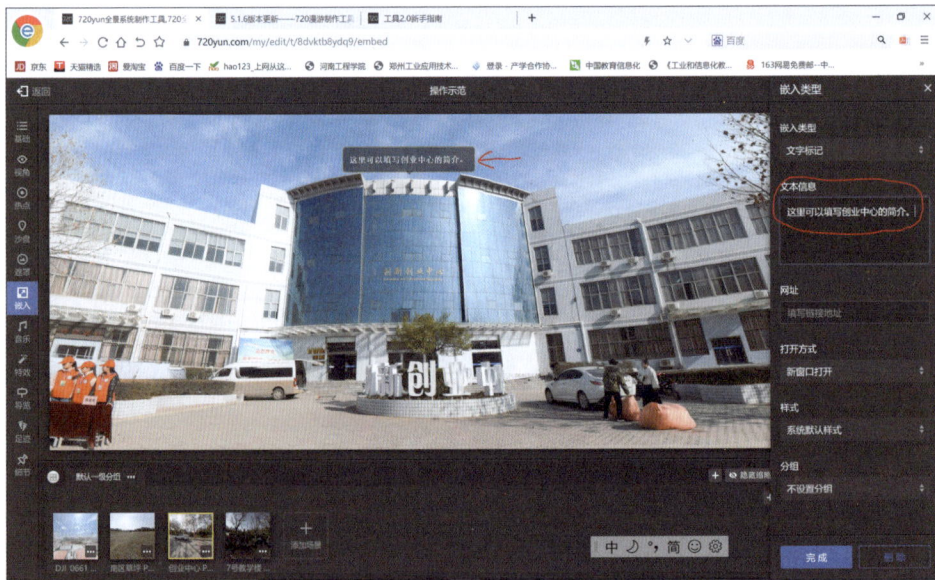

图 5-56　全景漫游图嵌入设置界面

文字标记：可对全景图上的建筑、物品等内容进行文字标注、场景说明。
图片素材：可插入单张、多张图片，嵌入全景图循环播放图片，实现动态场景的效果。
序列帧：可插入序列帧图片（帧动画的帧图片序列），实现动态场景的效果。序列帧是比 gif

更为稳定的动画展现形式,适合播放 png 格式的素材。

视频:【VIP 功能】可插入跟随场景转动的平面视频,实现动态场景的效果。

标尺:可对场景内的建筑、物品进行尺寸标注。

11. 全景漫游图音乐设置

选择左侧的"音乐"菜单项,界面如图 5-57 所示。既可为场景添加背景音乐,也可为场景添加解说音频。

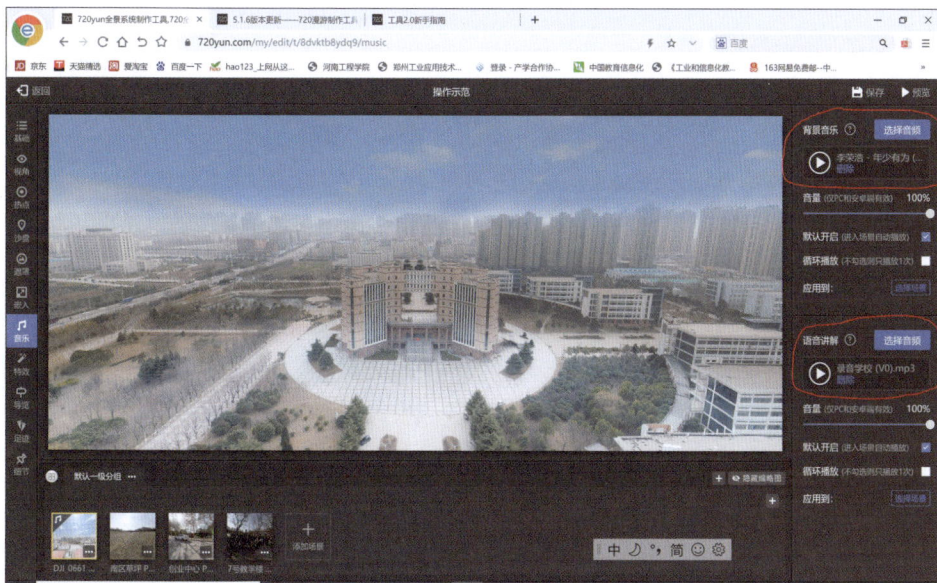

图 5-57 全景漫游图音乐设置界面

12. 全景漫游图特效设置

选择左侧的"特效"菜单项,界面如图 5-58 所示。可以给场景添加太阳光、下雨、下雪等特效,甚至可以自定义图片素材,还可以在页面顶部设置循环滚动文字等。

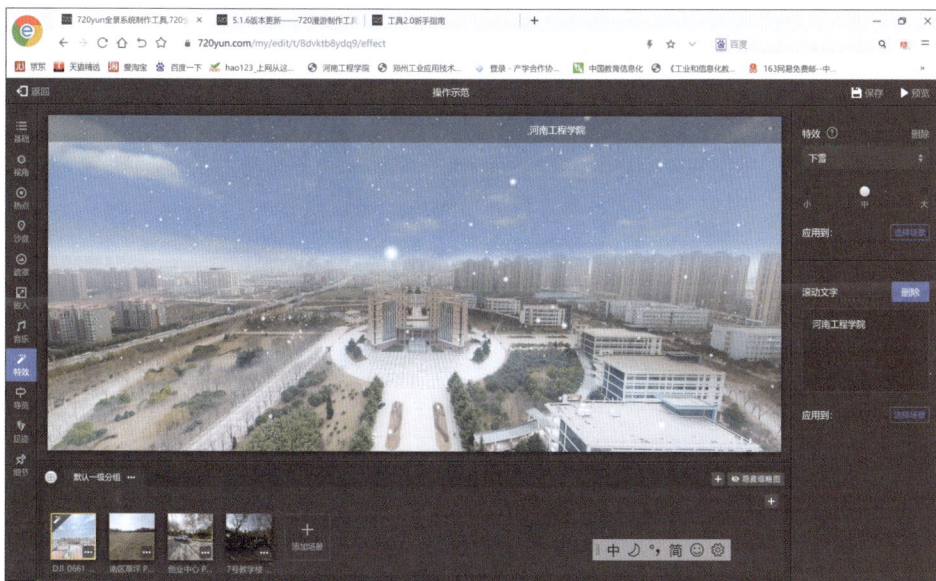

图 5-58 全景漫游图特效设置界面

13. 全景漫游图导览设置

选择左侧的"导览"菜单项，界面如图 5-59 所示。可以录制预设动画路径，观看者可一键开启自动导览介绍，介绍内容包含角度转动、场景切换、文字及音频内容等。

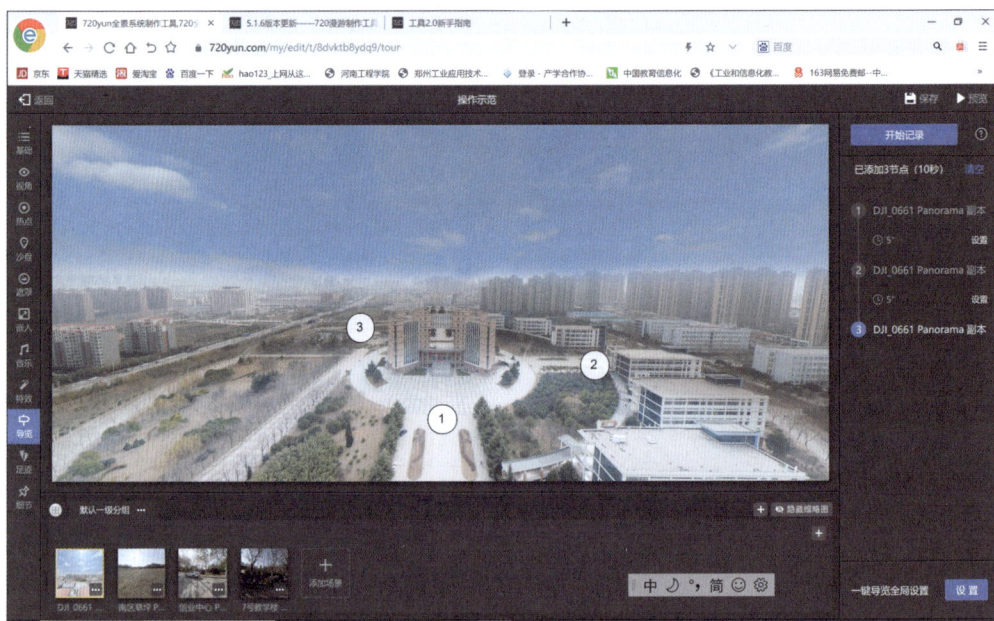

图 5-59　全景漫游图导览设置界面

14. 全景漫游图足迹设置

可以为每张图片添加拍摄地址/物理地址，该功能适合合集类图片作品使用。

15. 全景漫游图细节设置

用于快速定位和展示画面需要突出的细节位置或者要重点展示的位置，也可用于大像素全景的细节或重点位置的快速定位展示。

16. VR 全景漫游图发布分享

完成以上设置后，单击"保存"按钮，即可预览效果，并发布分享。

小结

本章介绍了三维全景技术的基本概念与制作流程。通过本章的学习，读者应重点掌握以下知识和技能。

1. 三维全景的基本概念及其特点。

2. 根据全景图外在的表现形式，通常可以分为柱形全景、球形全景、立方体全景和物体全景几类。

3. 了解三维全景图拍摄的一般流程及注意事项。

4. 掌握 PTGui 拼接全景图的基本操作。

5. 掌握 VR 全景漫游制作与发布的基本操作。

习题

一、简答题

1. 什么是三维全景？

2. 简述拍摄三维全景图的注意事项。

3. 简述使用 PTGui 拼接全景图的一般流程。

4. 简述 VR 全景漫游制作的主要步骤。

5. 简述未来的三维全景技术的特点。

二、操作题

1. 使用数码相机拍摄 3 套用于制作全景图的照片素材。

2. 利用 PTGui 软件拼接制作一个全景图，导出全景图投影模式为等距圆柱、比例为 2：1 的图片。

3. 利用 PTGui 软件拼接制作一个全景图，导出全景图投影模式分别为全帧鱼眼、立体投影、墨卡托投影、球面、小行星 300°立体投影。

4. 利用 PTGui 软件拼接制作一个全景图，导出全景图投影模式为等距圆柱，输出文件为 6 个单独的六面体图片，采用软件默认文件名。如果缺少补天和补地的照片，则使用 Photoshop 等软件进行补天、补地操作。

5. 参考书中案例，利用本书配套资源提供的全景图片及音乐、视频素材，使用 Pano2VR 制作一个 VR 全景漫游作品。

6. 参考书中案例，利用本书配套资源提供的全景图片及音乐、视频素材，通过 720 云平台制作一个 VR 全景漫游作品。

第 6 章

虚拟现实应用开发流程

虚拟现实项目的开发流程是一个复杂而系统的过程,涵盖需求分析、设计、开发、测试和发布等多个环节,每个环节的有效执行都是确保最终产品成功的关键。在进行虚拟现实项目开发时,通常首先要明确项目的目标和需求,接着根据需求和技术调研结果制定系统开发的技术方案和规划,然后选择合适的开发工具和平台,这是确保 VR 应用顺利开发的关键。目前,常用的 VR 开发工具包括 Unity 和 Unreal Engine。这两款工具提供了丰富的功能和资源,可以帮助开发者快速构建虚拟环境和交互逻辑;在完成设计和工具选择后,即可进入原型开发阶段。原型开发的目的是创建一个初步版本的应用,用于测试和验证设计方案;最后是测试发布,进行功能模块调试优化,软硬件集成调试。针对不同的平台和 VR 终端设备,测试调整后导出发布最终项目。

6.1 虚拟现实项目需求分析及策划

在虚拟现实项目的开发流程中,项目的需求分析和策划无疑是至关重要的起始环节。这一阶段的目标是明确项目的核心目标、了解用户需求、制定项目范围,并规划出详细的开发路线图。

6.1.1 项目需求分析

在虚拟现实项目的需求分析中,必须紧密结合虚拟现实软件开发的特点以及用户体验至上的原则以确保项目的成功实施,如图 6-1 所示。首先,要充分考虑 VR 的沉浸性,确保所开发的内容能够让用户完全融入虚拟环境,这要求我们对场景的真实性、交互的自然性进行深入分析。其次,交互性是关键,用户应能在虚拟环境中自由探索并与之互动,这要求我们在进行需求分析时细化到每一个交互点,保证用户体验的流畅性和直观性。此外,VR 项目的多感知性也是一个重要特点,除了视觉,还要考虑听觉、触觉等多方面的感官体验,这要求我们在进行需求分析时对多感官刺激进行细致规划,以增强用户的沉浸感和真实感。同时,由于 VR 技术的自主性,用户可以在虚拟环境中自由行动,这就要求我们在设计时充分考虑用户的行动范围和可能的行为模式,以确保软件的稳定性和安全性。

在项目的需求分析阶段,也应考虑该项目的硬件限制和软件兼容的问题。因此,在项目开始之前,应对所需的 VR 硬件进行详细的评估和规划,了解不同硬件的性能参数,如处理器速度、内存大小、显卡性能等,确保所选硬件能够满足项目需求。针对硬件限制,通过优化资源使用来提高性能。例如,减少不必要的多边形数量、降低纹理分辨率、优化场景中的光照和阴影

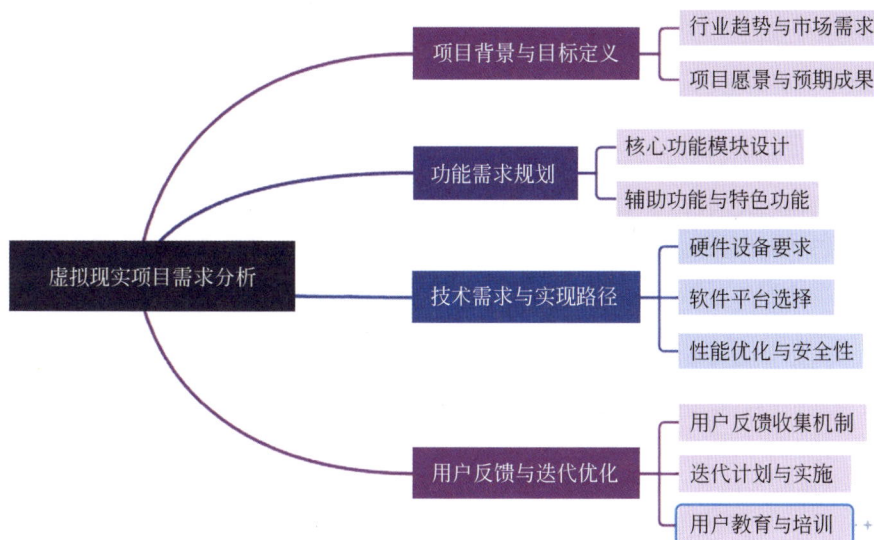

图 6-1　项目需求分析的路径

等，以减轻 GPU 的负担。对于大型虚拟现实场景，可以采用分块加载技术，将场景划分为多个小块，并根据用户的视线和位置动态加载和卸载这些小块，从而降低对硬件资源的需求。

6.1.2　项目的策划

虚拟现实应用项目的策划与一般软件开发的项目策划步骤（图 6-2）是一样的，它为项目的实施提供了详细的路线图和框架。在这一阶段，团队需要综合考虑项目目标、资源、时间、风险等多方面，以确保项目能够顺利推进并达到预期效果。

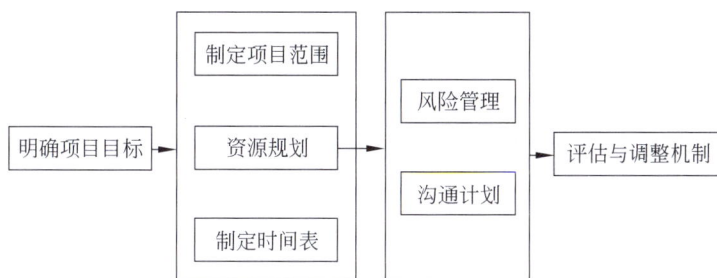

图 6-2　项目策划步骤

第一，明确项目目标。项目策划的首要任务是明确项目的总体目标和具体目标。这些目标应当是可衡量的，并与需求分析阶段的结果紧密结合。团队可以采用 SMART（Specific Measurable Achievable Realistic Time-bound）原则来制定目标，以确保目标的清晰性和可操作性。

第二，制定项目范围。在明确目标后，团队需要定义项目的范围，包括要实现的功能、用户体验和技术要求等。这一阶段还需要识别项目的边界，明确哪些内容是项目的一部分，哪些内容不在项目范围内，从而避免范围蔓延。

第三，资源规划。项目的成功实施需要合理的资源配置。在策划阶段，团队需要评估所需的人力资源、技术资源、设备和预算等。明确各个角色的职责和任务分配，确保每位团队成员都了解自己的工作内容和目标。同时，预算的合理分配也是至关重要的，应确保各项开支在预算范围内。

第四，制定时间表。项目的时间管理是策划的重要组成部分。团队应根据项目的规模和复杂性制定详细的时间表，列出各个阶段的关键里程碑和交付物。甘特图等工具可以可视化项目进度，确保团队在规定时间内完成任务。

第五，风险管理。在项目策划中，识别和评估潜在风险是非常重要的。团队需要分析可能影响项目进度和质量的风险因素，并制定相应的应对策略，包括技术风险、市场风险、资源风险等。通过提前规划，团队可以在风险发生时采取有效措施，降低风险对项目的影响。

第六，沟通计划。有效的沟通是项目成功的关键。在策划阶段，团队应制订沟通计划，明确团队内部及与利益相关者之间的沟通渠道、频率和内容，这有助于确保所有相关人员都能够及时获取项目信息，保持良好的协作和反馈机制。

第七，评估与调整机制。项目策划不仅是一个静态的过程，还需要建立评估与调整机制。在项目实施过程中，团队应定期评估项目的进展与目标的达成情况，根据实际情况进行调整。这种灵活性能够帮助团队应对变化，确保项目始终朝着预定方向前进。

视频 6-2 虚拟现实建模设计

6.2　建模设计

在虚拟现实应用开发中，以真实情景为基础的三维场景建模技术是一个重要环节，这种技术通过捕捉和重建现实世界中的物体和环境，使得用户能够在虚拟空间中体验到更真实的场景。

6.2.1　三维建模技术

通过第 2 章的学习我们知道，三维视觉建模主要包含物理建模、几何建模、行为建模、运动建模等，它们在建模设计中的作用如下。

1. 物理建模

在虚拟现实项目开发过程中，物理建模属于层次较高的建模形式，在构建过程中需要将物理学科知识与计算机知识相结合，有效利用图形学的相关理论进行模型构建。在物理建模的过程中，力的反馈起到了重要作用，相关理论知识可对物理建模的表面形态（是否变形）、重量情况、硬度情况等方面的表达产生重要影响。因此，在进行建模的过程中可以以物体质量、物体外观表面形态、物体硬度与物体惯性等为切入点完成模型构建。

常用的物理建模方法包括粒子系统和分形技术两种，这两种建模方法在适用范围上有较大差异。在虚拟现实的物理建模过程中，粒子系统通常适用于对处于运动状态的物体建模，通过这种建模方法可以有效描述天气或者喷泉等动态现象；而分形技术更适用于静态物体或视觉对象的模型构建。图 6-3 所示为粒子系统建模。

2. 几何建模

几何建模是虚拟现实建模技术的最基本内容。几何建模是指用数学和计算方法来描述和表示物体的几何形状和特征的过程，它是计算机图形学、虚拟现实、计算机辅助设计等领域中的基础技术。物体的形状组成主要以物体的顶点以及多

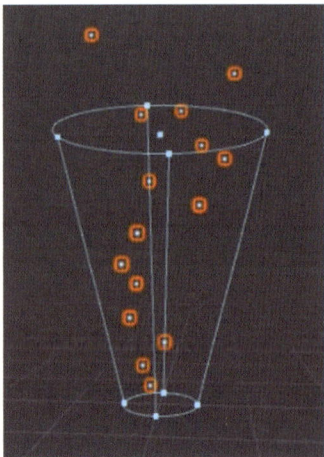

图 6-3　粒子系统建模

边形为基础,而物体的外观所包含的内容相对较多,不仅包含颜色,同时还包括纹理等内容。在几何建模中,需要根据物体的几何信息构建图形所涉及的信息,不仅包括结构数据,还包含可操作数据结构的相关算法等方面。与现实世界相同,虚拟环境中的物体同样需要关注外观与形状的构建。在构建过程中,几何建模可根据虚拟环境中组成的相关信息进行搭建。物体的几何建模是在虚拟环境中对物体的形状和外观进行建模,因此可以分为形状建模和外观建模。

形状建模可以通过人工建模和自动建模的方法来实现。人工建模的方法则需要用户使用相关三维建模软件创建物体的 3D 模型,需要有一定的编程能力,因此对用户的要求较高。而自动建模的方法通常是利用 3D 扫描仪建模和基于图像的 3D 建模。3D 扫描仪建模是人们专门为自动化建模发明的设备,通过收集现实世界中的物体的形状等信息,对物体进行 3D 建模,完成该物体在虚拟世界的数字化。基于图像的 3D 建模技术是利用计算机图形学、计算机视觉和机器学习领域的专家长期研究的 3D 建模方法来实现的。尤其是自 2012 年以来得益于深度学习技术的发展,利用卷积神经网络进行基于图像的 3D 建模方法引起了广泛的关注和应用。

在虚拟现实应用开发的场景中,为保证虚拟物体的真实感,除了精准的形状模型外,还需要物理实体模型的外观形态。虚拟物体外表的真实感主要取决于表面纹理、透明度反射、折射等特征。在虚拟现实应用开发中,纹理映射技术被广泛应用在外观建模中。纹理映射又称为纹理贴图,是指将真实世界中的物理纹理映射到虚拟世界中三维物体的表面的过程(图 6-4)。

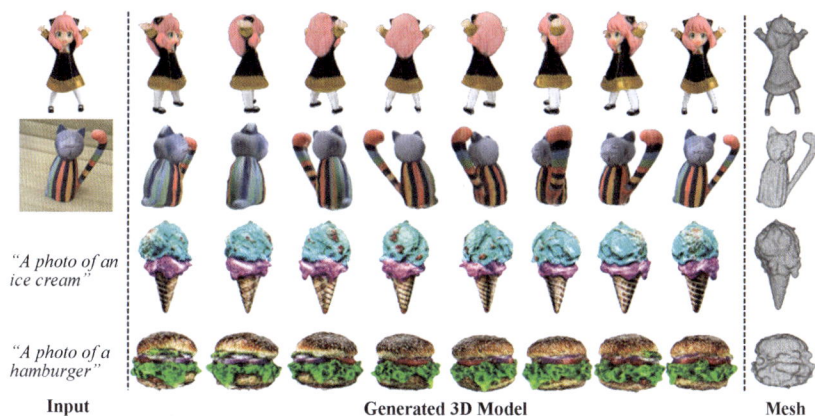

"A photo of an ice cream"

"A photo of a hamburger"

Input　　　　　　　　Generated 3D Model　　　　　　　　Mesh

图 6-4　基于图像的三维建模

3. 行为建模

行为建模主要是指不仅需要创建模型,同样需要对模型的表现特征加以重视,在尊重客观规律的情况下,不仅使得所构建的模型具备物理属性,同时还要让模型具备物体本身所拥有的反应能力与行为手段,即通过一定的技术手段使得所构建的模型更加富有灵活性与生命力。因此,虚拟现实从本质上来说不仅是对客观现实世界的模拟,同时也体现出折射特点。这要求在构建模型的过程中,必须将虚拟现实环境的模型与现实模型相比对,使二者不仅具有相似性,同时还要具有高度的一致性。在构建虚拟现实环境的过程中,有效结合几何建模与物理建模,不仅可以使虚拟现实中的物体静态更加真实,还体现出动态真实的特征。

行为建模着重强调对模拟对象的动态描述,其包含的内容主要为物体的行为描述。因此,行为建模可以着重突出虚拟现实环境的特征,体现出生命性与真实性。如果虚拟环境中的物体并不具备行为或者反馈,则会导致真实性较差,不利于吸引更多的虚拟现实用户。

4. 运动建模

在虚拟环境中,建模过程中不仅要建立静态的三维几何体,同时也要营造动态的三维几何体。此时物体的特性不仅需要考虑到自身属性,同时需要考虑到物体位置之间是否存在碰撞或者表面变形等方面,这也是虚拟环境处理难度相对较高的方面。例如,运动建模中以碰撞检测方面为切入点,其中碰撞检测作为虚拟现实众多技术手段中重要性相对较高的技术之一,应用效果相对较好,在运动建模中具有较高的应用率。虚拟现实系统与现实一样,人是不能通过墙而穿越画面或对象的。因此,利用碰撞检测可以对不同物体的相对位置进行计算与测量,简而言之,碰撞检测技术作为一种识别技术,可以对虚拟环境中不同对象之间是否存在碰撞或相对位置进行识别与确定。但是在应用碰撞检测的过程中,如果对两个物体对象中的每一个点都进行碰撞计算,那么不仅任务量较大,还需要大量的时间。因此,在现阶段应用碰撞检测的过程中,为了进一步降低人力成本与时间成本,通常应用矩形边界检测的方法。

6.2.2　角色建模

在计算机技术发展中,在虚拟现实技术支撑和影视娱乐行业需求增长的背景下,角色建模技术受到领域内越来越多的关注。"角色"一词的涵盖范围十分宽广,通常是人、动物、机器人或神话生物。例如在游戏中,角色可以是主角(如游戏玩家可控制的角色),也可以是次要角色(如与游戏玩家互动的角色),甚至可以单独存在于游戏外围。角色建模是将概念转变为3D模型的多阶段处理过程,第一步是构建模型的基础网格,通常从一个立方体开始,然后通过添加和减少多边形以创建所需的形状。一旦基础网格完成,就可以开始添加细节,如皱纹、疤痕、文身等。模型完成以后,就可以对它进行纹理处理,给模型添加颜色和阴影以使它看起来更逼真。3D艺术家通常使用各种软件和工具来创建角色模型。

1. 角色建模软件

角色建模时根据需求选择合适的3D建模软件是非常重要的。目前市面上常用的3D角色建模软件有Autodesk Maya、Autodesk 3ds Max、Blender、ZBrush、Cinema 4D等。

1) Autodesk Maya

Autodesk Maya是世界顶级的3D动画软件,被视为计算机图形学(CG)和三维动画制作的行业标准,它拥有一系列齐全的工具和功能,广泛应用于电影、电视、游戏和广告等领域。Maya的一些核心特点和优势如下。

(1) 强大的建模工具。

Maya提供了全面的建模工具集,适用于多边形建模、细分曲面建模和NURBS曲线建模。用户可以通过这些工具创建复杂的几何形状和精细的角色模型。多边形建模工具允许用户快速构建基础结构,而细分曲面和NURBS曲线建模则提供了更高级的细节控制和光滑表面处理。

(2) 先进的纹理处理。

Maya内置了强大的纹理绘制和贴图工具,使得角色和环境的表面细节处理更加逼真。用户可以通过UV展开工具对模型进行精确的纹理映射,并使用各种材质和纹理绘制工具为模型添加高度逼真的细节。此外,Maya还支持多层次的纹理叠加和程序性纹理生成,进一步增强了视觉效果。

(3) 高效的动画系统。

Maya以其强大的动画功能而闻名,包括骨骼系统、逆向运动学(IK)和正向运动学(FK)、关键帧动画和非线性动画。用户可以通过这些工具创建复杂且流畅的角色动画,捕捉微妙的动作和表情变化。Maya的动画层功能允许用户在不同层次上进行动画编辑,从而实现更高的灵活性。

（4）出色的灯光和渲染。

Maya 提供了全面的灯光和渲染工具，使得用户可以创建高度逼真的光照效果和影像。内置的 Arnold 渲染器提供了高质量的物理渲染能力，支持全局光照、环境遮蔽和次表面散射等高级渲染技术。用户可以通过调整光源类型、光照强度和阴影效果精确控制场景的光照环境，从而实现电影级的视觉效果。

（5）强大的动力学和特效。

Maya 内置了强大的动力学引擎和特效工具，包括粒子系统、流体模拟、布料模拟和体动力学。用户可以通过这些工具模拟真实的物理效果（如烟雾、火焰、液体和布料等）。Maya 的 Bifrost 流体系统和 nCloth 布料系统提供了高度可控的模拟环境，使得复杂特效的制作变得更加直观和高效。

2）Autodesk 3ds Max

Autodesk 3ds Max 是一款广受欢迎的 3D 建模、动画和渲染软件，广泛应用于游戏开发、建筑可视化、电影特效和虚拟现实等领域，其强大的功能和用户友好的界面使其成为 CG 行业的另一大标准。

3ds Max 因其广泛的应用范围和强大的功能套件，成为许多专业 CG 艺术家的首选工具。无论是游戏开发、动画制作还是建筑可视化，3ds Max 都能提供全面的解决方案。

（1）强大的建模工具。

3ds Max 以其出色的多边形建模工具而闻名，用户可以通过一系列直观且高效的工具创建复杂的几何形状和角色模型。多边形建模、细分曲面建模和 NURBS 建模都在此软件中得到了全面实现。

（2）动画和特效。

3ds Max 内置强大的动画和特效工具，支持骨骼系统、关键帧动画、运动路径和粒子系统，其灵活的动画控制器和丰富的特效工具使得复杂的动画和动态效果的制作变得更加简单和高效。

（3）优秀的渲染引擎。

3ds Max 提供了高质量的渲染引擎，如 Arnold、V-Ray 和 Scanline 渲染器，确保了出色的视觉效果。用户可以通过调整光源、材质和阴影来实现逼真的光照效果，并支持全局光照和环境遮蔽等高级渲染技术。

（4）集成插件。

3ds Max 支持大量第三方插件，进一步扩展了其功能和应用范围，这些插件涵盖建模、动画、渲染和特效的各方面，可以满足不同项目的需求。

（5）用户友好。

3ds Max 以其直观且易于使用的界面降低了学习曲线，使其成为初学者和专业人士的理想选择。丰富的教程和社区支持也为用户提供了大量学习资源。

3）Blender

Blender 是一款开源且免费的 3D 建模、动画和渲染软件，以其全面的功能和高度的灵活性在 CG 行业中占据重要地位。Blender 广泛应用于电影、游戏、VR 和艺术创作等领域。

（1）开源免费。

Blender 作为开源软件完全免费，使得它在广大用户群体中非常受欢迎。用户可以自由下载、使用和修改 Blender，从而满足各种创作需求。

（2）综合功能。

Blender 不仅提供了强大的建模工具，还集成了雕刻、动画、渲染、视频编辑和游戏引擎等功能。用户可以在一个软件中完成从建模到最终渲染的整个制作流程。

（3）强大的雕刻工具。

Blender 内置强大的数字雕刻工具，适合创建高细节的角色模型。用户可以通过多分辨率雕刻和动态拓扑工具，轻松实现复杂细节和精细雕刻。

（4）先进的渲染引擎。

Blender 内置两个强大的渲染引擎：Eevee 和 Cycles。Eevee 是一个实时渲染引擎，适合快速预览和实时渲染；而 Cycles 则是一个基于物理的路径追踪渲染引擎，可以提供高质量的光照和影像效果。

（5）社区支持。

Blender 拥有一个庞大且活跃的用户社区，提供了丰富的教程、插件和资源。用户可以通过社区获取帮助、分享作品和参与开发，进一步提升软件的功能和使用体验。

4）ZBrush

ZBrush 是一款专注于数字雕刻和高细节建模的软件，广泛应用于电影、游戏和艺术创作等领域。ZBrush 以其强大的雕刻工具和高分辨率细节处理能力而闻名，是许多专业 CG 艺术家的首选工具。

（1）数字雕刻。

ZBrush 以其先进的数字雕刻技术，允许用户在虚拟黏土上进行高细节建模。用户可以通过各种雕刻工具和笔刷实现复杂的形状和精细的细节，适合创建高品质的角色模型和艺术作品。

（2）多分辨率细节。

ZBrush 支持多分辨率细节处理，用户可以在不同的细节级别进行建模和雕刻，这使得用户能够在保持整体形状的同时，添加高分辨率的细节和纹理。

（3）动态拓扑。

ZBrush 的动态拓扑功能允许用户在雕刻过程中自动生成高质量的拓扑结构，避免了手动重新拓扑的烦琐过程，这大大提高了工作效率和模型质量。

（4）强大的纹理绘制。

ZBrush 内置多种纹理绘制和贴图工具，用户可以在模型上直接绘制复杂的纹理和细节，其 Polypaint 功能允许用户在模型的多边形上直接绘制颜色和纹理，无须 UV 映射。

（5）高度集成。

ZBrush 与其他 3D 软件（如 Maya、3ds Max、Blender）有良好的兼容性，支持各种文件格式的导入和导出。用户可以轻松地在 ZBrush 和其他软件之间进行模型和纹理的交换，实现无缝的工作流程。

5）Cinema 4D

Cinema 4D 是一款全面的 3D 建模、动画和渲染软件，以其易于学习和强大的功能在 CG 行业中享有盛誉。Cinema 4D 广泛应用于电影、电视、广告和建筑可视化等领域，特别是在动态图形和视觉特效方面表现出色。

（1）易于学习。

Cinema 4D 以其直观的界面和易于使用的工具降低了学习曲线，使其成为初学者和专业人士的理想选择，丰富的教程和用户社区为新手提供了大量学习资源。

（2）强大的建模工具。

Cinema 4D 提供了全面的建模工具集，支持多边形建模、曲面建模和细分曲面建模。用户可以通过这些工具快速创建复杂的几何形状和精细的角色模型，从而满足各种创作需求。

（3）高级动画功能。

Cinema 4D内置强大的动画工具，支持骨骼系统、关键帧动画、运动图形和动力学模拟，其灵活的动画控制器和时间线编辑器使得复杂动画的制作变得直观和高效。

优异的渲染引擎 Cinema 4D内置优秀的渲染引擎，支持物理渲染、全局光照和环境遮蔽。用户可以通过调整光源、材质和阴影实现逼真的光照效果。此外，Cinema 4D还支持第三方渲染引擎，如 Arnold 和 V-Ray，进一步增强了渲染能力。

（4）集成性好。

Cinema 4D与其他软件（如 Adobe After Effects、Photoshop）可良好的集成，使得动态图形和视觉特效的制作变得更加流畅，其 Cineware 插件允许用户在 After Effects 中直接处理 Cinema 4D 文件，实现了无缝的工作流程。

（5）强大的插件支持。

Cinema 4D拥有丰富的插件生态系统，用户可以通过第三方插件扩展软件的功能和应用范围，这些插件涵盖建模、动画、渲染和特效的各方面，以满足不同项目的需求。

2. 角色建模流程

角色模型是游戏、动画、影视等领域中不可或缺的重要元素，通过角色模型可以为作品赋予生动的形象和鲜明的个性。角色建模就是 3D 艺术家根据角色设计师设计的角色原画，通过 3D 软件制作出原画的 3D 角色模型。具体而言，首先根据原画建立初始模型，再对模型进行高精度模型（高模）的雕刻和细节的优化。高模细节多，面片数多，对系统设备性能和引擎算法要求高，从而产生了低精度模型（拓扑低模）的概念。低模完全符合各项要求和布线规则，而高模的作用就是通过 UV、烘焙和贴图把高模的细节投射到低模上，达到更加极致的视觉效果；最后对角色模型进行骨骼绑定和蒙皮操作，实现角色模型的操控，生成动画（图 6-5）。

图 6-5 游戏《黑神话：悟空》悟空角色模型

1）第一阶段，角色设计

好的角色造型不仅要有视觉上的美感，还需要生动有趣，富有性格特征。因此在设计角色造型时，要将角色的性格特征通过外部造型表现出来。为了设计角色概念，美术师需要寻找创作灵感，研究角色起草的来源。

2）第二阶段，角色建模

在有了明确的角色设计后，建模师会使用 3D 软件（如 Maya、Blender 或 3ds Max 等）创建角色的基本形状。通常，这一步使用多边形建模方法，通过调整顶点、边和面的方式逐步构建出角色的大致轮廓。此阶段的重点是确保角色的比例和姿态准确无误。完成基本形状后,建模师会转向细节雕刻阶段。这一步通常在 ZBrush 这样的数字雕刻软件中进行,允许建模师添加精细的肌肉纹理、面部特征、衣服褶皱等细节。雕刻过程需要精细的控制,以确保角色在高分辨率下仍然保持逼真的细节和形态。在雕刻完毕后,模型通常需要进行拓扑优化,以确保其多边形结构适合动画和渲染。优化的拓扑通常是通过重新拓扑工具完成的,创建一个干净且规则的多边形网格。这一阶段的目标是减少多边形的数量,同时保持角色的细节和形状,以便后续的动画处理。

3）第三阶段,角色纹理

创造一个可信的角色需要赋予其真实的纹理。有许多不同的方法可以生成角色的纹理,例如使用照片、手绘纹理,甚至扫描纹理。纹理确定以后,需要将纹理映射到角色上,该过程包含UV 展开、烘焙和纹理贴图。

（1）UV 展开。

UV 展开是将 3D 模型的表面展开成 2D 平面的过程,以便于在上面应用纹理。UV 坐标系统使用 U 和 V 两个轴来表示 2D 纹理空间（与 3D 模型的 X、Y、Z 轴不同）。UV 展开的主要步骤包括:首先在模型上标记无缝边缘（seams）,这些边缘将是 UV 展开时的"切口";将标记好的模型展开成 2D 平面,这个过程类似于将三维的果皮剥开并平铺在桌面上。展开的 UV 地图显示了模型的每个面在 2D 平面上的位置;为了最大化纹理空间的利用率,避免重叠和拉伸,需要手动或自动调整 UV 布局。理想的 UV 布局应尽量均匀,避免过多的变形。

（2）烘焙。

烘焙是将复杂的纹理信息（如光照、阴影、法线等）预计算并保存到纹理贴图上的过程。这一过程可以大大提高渲染效率,因为在实时渲染时无须重新计算这些复杂信息。

（3）纹理贴图。

纹理贴图是将 2D 图像（纹理）应用到 3D 模型表面的过程,以赋予其颜色、细节和材质属性。纹理贴图的主要类型包括漫反射贴图、法线贴图、光泽贴图、反射贴图、透明贴图。其中,颜色贴图是最常见的纹理类型。

4）第四阶段,角色绑定与蒙皮

通常,角色的运动是通过骨骼来带动的,而骨骼又是通过肌肉的收缩来控制的,即肌肉带骨骼,骨骼再带动肢体运动。但艺术家不会直接去操纵骨骼,所以需要对骨骼添加控制器,相当于人体肌肉带动骨骼运动。为 3D 角色模型创建一个虚拟骨骼的过程叫作角色绑定。由于骨骼与模型是相互独立的,因此为了让骨骼驱动模型产生合理的运动,通常把模型绑定到骨骼上,这一过程叫作蒙皮。

5）第五阶段:制作角色动画

动画是角色建模流程的最终步骤。动画化可以让角色模型的身体动起来,创造面部表情可以唤起情感,让它尽可能接近真实。通常使用特殊的工具和技术（如运动捕捉）来创建所有动作,并操控角色不同的身体部位。

6.3　场景设计与处理

场景设计是虚拟现实项目开发的重要组成部分。精心设计的场景可以增强沉浸感,提高用户参与度,并传达项目背后的故事或信息。虚拟现实项目中的场景设计与处理是指在虚拟环境中创建和优化视觉、听觉和交互元素的过程,以提供用户沉浸式体验的整体设计和实现。这个过程涉及多方面,包括环境布局、物体建模、光照效果、音效设计以及用户交互等。本节将从以下几方面进行项目场景的设计与处理。

1. 场景设计的原则

1) 沉浸感原则

在虚拟现实项目的场景设计中,沉浸感原则是至关重要的。沉浸感是指用户感觉自己真正置身于虚拟环境中的体验,这种感觉的强度直接影响着用户对 VR 体验的满意度和情感投入。沉浸感不仅仅是视觉上的体验,更是多重感官的综合感受,项目开发过程中需要通过精心的布局和细致的细节来实现。视觉效果是增强沉浸感的核心要素。高质量的三维建模和细致的纹理能够提供真实的视觉体验。在项目开发过程中,建模师应尽量使用高分辨率的纹理和复杂的模型,确保每个细节都展现出真实世界的特征。同时,合理的光照设置和阴影效果能够让场景更具立体感,仿佛用户真的身处于一个三维空间中。光源的类型、位置和强度都需经过精心计算,以模拟自然光的变化,创造出既真实又动人的视觉效果。

当然,音效设计同样不可忽视。声音是影响沉浸感的重要元素,它能够有效增强用户的情感共鸣。环境音效(如风声、鸟鸣和水流声等)能够让用户感受到空间的存在和动态,而交互音效则能及时反馈用户的操作,让他们感到自己的行为对环境产生了影响。声音的方向性和距离感也应当被考虑,以确保用户在虚拟环境中获得真实的空间定位感。

此外,用户的行为和互动方式要与场景设计紧密结合。场景设计与制作中应提供直观的交互方式,使用户能够自然地与环境中的元素进行互动。可以通过手势、语音或控制器等多种交互方式让用户在操作中感受到与虚拟世界的连接。良好的反馈机制也能提升用户的沉浸感。当用户执行某个动作时,及时的视觉和听觉反馈能够增强他们的参与感,从而使他们更加投入。

另外,场景的故事性和情感共鸣也对沉浸感有着深远的影响(图 6-6)。通过场景中的细节、角色的设计以及情节的发展,创造出引人入胜的故事体验,让用户产生情感上的共鸣。当用户在探索虚拟世界时,能够与环境中的故事和角色建立联系,从而加深他们的沉浸感。

图 6-6　《黑神话:悟空》中诡异寺庙的场景设计

2) 场景交互的自然性原则

虚拟现实中的交互应该尽可能地模仿现实世界中的物理操作和人类本能的交互方式,从而为用户提供一种直观、自然的体验。具体来说,交互自然性原则要求 VR 场景中的操作和反馈应当符合用户在日常生活中的经验和预期。例如,当用户尝试抓取一个虚拟物体时,该物体的反应应该与真实世界中的物体相似,如重量、质地和移动方式等。这种自然的交互方式能够降低用户的学习成本,提升沉浸感和真实感。此外,交互自然性原则还体现在对用户动作的即时反馈上,用户的每一个操作都应该得到相应的、符合常识的反馈。例如,当用户触碰一个按钮时,按钮应该给予视觉或听觉上的反馈,以确认操作已被接收和执行。这种即时的、自然的反馈机制能够增强用户的控制感和参与感。

总之,交互自然性原则要求场景设计师深入理解用户在现实世界中的交互习惯和期望,并将这些元素巧妙地融入虚拟现实。通过模拟真实的物理操作和提供即时的反馈(图 6-7),VR 项目能够为用户创造出一个既真实又自然的虚拟环境,从而提升用户的整体体验。这种原则的应用不仅提高了 VR 的可用性,也使得用户能够更加自然地融入虚拟世界,享受沉浸式的体验。

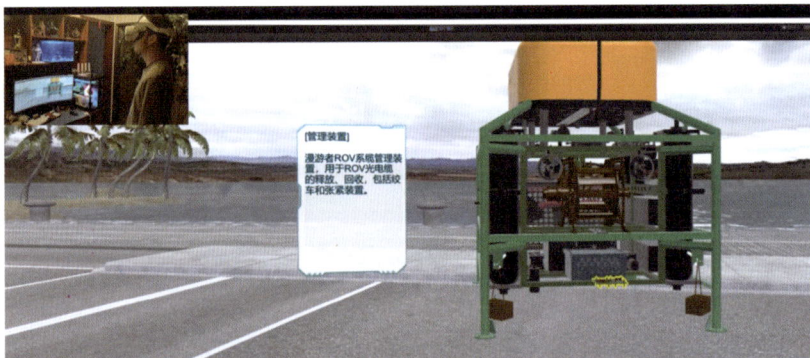

图 6-7　场景交互性展示

3)场景设计的稳定性原则

VR 项目的场景设计应确保用户在虚拟环境中的体验是稳定、流畅和可靠的,不会出现卡顿、掉帧或其他不稳定的情况,稳定性原则是至关重要的。

首先,稳定性原则要求 VR 场景在视觉呈现上保持稳定,这意味着无论用户如何移动头部或身体,场景中的图像都应该以平滑、连贯的方式更新,避免出现卡顿、延迟或画面撕裂等问题。为了实现这一点,VR 项目需要采用高性能的图像渲染技术和优化算法,确保场景能够在各种硬件设备上流畅运行。

其次,稳定性原则还涉及物理交互的稳定性。在 VR 场景中,用户可能会与虚拟物体进行各种交互,如抓取、移动、碰撞等。为了确保这些交互的稳定性和真实性,场景设计需要精确地模拟物体的物理属性和运动规律。例如,当一个虚拟物体被用户推动时,它应该以符合现实物理规律的方式移动和旋转,而不是出现突兀或不合逻辑的行为。

最后,稳定性原则还要求 VR 场景在长时间使用中保持稳定性。VR 项目通常会涉及长时间的佩戴设备和沉浸式的体验,因此场景设计需要考虑到用户的舒适度和疲劳感。例如,可以通过合理的场景布局、适度的光影效果和优化的交互设计来降低用户的视觉疲劳和认知负担,从而确保用户在长时间体验中仍然能够保持舒适和专注。

4)场景设计可扩展性原则

VR 项目的场景设计中,可扩展性原则是指场景设计应具备适应未来技术发展和用户需求变化的能力。在设计场景时,应该采用灵活的结构,以便能够方便地添加、删除或修改场景元素。例如,可以使用模块化的设计方法将场景分成多个独立的模块,每个模块可以独立进行开发和维护,因此可扩展性原则要求 VR 场景在技术上具有前瞻性。场景设计应能够兼容并蓄,接纳这些新技术,以提升用户体验和系统的整体性能。例如,设计时可以预留接口,以便未来集成更先进的渲染技术或交互设备。可扩展性原则应能满足用户需求的多样化。VR 项目的用户群体广泛,不同用户对于场景内容、交互方式和视觉风格等方面的需求各不相同。为了满足这些差异化需求,场景设计应具备高度的可定制性和灵活性。通过模块化设计、参数化调整等方式,可以方便地根据用户需求进行场景的修改和扩展。可扩展性原则还体现在场景设计的可持续性上。VR项目往往需要长期运营和不断更新,以适应市场的变化和用户的需求。因此,场景设计应考虑到未来的更新和维护成本,采用易于管理和扩展的架构。这样,当需要对场景进行升级或扩展时,可以在不影响现有功能的前提下高效地进行修改和补充。因此,可扩展性原则在VR项目的长期运营和持续发展中具有至关重要的作用。

2. 场景的构建与布局

场景的构建与布局是指在虚拟现实项目中,通过合理设计和组织虚拟环境中的各种元素来创建一个既美观又功能合理的空间。一个精心设计的场景不仅要美观,还要功能合理、易于导航,并能够有效传达设计意图。

构建场景时需要确定整体主题和风格,这决定了场景中的所有元素,包括建筑物、自然景观、道具和装饰品等的视觉和情感基调。例如,一个科幻主题的场景可能会采用未来主义的建筑风格和高科技装饰,而一个自然主题的场景则可能偏重于自然元素和和谐的色调。明确的主题和风格能够帮助用户迅速理解场景背景,并增强沉浸感。

场景布局需要合理规划,确保功能区划分明确,并且路径清晰。用户在虚拟环境中需要能够轻松找到目标位置和进行互动活动。例如,在一个虚拟博物馆中,展品的陈列应有逻辑性,从入口到出口的路径应清晰标示,同时避免过于复杂的迷宫式设计,以免用户感到迷失。合理的布局不仅提升了用户体验,还能提高交互效率。空间感和尺度感的设计也非常重要。虚拟场景中的物体尺寸和空间比例需要符合用户的预期,以避免不协调感。例如,建筑物的高度、房间的大小以及家具的比例都要与现实世界相符,这样用户才能感觉到场景的真实和可信。对于大空间场景,可以通过视觉引导和标识帮助用户保持方向感和位置感。

光照和色彩的运用在场景构建中同样不可忽视。光照可以塑造场景的氛围和深度,增强现实感。例如,自然光照可以模拟太阳光的变化,人工光源则可以增加场景的戏剧性和层次感。色彩的选择和搭配需要与场景主题相一致,同时还要考虑色彩对用户情绪和视觉舒适度的影响。冷色调可能会让场景显得科技感十足,而暖色调则更易营造温馨和舒适的氛围。

3. 场景及模型的优化

三维场景的构建过程中包含大量的模型、材质、灯光等元素,这些元素在渲染时会消耗大量的计算资源。优化三维场景有助于减少内存占用,降低CPU和GPU的负载,使得硬件资源得到更加合理的分配和利用,这对于移动设备、虚拟现实和增强现实应用等资源受限的环境尤为重要,可以延长设备的续航时间,减少发热和性能下降等问题。三维场景优化对于提升性能与效率、减少资源消耗、改善用户体验、拓展应用场景以及推动技术发展都具有重要意义。

1)模型简化与层级优化

模型简化是指在不影响视觉效果的前提下,通过降低模型的几何复杂度、纹理复杂度或数据结构复杂度,从而减少模型的存储空间和计算量。

(1)几何简化方法。通过删除或合并模型中的冗余顶点、线段和面片降低模型的顶点数、边数和面数。例如,相近的顶点被合并成一个新的顶点(图6-8),从而减少顶点的数量;或者通过不断地将模型中的边折叠成点来减少面片的数量。在每次迭代中,系统会评估折叠某条边对模型整体形状的影响,并选择影响最小的边进行折叠,或者将模型中的复杂多边形面简化为三角形面,从而降低模型的面数。

(2)纹理简化方法。该简化方法的主要目的是减小纹理数据的大小和复杂度,以提高渲染速度和降低内存消耗,因此需要权衡简化程度和视觉效果,以达到最佳的优化效果。同时,简化后的纹理应在质量和计算复杂度上具有较好的表现,以满足实时渲染和交互的需求。例如,通

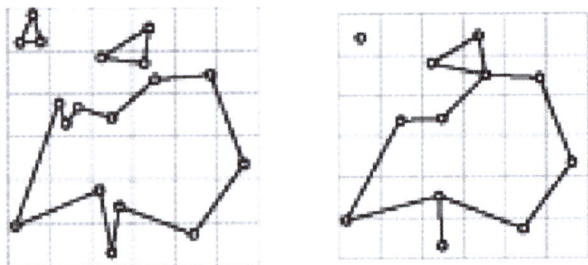

图 6-8　顶点聚类简化

过减少纹理图像的分辨率来简化纹理,即缩小纹理图像的尺寸,如将一张 2048×2048 分辨率的纹理图像降采样为 1024×1024 像素或更低的分辨率。例如,使用 UV 映射技术将纹理坐标映射到模型表面,这样可以减少纹理接缝和重复区域。通过更合理的纹理布局和映射策略,可以提高纹理的利用率和渲染效果。例如使用 Mipmapping 技术提高缓存效率、降低带宽,同时提高画面质量,也就是在物体远离观察者时,可以使用较低分辨率的 Mipmap 级别进行渲染,而当物体接近观察者时,则切换到较高分辨率的级别(图 6-9)。

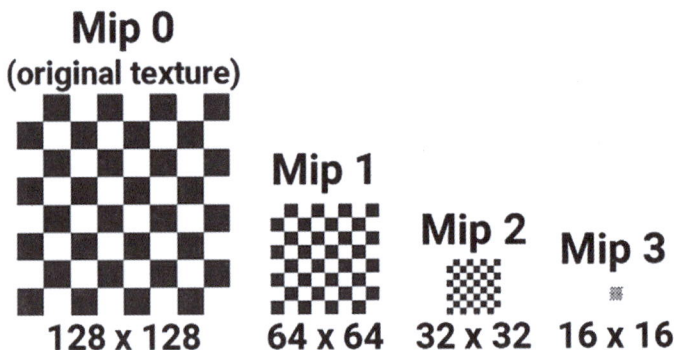

图 6-9　Untiy 手册中 Mipmapping 技术图

(3) 数据结构简化。将复杂的数据结构(如链表、树等)转换为简单数据结构(如数组、列表等),降低数据结构的访问成本和计算量。

层级优化是指通过将模型分解为多个层次结构,合理地组织和管理模型的层次关系,以降低渲染负担,提高交互性能。

① 细节层次(LOD)技术。

LOD 即 Level of Detail,中文为"细节层次",它指的是根据物体在场景中的重要性和可见性,动态调整其几何细节和渲染复杂度的技术。细节层次技术是一种在图形和游戏领域具有重要应用价值的优化方法。LOD 技术根据物体模型在显示环境中的位置和重要程度,动态决定物体渲染的资源分配,降低非重要物体的面数和细度,从而提高渲染效率。在不同距离和放大倍数下,根据摄像机与物体模型的距离来决定显示哪个精度的模型。距离近时显示高精度、多细节的模型,距离远时显示低精度、低细节的模型。这样,在不同场景下,可以根据实际需求灵活地调整渲染资源,提高整体场景的渲染速度。

② 动态视锥裁剪优化方法。

动态视锥裁剪可以有效地减少不必要的计算和渲染任务,提高渲染性能和场景流畅度。动态视锥裁剪是指根据用户的视点和视野范围,实时地仅渲染位于视锥体内的模型部分,从而减少不可见物体的渲染负担。具体过程是:首先确定视锥体,视锥体是用户(或摄像机)在三维空间中可见的一个锥形区域,它由上、下、左、右、近、远六个裁剪面组成;接着计算裁剪面,通过特定的算法(如基于投影矩阵和观察矩阵的计算),确定视锥体六个裁剪面的空间平面方程;然后进行对象与裁剪面的比较,将场景中的对象(如三维模型)与这些裁剪面进行比较,判断对象是否位于视锥体内或与其相交;最后动态裁剪,根据比较结果,仅渲染位于视锥体内或与视锥体相交的对象部分。随着用户视点的移动或视野的变化,这个裁剪过程是动态更新的(图6-10)。

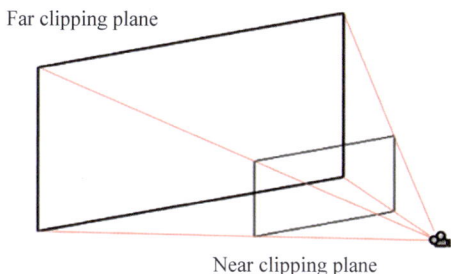

图6-10 视锥图

③ 场景图构建。

场景图(SceneGraph)是一种数据结构设计方法,用于表示和管理二维或三维图形场景中的逻辑关系和空间表达(图6-11),它可以将场景中的对象和组织以层次结构的方式进行表示,其中父节点影响子节点。场景图类似于一棵n-tree,具有任意多的子节点。然而,场景图比简单的树结构更复杂,因为它表示在处理子对象之前要执行的某些操作。场景图在游戏和图形学相关软件中具有广泛应用,可以帮助开发者更高效地组织、管理和渲染场景中的对象。例如,当需要改变场景中的物体位置或属性时,可以通过修改层次结构中的节点来实现,从而避免对其他相关对象进行烦琐的调整。

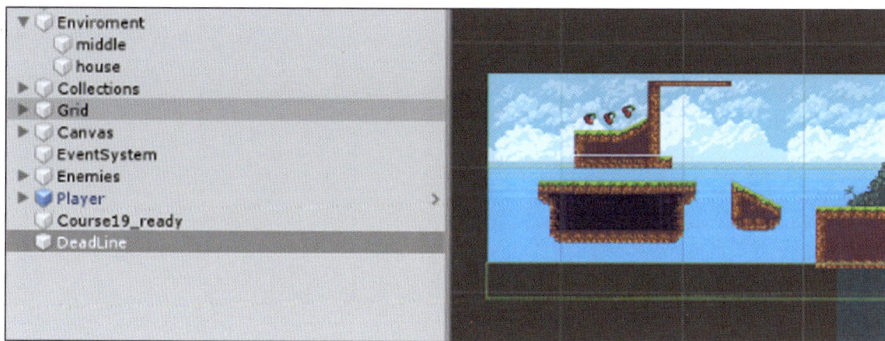

图6-11 Untiy 层级面板中的场景图

2) 材质和贴图优化

在渲染过程中,合理设置贴图的重复、偏移等参数,避免不必要的贴图变换,也可以提高渲染速度。此外,还可以通过优化材质设置、减少光照计算等方式来进一步提高渲染效率。优化材质贴图是提高渲染速度的有效途径。通过选择合适的贴图分辨率、压缩文件、优化格式、减少数量、利用LOD技术以及优化使用方式等方法,可以在保证画面质量的同时显著提升渲染速度,为用户带来更加流畅、逼真的视觉体验。

根据场景需求和渲染目标,选择适当的材质类型。避免使用过于复杂的材质,以减少计算量和渲染时间。合理调整材质的颜色、反射率、折射率等光学属性,以模拟真实世界的物体表现。优化材质的高光、阴影等细节,提升渲染效果的逼真度。尽可能重用已有的材质资源,避免不必要的重复创建。在必要时,可以将相似的材质进行合并,以减少材质的数量和管理复杂度。使用材质实例化技术,通过共享基础材质数据并应用不同的参数或贴图来创建多个独特的材质实例,可以显著降低内存占用和提高渲染效率。

3）场景的优化

在 VR 项目的场景设计中,静态批处理和动态批处理都是有效的场景优化方法,它们可以减少 Draw Call(称为绘制调用,是一种计算机图形学中的概念,它指的是 CPU 调用图形编程接口来命令 GPU 进行渲染的操作)数量并提高渲染性能。两者各有局限性,需要根据具体的应用场景和需求来选择合适的优化策略。

（1）静态批处理主要用于场景中不移动的对象。通过将多个使用相同材质的静态对象合并为一个单一的网格,Unity 可以在渲染时将它们视为一个整体,从而减少 Draw Call 的次数。为了实现静态批处理,需要在 Unity 编辑器中将对象标记为静态(Static),这样 Unity 就知道这些对象不会移动,进而将它们组合在一起进行渲染。这种方法非常适用于大型场景中的建筑物、道路、自然景观等不经常变动的对象。然而,静态批处理要求所有参与批处理的对象使用相同的材质,这可能会限制某些场景设计的灵活性。

（2）动态批处理适用于场景中会移动或者动态生成的对象。与静态批处理类似,它也通过合并多个对象来减少 Draw Call 的次数,但不同之处在于动态批处理允许对象使用不同的材质。Unity 通过动态合并技术,将具有相同材质的对象在运行时进行批处理。动态批处理对于优化游戏中的动态元素非常有用,例如游戏中的多个角色或敌人,只要它们使用相同的材质,就可以通过动态批处理来优化渲染性能。

6.4　交互设计与渲染

视频 6-4 虚拟现实交互技术

良好的交互设计能够提高用户体验,使用户能够更加沉浸在虚拟世界中,增强沉浸感和交互性。一个优秀的交互设计能够为用户提供自然、直观且沉浸式的操作体验,从而增强虚拟现实的真实感和吸引力。

6.4.1　交互设计的原则

（1）自然性和直观性:交互操作应贴合用户的日常习惯和行为模式,避免复杂的操作流程。使用直观的界面元素和符号,让用户轻松理解并掌握操作方法。

（2）人机互动:利用自然手势、语音、触觉反馈等多模态交互,使用户感觉像是在与现实世界的对象互动;交互设计应支持用户的自然运动和行为,降低学习曲线。

（3）用户控制和自由度:用户应该能够控制交互的节奏和流程,拥有随时退出或返回的选项;提供撤销和重做的功能,以减少用户在犯错时的挫败感。

（4）美学和情感设计:美观的界面可以提升用户的愉悦感和品牌印象;情感设计考虑用户的情感体验,通过故事讲述、角色设计等方式增强用户的共鸣。

6.4.2　虚拟现实项目交互技术

在虚拟现实领域,多感官交互是指结合多种感官刺激以创建更加真实和沉浸式的体验,通常包括视觉、听觉、触觉甚至嗅觉等多方面的刺激。通过多感官交互,我们可以模拟出更加逼真的环境,让用户感受到更加真实的沉浸式体验。

1. 手势识别工具

1) Leap Motion 手势识别

Leap Motion 是一种检测和跟踪手、手指及类似手指物品的工具。设备会对近距离的手或者手指进行高帧率、高精度的跟踪,并提供离散的位置、手势及动作信息。

Leap Motion 控制器使用光学传感器和红外线。Leap 可以检测当控制器处于标准操作位置时,沿 Y 轴向上处于控制器位置大约 150°的视野。Leap Motion 的有效范围在处于设备上方时大约 25mm 到 600mm 不等。当被追踪物体具有清晰、高对比度的轮廓时,传感器的检测和追踪能达到最佳工作状态。Leap Motion 软件结合传感器数据和其内建的人手模型来解决检测和追踪时的问题(图 6-12)。

图 6-12　Leap Motion 识别图

2013 年,初创公司 Leap 发布了面向 PC 及 iMAC 的体感控制器 Leap Motion。但是当时 Leap Motion 的体验效果并不好,又缺乏使用场景,与二维计算机及终端有着难以调和的矛盾。而 VR 的出现仿佛为 Leap Motion 打开了一扇天窗,Leap Motion 倡导的三维空间交互与 VR 可谓完美结合。例如,在现实生活中,当你伸手去触碰一个虚拟的物体或者界面时,是没什么东西能阻挡你的手的。但为了让虚拟现实中的交互更加有力、更加自然,不得不尝试探索数字化物体行为的一些基本假设。对于这些场景,Leap Motion 交互引擎通常使用虚拟的手穿过物体或界面的几何外部的方式,从而产生视觉隔断的效果(图 6-13)。

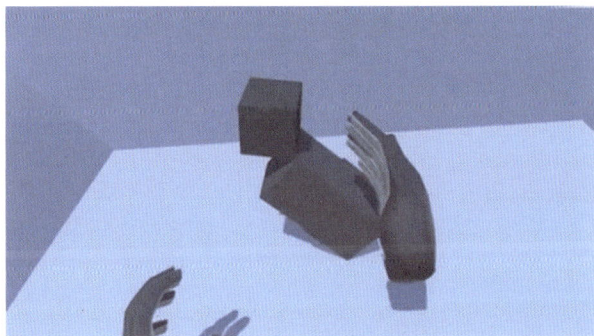

图 6-13　Leap Motion 的交互

2) Microsoft Kinect

Kinect 是微软推出的体感设备,能够追踪用户的全身动作。Kinect SDK 提供了丰富的 API,可以帮助开发者实现体感交互。尽管 Kinect 主要用于游戏和娱乐,它在 VR 培训和模拟中也有广泛应用。

Kinect 最早是在 2009 年 6 月 1 日电子娱乐展览会 2009 上首次公布的,当时的代号是 Project Natal,意为"初生",遵循微软以城市名作为开发代号的传统,Project Natal 是由来自巴西的微软董事 Alex Kipman 以巴西城市 Natal、Rio Grande do Norte 命名的。Natal 在英语中也有"初生"的含义,这也是微软给予此计划给 XBOX360 带来新生的期望。在 Kinect 发布时,微软宣布有超过 1000 种开发工具于当日发放给游戏开发人员。为了展示 Kinect 的魅力,微软在电子娱乐展览会 2009 的媒体发布会上展示了 3 个游戏 Demo,分别是 Ricochet、Paint Party 和 Milo & Kate。一个基于《火爆狂飙:天堂》的 Kinect 游戏试玩也在这个发布会上一同展示。Kinect 的骨骼捕捉技术已经可以在 30Hz 的条件下同时捕捉四个人的 48 个骨骼动作(图 6-14,图 6-15)。

图 6-14　Kinect 工具

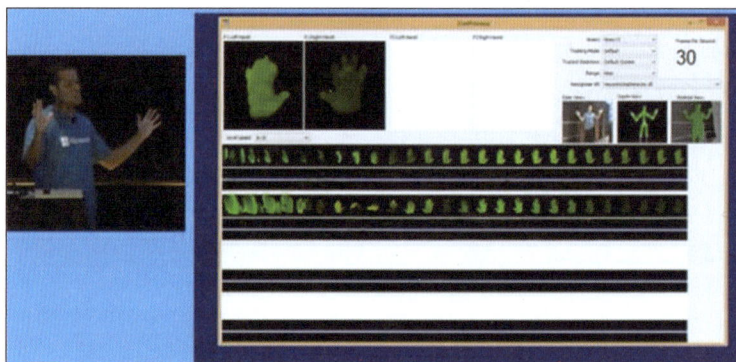

图 6-15　Kinect 的手势识别

2. 触觉反馈工具

虚拟现实的触觉交互设备是一种可以模拟真实世界触觉的设备,可以为用户提供深度沉浸式体验。这些设备通过振动、压力、温度等感觉反馈模拟真实环境的物理特性,使用户能够"触摸"和"感知"虚拟物体,主要类型有触觉手套(图 6-16)、触觉外衣和触觉设备。触觉手套可以感知用户的手势和运动,提供精细的触觉反馈。触觉外衣可以模拟环境影响,如风、雨、撞击等。触觉设备则更广泛,包括座椅、脚垫等,可以模拟更多环境变化。这些设备通过高级算法和精细硬件将虚拟信息转换为触觉反馈,使用户体验更加真实。在游戏、训练、医疗等领域,触觉交互设备为用户提供了全新的交互方式,极大地丰富了 VR 体验。

1) HaptX Gloves 触觉反馈手套

HaptX Gloves 是一款高端触觉反馈设备,能够模拟真实的触感和力反馈(图 6-17,图 6-18)。HaptX 推出的手套能让用户在虚拟世界中感知手上物体的外形、材质、温度、重量,甚至能感受到物体的质感,例如是硬是软。它通过微流体技术提供精确的触觉体验,让用户在虚拟环境中

图 6-16 触觉反馈手套

移动,并用手感受虚拟物体;其次是力反馈技术,当用户在虚拟世界中触摸虚拟物体时,手套会追踪用户的移动并以相反的方向反馈给用户,仿佛触摸真实物理对象时被弹回来一样。

图 6-17 HaptX Gloves

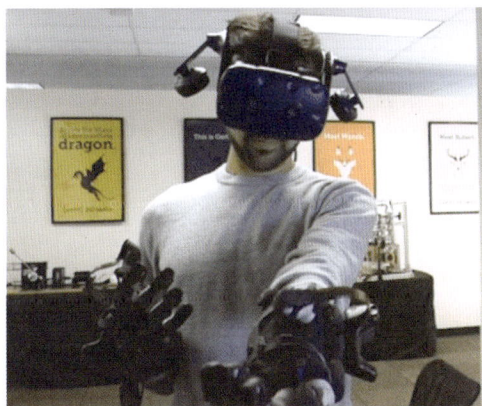

图 6-18 HaptX Gloves 与 VR 设备结合

2)Sense Glove 触觉力反馈手套

Sense Glove 是一家位于荷兰的创新驱动型公司。Sense Glove 力反馈技术是逼真模拟中的关键元素,它提供了虚拟物体大小和密度的感觉,结合振动触觉反馈模拟冲击,创造了非常直观的体验。Sense Glove 的触觉力反馈手套是这家企业打造出的,可以让佩戴者在虚拟现实中感受更真实的手部触感,甚至可以感受虚拟物体上的细微纹理、硬度,甚至是重量(图 6-19)。

Sense Glove 打造的力反馈触觉手套 Sense Glove Nova 是一款无线手套,可在 5 秒内调节至 3 种不同尺寸,以获得完美的触觉体验。主要是针对虚拟现实模拟训练,让受训者可以在虚拟现

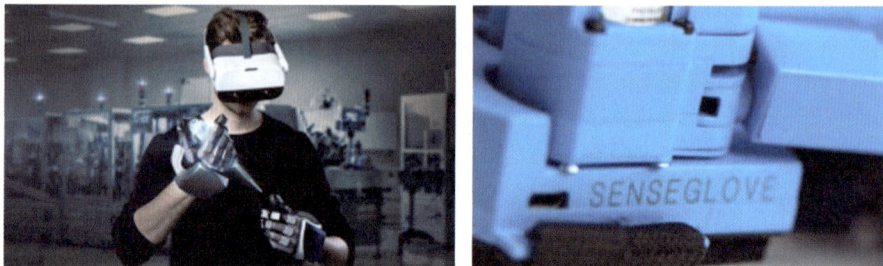

图 6-19　Sense Glove 触觉力反馈手套

实环境中感受真实器材的重量、触感,甚至操作时的反作用力。

6.4.3　渲染技术

渲染又称为彩现、绘制、算绘,在计算机绘图中是指用软件从模型生成图像的过程。模型是用语言或者数据结构严格定义的三维物体或虚拟场景的描述,包括几何、视点、纹理、照明和阴影等信息。图像分为数字图像或者位图图像。渲染被描述为计算视频编辑软件中的效果,以及生成最终视频的输出过程。在渲染过程中,计算机需要对三维模型或场景进行处理,包括建模、纹理、映射、光照计算、投影变换、视点变换等,最终生成一张二维图像,这个过程涉及大量的计算和图形处理技术,如光线追踪、阴影计算、反射和折射等(图 6-20)。

图 6-20　渲染技术

1. 渲染的原理

渲染技术应用在物体渲染过程,首先进行几何计算,将模型转化为计算机可处理的数据结构,然后进行光照计算,根据光源位置、颜色和光照强度等参数,计算每个像素的颜色和亮度,再通过纹理映射的方式将 2D 纹理贴到 3D 模型表面上,使其更加真实;最后利用渲染技术进行像素渲染,将计算得到的颜色和亮度信息应用到每个像素上,生成最终的 2D 图像。

在渲染过程中,几何变换是指将三维模型进行平移、旋转、缩放等操作,得到二维图像的基础。光照计算是指根据物体表面的反射和折射特性计算每个像素的亮度和阴影,使得通过渲染技术渲染出的图像更加真实。材质属性是指物体表面的材质特性,如反射率、折射率、透明度等,这些属性会影响物体表面的光照效果。纹理映射是指将二维图像映射到三维模型表面上,使得模型表面具有更加真实的质感和细节。

2. 渲染技术的分类

渲染根据实现方法可分为栅格化渲染、光线投射渲染、光线跟踪渲染三类,具体如下。

(1) 栅格化渲染。在像素到像素的渲染速度过慢以至于无法实现的任务中,基元到基元的实现方法就可能派上用场。在这种方法中,循环遍历每个基元以确定它将影响图像中的哪个像素,然后相应地修改那个像素,这种方法称为栅格化,这是当今所有图形卡都使用的渲染方法。栅格化通常要比像素到像素的渲染速度快。首先,图像中的大块区域可能根本没有基元,栅格化可以忽略这些区域,而像素到像素的渲染方法却必须遍历这些区域;其次,栅格化可以提高缓存一致性,并且可以利用"图像中同一个基元占据的像素通常是连续的"这个事实来减少冗余操作。正因如此,栅格化通常是需要交互式渲染的场合经常选择的一种方法,但是像素到像素的实现方法通常可以生成更高质量的图像,同时由于没有栅格化那么多的前提条件,所以更加通用。

(2) 光线投射渲染。光线投射主要应用于实时模拟场景,如三维游戏和动画。在这些场合,细节的重要性较低,或是可以通过人为制造细节来提高计算效率。这种情况通常出现在需要生成多帧图像的动画中。如果不使用其他技巧,则这种方法得到的物体表面通常看起来比较扁平,类似经过光滑处理的物体的糙面。建立的几何模型从外部观察点开始逐点、逐线进行分析,类似从观察点投射出光线。当光线与物体交叉时,可以用几种不同的方法来计算交叉点的颜色。其中最简单的方法是用交叉点处物体的颜色表示该点的实际颜色;也可以用纹理映射的方法来确定;另一种更加复杂的方法是仅仅根据照明因数变更颜色值,而无须考虑与模拟光源的关系。为了减少人为误差,可以对多条相邻方向的光线进行平均。

(3) 光线追踪渲染。光线追踪是一种先进的图形渲染方法,它通过模拟光线在虚拟环境中的行为来生成图像,从而提供更加真实和精确的视觉效果。这种方法能够产生逼真的阴影、反射和折射效果,极大地增强了场景的真实感。然而,由于其计算复杂性,实时光线追踪在历史上一直被视为计算密集型任务,通常用于离线渲染,如电影和静态图像的制作。在 VR 项目开发中,实时光线追踪尤为重要,因为它能够提供更加沉浸式的体验。例如,通过实时光线追踪,开发者可以创建出具有精确反射和柔和阴影的虚拟环境,使用户感觉仿佛置身于现实世界中。此外,光线追踪还能够改善视觉效果,如环境光遮蔽和全局照明,进一步增强了场景的立体感和深度。

渲染根据时机可分为离线渲染、实时渲染及云渲染三种,具体如下。

(1) 离线渲染又称为有时间限制渲染,是指在制作时对 3D 场景中的光照、材质等属性进行优化计算,并预先渲染成图像序列,然后以视频的形式进行播放。这种渲染技术需要利用大量的计算机资源,可以得到质量非常高的图像。

(2) 实时渲染是指将计算机模型的设计结果实时渲染成图像,其优势在于实时渲染可以支持用户进行交互操作,例如游戏中的操作以及虚拟现实等应用。实时渲染要求计算速度快,渲染效果较为简单。

(3) 云渲染(cloudrender)的模式与常规的云计算类似,即将 3D 程序放在远程服务器中渲染,用户终端通过 Web 软件或者直接在本地 3D 程序中单击"云渲染"按钮并借助高速互联网接入访问资源,指令从用户终端中发出,服务器根据指令执行对应的渲染任务,而渲染结果画面则被传送回用户终端中加以显示。

6.5 测试和迭代

测试和迭代作为开发流程中的关键环节,对于克服这些挑战具有重要意义。在虚拟现实应用的开发过程中,测试与迭代这一环节体现了在确保应用质量、提升性能及优化用户体验方面

视频 6-5 虚拟现实项目测试与迭代

的重要性。本节将深入探讨虚拟现实应用开发流程中的测试策略与迭代机制。

6.5.1　测试过程中遇到的问题

VR 应用测试过程中不可避免地会遇到诸多不可控因素,诸如测试环境的错综复杂、用户反馈的广泛多样及其固有的主观性、应用性能存在瓶颈与稳定性、兼容性与适配性等问题,这些问题都极大地增加了测试的复杂性和挑战性。测试环节往往因此成为资源消耗最为显著的阶段。因此,如何正确、系统地进行测试就显得尤为重要。

6.5.2　测试的方法及分类

虚拟现实项目的测试方法与软件测试的方法一样,都是指使用人工或自动手段来运行或测定该项目软件的过程,其目的在于检验它是否满足规定的需求或厘清预期结果与实际结果之间的差别。测试的目的主要是识别和修复软件中的错误和问题;确保软件的功能与用户需求和预期相符;通过测试提高软件的稳定性、可靠性和安全性。测试的方法是软件测试的方法,其分类有很多种,以下是不同的分类。

(1) 按照方法分类,可以分为黑盒测试、白盒测试和灰盒测试。

① 黑盒测试。工作人员在不考虑任何程序内部结构和特性的条件下,检查程序的功能是否能够按照规范说明准确无误地运行,其中功能测试、界面测试属于黑盒测试。

② 白盒测试。测试程序的内部逻辑结构及相关信息,例如检查程序源代码。

③ 灰盒测试。灰盒测试介于黑盒测试和白盒测试之间。灰盒测试除了重视输出相对于输入的正确性以外,也看重其内部表现。

(2) 按阶段划分,可以分为单元测试、集成测试、系统测试和验收测试。

① 单元测试。单元测试是测试流程中的首个阶段,专注于验证软件设计中的最小单位,即单个程序模块或代码段的正确性。这一阶段的工作通常由开发人员直接进行,以确保他们编写的代码片段或模块能够按预期工作。

② 集成测试。集成测试阶段紧随单元测试之后,旨在测试按照设计要求组合在一起的模块是否能够协同工作。此阶段主要关注模块之间的接口问题,以确保数据传递和功能调用无误。由于在产品交付测试部门之前,开发团队会进行联合调试,因此集成测试在许多企业中也是由开发人员来执行的。

③ 系统测试。系统测试在集成测试成功通过后展开,其目标是全面运行整个系统,以验证所有子系统能否正常运作并满足设计要求。这一阶段的测试主要由专业的测试部门负责,是测试部门最重要的任务之一,对产品的整体质量具有决定性影响。

④ 验收测试。验收测试是测试流程的最后阶段,以需求阶段制定的需求文档为基准进行。在测试过程中,需要模拟实际用户的运行环境,以确保系统在实际使用中能够符合预期。对于实际项目,验收测试可以与客户共同进行;对于产品而言,它等同于最后一次的系统测试,验收测试的内容包括对所有功能模块的全面检查,尤其是文档测试,以确保用户手册、操作指南等文档与实际功能相匹配。

6.5.3　迭代机制的持续运行

迭代阶段是指在测试基础上对 VR 应用进行持续优化与改进的过程。通过建立高效的迭代机制,确保问题得以及时解决,功能不断完善,用户体验持续提升。具体而言,迭代机制包括以下几个关键步骤。

（1）问题记录与整理：在测试过程中，严格遵循问题记录规范，确保所有发现的问题均被准确记录并分类整理。通过形成详细的测试报告，为后续的问题修复与优化提供有力支持。

（2）问题修复与优化：基于测试报告中的问题列表，开发团队需要迅速响应，逐一进行问题修复与优化。此阶段需要注重代码质量、算法效率及用户体验的全面提升，确保修复后的应用更加稳定、流畅且易于使用。

（3）迭代测试：在完成一轮修复与优化后，需要重新进行全面的测试工作，以验证修复效果并评估新增或修改的功能。通过迭代测试的不断循环，确保 VR 应用的质量与性能持续提升。

（4）持续迭代与优化：虚拟现实应用的开发是一个长期且持续的过程。随着技术的不断进步与用户需求的不断变化，开发团队需要保持敏锐的市场洞察力与快速响应能力。通过持续收集用户反馈、关注行业动态及引入新技术等手段，不断优化 VR 应用的功能与体验，以满足用户的多样化需求。

综上所述，测试与迭代作为虚拟现实应用开发流程中的核心环节，对于保障应用质量、提升用户体验具有至关重要的作用。通过全面部署测试策略与建立高效的迭代机制，开发团队能够不断推动 VR 应用的创新与发展，为用户带来更加真实、沉浸且愉悦的虚拟体验。

6.6　发布与推广

6.6.1　发布平台的选择

在完成应用的全面测试后，应用便步入了发布与推广的关键阶段。选择合适的发布平台是将打磨许久的应用推向广大用户的必经之路。当前，虚拟技术应用的发布平台众多，涵盖主流应用商店（如 Steam、Oculus Store、PlayStation Store 等）、专业 VR 平台（如 Viveport、Daydream 等），以及灵活的独立发行渠道。面对众多选择，开发者需要结合应用特色、目标用户群体及市场趋势，精选最合适的平台以确保应用的成功发布。

下面介绍几个具有代表性的平台。

Steam 平台是一个全球性的游戏和软件分发平台，由 Valve Corporation 开发并运营（图 6-21）。Steam 平台不仅提供游戏购买、下载、安装、更新等一站式服务，还包含游戏社区、游戏评价、云存档、成就系统等功能。Steam 拥有庞大的用户群体，为全球游戏玩家提供了一个交流和分享的平台。Steam 平台上拥有大量的 VR 游戏，这些游戏利用虚拟现实技术为玩家带来了前所未有的游戏体验。玩家可以佩戴 VR 头显设备，沉浸在虚拟的游戏世界中。Steam 平台支持多种 VR 设备，包括 Oculus Rift、HTC Vive、Valve Index 等，为玩家提供了丰富的选择。根据最新的 SteamVR 用户数据，Meta Quest 2 在 VR 头显用户中占据领先地位，而 Quest 3 也在逐渐重拾涨势，这表明 VR 技术在 Steam 平台上的受欢迎程度持续上升。

图 6-21　Steam 平台

Oculus Store 是 Oculus 虚拟现实设备（如 Oculus Rift 和 Oculus Quest 系列）的官方游戏和应用程序商店（图 6-22）。Oculus Store 作为 Oculus 设备的官方内容平台，提供了大量的 VR 游戏、应用程序和体验供用户下载和购买。商店内的内容经过优化,确保与 Oculus 设备无缝兼容,提供了最佳的 VR 体验。部分 Oculus Store 上的内容还支持跨平台兼容,用户可以在不同的 VR 设备上享受相同的游戏体验。Oculus Store 为开发者提供了强大的支持平台,包括开发工具、资源和技术支持,可以帮助开发者创建高质量的 VR 内容。随着虚拟现实技术的不断发展,Oculus Store 将继续扩大其内容库,引入更多创新的游戏和应用程序。同时,商店还将不断优化用户体验,提升用户满意度和忠诚度。

图 6-22　Oculus Store 平台

Viveport 是 HTC Vive 团队推出的虚拟现实应用商店,它为用户提供了一个发现、创造、连接和体验 VR 内容的平台(图 6-23)。Viveport 是 HTC Vive 的官方应用商店,专注于 VR 内容的分享和用户体验。Viveport 提供多元化的 VR 内容,涵盖教育、设计、艺术、社交、影片、音乐、运动、健康、时尚、旅游、新闻、购物与创意工具等多个领域。随着 VR 技术的普及,Viveport 吸引了大量 VR 爱好者和开发者,形成了一个活跃的 VR 社区。Viveport 支持多种 VR 设备,包括 HTC Vive 系列、Oculus Rift 等,确保用户可以在不同的 VR 平台上享受相同的内容。Viveport 还推出了无线串流功能,允许用户通过 Wi-Fi 网络将 VR 设备与计算机连接,实现无线畅玩 PC VR 内容,提升了游戏自由度和舒适度。随着 VR 技术的不断发展和普及,Viveport 将继续扩大其内容库,引入更多创新的 VR 游戏和应用程序。同时,Viveport 还将不断优化用户体验,提升平台的稳定性和易用性,为 VR 爱好者提供更加优质的 VR 内容和服务。

图 6-23　Viveport 平台

6.6.2　应用推广的策略

首先要精准定位目标用户,根据应用产品的特性和市场调研数据,确定目标用户的年龄段、性别、兴趣等关键因素,再根据该数据制定相应的针对方案与推广策略,以此来提高推广效果。

其次要创新营销策略。要充分利用虚拟现实技术的独特优势,设计并实施有创意的营销活动,如虚拟现实游戏、互动体验等。要通过这些活动吸引用户的参与和关注,提升品牌知名度和美誉度。

通过线上线下的营销活动,不断收集用户的反馈与意见,并且及时进行应用的迭代与优化,调整推广策略和产品方向。

另外,除了传统的线上和线下渠道外,还可以探索与其他领域的合作机会,如与影视、旅游、教育等领域的合作,共同拓展市场。

在完成所有周密的准备后,产品的正式发布工作便水到渠成。发布之前,精心准备的应用描述、高清截图、演示视频等素材至关重要,它们构成了用户首次接触应用的第一印象。一个引人入胜的文案搭配生动直观的视觉内容,无异于一场直接触达用户的精彩广告。此外,充分利用社交媒体、专业游戏媒体、热门视频网站等多渠道宣传策略,能够显著提升应用的曝光率和市场知名度,还能有效增强品牌形象,加深用户忠诚度与黏性。通过一系列精心策划的推广活动,将虚拟技术应用的魅力广泛传播,吸引更多的用户关注与喜爱。

小结

虚拟现实应用开发流程主要包括项目的需求分析技术、建模过程、场景设计处理技术、交互和渲染技术、测试及发布等方面。本章的要点是掌握项目开发每个过程的技术要点和实现方法,通过学习,读者应重点掌握以下知识点。

1.虚拟现实项目开发流程是一个复杂而系统的过程,涵盖需求分析、设计、开发、测试和发布等多个环节。

2.项目的需求分析过程及项目策划步骤。

3.建模技术中三维建模的类型。

4.角色建模所需的软件和建模流程。

5.场景设计的基本原则和场景模型优化的方法。

6.交互设计的基本原则和具体的技术应用软件及工具。

7.渲染技术的原理和分类。

8.项目测试的主要方法及发布平台。

习题

一、简答题

1.简述虚拟现实项目开发的整个过程及开发步骤。

2.角色建模所需的软件和流程是什么?

3.场景模型优化的方法有哪些?

4.渲染技术在项目开发中的作用及原理是什么?

二、讨论题

尝试设计开发一个模拟太阳系运行的虚拟现实项目。

第 7 章

虚拟现实技术专业就业指导

目前,从市场来看,虚拟现实技术的就业前景比较广阔,随着虚拟现实技术的发展,越来越多的行业涉及虚拟现实技术,如教育、医疗、房产、游戏等。因此,虚拟现实应用领域的就业机会在不断增加,这为虚拟现实技术专业的就业前景带来了希望。同时,虚拟现实技术还处在不断发展的阶段,因此未来将有较大的发展空间。本章将从虚拟现实职业标准、虚拟现实就业岗位、虚拟现实行业发展前景三方面对本专业学生做就业指导。

7.1 虚拟现实技术职业标准

7.1.1 国家职业技术技能标准概述

虚拟现实工程技术人员是指:使用虚拟现实引擎及相关工具,进行虚拟现实产品的策划、设计、编码、测试、维护和服务的工程技术人员。

本职业共设三个等级,分别为初级、中级、高级。初级、中级、高级均设两个职业方向:虚拟现实应用开发、虚拟现实内容设计。

职业能力要求具有较强的学习能力、理解能力、沟通能力、分析能力、计算能力;具有较好的空间感。

虚拟现实工程技术人员需要按照国家《虚拟现实技术职业标准》的要求参加有关课程培训,完成规定学时,取得学时证明。初级为 120 标准学时,中级为 100 标准学时,高级为 100 标准学时。

取得初级培训学时证明,并具备以下条件之一者,可申报初级专业技术等级:

(1) 取得技术员职称。

(2) 具备相关专业大学本科及以上学历(含在读的应届毕业生)。

(3) 具备相关专业大学专科学历,从事本职业技术工作满 1 年。

(4) 技工院校毕业生按国家有关规定申报。

取得中级培训学时证明,并具备以下条件之一者,可申报中级专业技术等级:

(1) 取得助理工程师职称后,从事本职业技术工作满 2 年。

(2) 具备大学本科学历,或学士学位,或大学专科学历,取得初级专业技术等级后,从事本职业技术工作满 3 年。

(3) 具备硕士学位或第二学士学位,取得初级专业技术等级后,从事本职业技术工作满 1 年。

（4）具备相关专业博士学位。

（5）技工院校毕业生按国家有关规定申报。

取得高级培训学时证明，并具备以下条件之一者，可申报高级专业技术等级：

（1）取得工程师职称后，从事本职业技术工作满3年。

（2）具备硕士学位，或第二学士学位，或大学本科学历，或学士学位，取得中级专业技术等级后，从事本职业技术工作满4年。

（3）具备博士学位，取得中级专业技术等级后，从事本职业技术工作满1年。

（4）技工院校毕业生按国家有关规定申报。

7.1.2 国家职业技术技能标准工作要求

该标准对初级、中级、高级的专业能力和相关知识要求依次递进，高级别涵盖低级别的要求。

1. 初级

虚拟现实应用开发方向的职业功能包括搭建虚拟现实系统、开发虚拟现实应用、管理虚拟现实项目；虚拟现实内容设计方向的职业功能包括搭建虚拟现实系统、设计虚拟现实内容、管理虚拟现实项目（表7-1）。

表 7-1 初级专业能力要求和相关知识要求

职业功能	工作内容	专业能力要求	相关知识要求
1. 搭建虚拟现实系统	1.1 搭建硬件系统	1.1.1 能操作和维护常见的虚拟现实设备 1.1.2 能依据开放要求对系统区域的交互设备进行规划布置 1.1.3 能规划设备位置及布线 1.1.4 能排查常见虚拟现实硬件系统的故障	1.1.1 虚拟现实硬件使用和维护知识 1.1.2 虚拟现实交互系统知识 1.1.3 虚拟现实硬件故障排查知识
	1.2 部署软件系统	1.2.1 能安装常见虚拟现实系统的软件运行环境 1.2.2 能配置多人联网系统的网络环境 1.2.3 能根据软件部署方案安装虚拟现实软件，并进行现场调试	1.2.1 操作系统安装及操作知识 1.2.2 计算机网络配置知识 1.2.3 虚拟现实设备驱动安装调试知识
2. 开发虚拟现实应用	2.1 开发应用程序	2.1.1 能使用虚拟现实引擎及相关工具实现基础交互功能 2.1.2 能接入常见的虚拟现实显示设备 2.1.3 能使用编程、调试工具调试代码 2.1.4 能使用软件编号管理更新软件的版本	2.1.1 计算机软件编程基础知识 2.1.2 虚拟现实引擎及相关工具知识 2.1.3 虚拟现实显示设备应用开发知识
	2.2 测试应用	2.2.1 能根据测试用例对应用进行接口、功能、压力等黑盒测试 2.2.2 能根据测试用例对代码进行逻辑、分支等白盒测试 2.2.3 能根据测试结果编写软件测试报告 2.2.4 能搭建虚拟现实系统测试环境	2.2.1 计算机软件测试基础知识 2.2.2 虚拟现实系统测试环境搭建方法

职业功能	工作内容	专业能力要求	相关知识要求
3.设计虚拟现实内容	3.1 采集数据	3.1.1 能根据要求对采集设备进行选型 3.1.2 能使用常用采集设备进行数据采集工作 3.1.3 能编辑数据，并导出、迁移至数据处理软件	3.1.1 数码相机、三维扫描仪等采集设备的使用方法 3.1.2 三维数据表示基本知识
	3.2 制作三维模型	3.2.1 能使用软件创建基本几何体 3.2.2 能使用软件的样条线工具制作简单造型 3.2.3 能使用软件创建多边形网格模型 3.2.4 能使用软件进行几何体的布尔、放样等运算 3.2.5 能导入、导出、合并不同格式的模型	3.2.1 几何体制作相关知识 3.2.2 线条工具相关知识 3.2.3 多边形建模工具相关知识 3.2.4 软件三维模型运算相关知识 3.2.5 三维模型管理相关知识
	3.3 制作材质	3.3.1 能命名、赋予、删除模型的材质 3.3.2 能链接不同类型贴图与材质通道 3.3.3 能使用软件对材质进行编辑	3.3.1 材质命名规则 3.3.2 材质通道和贴图属性相关知识 3.3.3 软件材质编辑器参数知识
	3.4 处理图像	3.4.1 能使用图像处理软件导入并修改图片基本参数 3.4.2 能使用图像处理软件拼接、裁切图片 3.4.3 能使用图像处理软件调整图片格式和颜色模式	3.4.1 计算机图像参数相关知识 3.4.2 图片拼合裁剪相关知识 3.4.3 图片格式相关知识 3.4.4 计算机颜色模式相关知识
	3.5 创建与渲染场景	3.5.1 能将三维模型、贴图等素材导入虚拟现实引擎及相关工具 3.5.2 能使用虚拟现实引擎及相关工具创建场景文件 3.5.3 能使用虚拟现实引擎及相关工具设置三维模型的 LOD 数值 3.5.4 能使用虚拟现实引擎及相关工具创建摄像机和修改相关参数 3.5.5 能使用虚拟现实引擎及相关工具创建、分类、管理各项美术资源	3.5.1 虚拟现实引擎及相关工具资源管理知识 3.5.2 LOD 相关知识 3.5.3 虚拟现实场景创建方法 3.5.4 虚拟相机使用知识
4.管理虚拟现实项目	4.1 对接项目需求	4.1.1 能根据团队既定计划收集市场目标信息 4.1.2 能根据与客户沟通反馈情况整理需求文档 4.1.3 能根据销售团队要求制作宣讲材料	4.1.1 市场调研知识 4.1.2 虚拟现实行业背景知识
	4.2 设计解决方案	4.2.1 能收集客户技术问题，并进行整理归纳 4.2.2 能参考已有的项目解决方案调整制定具体的解决方案	4.2.1 虚拟现实基础理论知识 4.2.2 虚拟现实行业应用知识
	4.3 管理项目进程	4.3.1 能根据项目计划跟踪项目进展 4.3.2 能与需求方保持沟通，及时反馈项目情况 4.3.3 能根据验收要求进行项目交付验收检查	4.3.1 项目管理基础知识 4.3.2 人员沟通和协调技巧

2. 中级

虚拟现实应用开发方向的职业功能包括搭建虚拟现实系统、开发虚拟现实应用、优化虚拟现实效果、管理虚拟现实项目;虚拟现实内容设计方向的职业功能包括搭建虚拟现实系统、设计虚拟现实内容、优化虚拟现实效果、管理虚拟现实项目(表7-2)。

表7-2　中级专业能力要求和相关知识要求

职业功能	工作内容	专业能力要求	相关知识要求
1. 搭建虚拟现实系统	1.1 搭建硬件系统	1.1.1 根据项目需求和虚拟现实硬件适用范围确认硬件选型方案 1.1.2 能依据现场环境和硬件配置清单制定工程实施方案 1.1.3 能针对多人系统制定组网规划方案 1.1.4 能根据现场施工情况进行故障处理指导 1.1.5 能通过现有设备集成的方式配置虚拟现实硬件系统	1.1.1 常见虚拟现实硬件现状及优缺点 1.1.2 组网规划知识
	1.2 部署软件系统	1.2.1 能根据应用需求制定虚拟现实软件部署方案 1.2.2 能根据硬件性能对虚拟现实软件进行配置和调优 1.2.3 能批量安装虚拟现实软件	1.2.1 软件系统备份还原知识 1.2.2 常见操作系统和平台的虚拟现实软件后台配置指令 1.2.3 应用软件批量安装知识
2. 开发虚拟现实应用	2.1 开发应用程序	2.1.1 能根据源代码级软件架构开发各功能模块接口 2.1.2 能根据流程图梳理代码逻辑,优化接口及功能模块 2.1.3 能对软件工程进行合并和迁移,实现不同工程之间代码的复用 2.1.4 能使用虚拟现实引擎及相关工具实现多人联网交互 2.1.5 能针对同一类型的功能需求开发虚拟现实引擎及相关工具通用插件 2.1.6 能接入除虚拟现实显示设备以外的其他虚拟现实外设	2.1.1 接口开发知识 2.1.2 程序流程图知识 2.1.3 工程代码管理知识 2.1.4 多人系统开发知识 2.1.5 虚拟现实引擎及相关工具插件开发知识 2.1.6 虚拟现实外设接口开发知识
	2.2 测试应用	2.2.1 能根据测试需求制定相应的测试用例 2.2.2 能根据测试需求开发测试脚本 2.2.3 能搭建多人系统测试环境,完成多人联网系统的测试	2.2.1 测试用例知识 2.2.2 测试脚本开发知识 2.2.3 多人联网软件测试知识
3. 设计虚拟现实内容	3.1 采集数据	3.1.1 能处理不同类型的原始数据 3.1.2 能修补点云数据,并转换为模型 3.1.3 能使用相机获取制作三维模型材质的参考图片 3.1.4 能修补正视/斜视拍摄数据,并转换为模型	3.1.1 原始数据处理方式 3.1.2 点云数据相关知识 3.1.3 材质参考图片制作方式 3.1.4 正视/斜视拍摄数据相关知识
	3.2 制作三维模型	3.2.1 能使用软件的各种修改器命令制作模型 3.2.2 能使用多边形建模工具制作硬表面模型 3.2.3 能制作三维模型中的高面数、高细节度模型 3.2.4 能使用拓扑工具制作低面数三维模型 3.2.5 能使用UV工具对模型进行UV展平及分配	3.2.1 软件修改器相关知识 3.2.2 硬表面模型制作知识 3.2.3 高低模制作知识 3.2.4 UV展开工具相关知识

职业功能	工作内容	专业能力要求	相关知识要求
3. 设计 虚拟 现实 内容	3.3 制作 材质	3.3.1 能针对不同模型规划和制作多维子材质 3.3.2 能使用贴图制作工具烘焙法线、高度、环境遮挡贴图 3.3.3 能使用贴图制作软件制作标准 PBR 流程材质贴图 3.3.4 能使用材质制作软件输出各引擎材质模板预设贴图	3.3.1 多维子材质制作知识 3.3.2 贴图烘焙知识 3.3.3 PBR 制作流程知识 3.3.4 虚拟现实引擎及相关工具材质标准相关知识
	3.4 处理 图像	3.4.1 能使用图像处理软件创建并调整图层、通道和蒙版 3.4.2 能使用图像处理软件完成选区、抠图、调色 3.4.3 能使用图像处理软件的画笔、钢笔工具绘制图像 3.4.4 能使用图像处理软件的图层叠加模式合成图像 3.4.5 能使用图像处理软件的滤镜功能进行图像编辑	3.4.1 图层、通道、蒙版使用知识 3.4.2 选区、抠图、调色相关知识 3.4.3 画笔、钢笔等绘制工具知识 3.4.4 图层叠加相关知识 3.4.5 滤镜功能使用知识
	3.5 创建 与 渲 染 场 景	3.5.1 能使用虚拟现实引擎及相关工具的地形编辑系统制作不同地形 3.5.2 能使用虚拟现实引擎及相关工具绘制不同地表和植被 3.5.3 能使用虚拟现实引擎及相关工具搭建各种类型的光照环境 3.5.4 能使用虚拟现实引擎及相关工具的材质编辑器绘制标准 PBR 材质效果 3.5.5 能使用虚拟现实引擎及相关工具烘焙静态光照效果 3.5.6 能使用虚拟现实引擎及相关工具的物理属性功能模拟风力、重力 3.5.7 能使用虚拟现实引擎及相关工具设置碰撞和可行走区域 3.5.8 能使用虚拟现实引擎及相关工具设置不同样式的天空盒	3.5.1 虚拟现实引擎及相关工具地形编辑器使用知识 3.5.2 虚拟现实引擎及相关工具地表和植被系统知识 3.5.3 虚拟现实引擎及相关工具光照系统知识 3.5.4 PBR 材质使用知识 3.5.5 静态光照贴图烘焙知识 3.5.6 虚拟现实引擎及相关工具物理模块使用知识 3.5.7 虚拟现实引擎及相关工具碰撞体相关知识 3.5.8 虚拟现实引擎及相关工具天空设置相关知识
	3.6 制作 特效	3.6.1 能使用虚拟现实引擎及相关工具制作特效材质 3.6.2 能使用虚拟现实引擎及相关工具的粒子特效系统调节粒子参数 3.6.3 能使用虚拟现实引擎及相关工具设置大气雾和指数雾等雾效	3.6.1 特效材质相关知识 3.6.2 粒子系统相关知识 3.6.3 雾效设置相关知识
	3.7 设计 用户界面	3.7.1 能使用图像处理软件绘制图标、按钮、滑杆等素材 3.7.2 能将用户界面图片素材切片并导入虚拟现实引擎及相关工具 3.7.3 能根据项目风格绘制不同类型的用户界面素材	3.7.1 图标绘制相关知识 3.7.2 图像素材导入/导出相关知识 3.7.3 用户界面风格化知识

续表

职业功能	工作内容	专业能力要求	相关知识要求
3. 设计虚拟现实内容	3.8 制作动画	3.8.1 能使用软件制作适配模型的骨骼系统 3.8.2 能使用软件对模型进行绑定、蒙皮等操作 3.8.3 能使用软件制作行走、跑步、跳等动作 3.8.4 能将动作数据分段导出和导入	3.8.1 骨骼绑定系统相关知识 3.8.2 蒙皮系统相关知识 3.8.3 人体动力学动画基础知识 3.8.4 关键帧制作相关知识 3.8.5 动作文件导入/导出相关知识
4. 优化虚拟现实效果	4.1 视觉表现	4.1.1 能针对美术表现需求编写相应着色器 4.1.2 能围绕美术内容制作相应插件和工具	4.1.1 三维建模软件使用知识 4.1.2 图像处理软件和材质制作软件使用知识 4.1.3 着色器、渲染管线等知识
	4.2 优化性能	4.2.1 能使用分析工具和数据表格分析内容选择优化性能的方案 4.2.2 能根据项目需求制定降低场景复杂度的方案	4.2.1 虚拟现实引擎及相关工具优化应用相关知识
5. 管理虚拟现实项目	5.1 对接项目需求	5.1.1 能向市场宣传、介绍典型项目案例 5.1.2 能与业务部门合作挖掘客户需求	5.1.1 市场推广知识 5.1.2 虚拟现实行业发展知识
	5.2 设计解决方案	5.2.1 能依据技术解决方案解答客户的技术咨询问题 5.2.2 能根据项目需求,在产品功能和技术架构相关技术文档的基础上调整和输出解决方案 5.2.3 能进行项目演示和项目方案讲解	5.2.1 虚拟现实技术体系知识 5.2.2 项目宣讲知识
	5.3 管理项目进程	5.3.1 能向团队成员传达项目策划案的内容,并协调各岗位之间的工作 5.3.2 能根据测试结果,组织人员对测试缺陷进行技术攻关 5.3.3 能结合业务情况组织项目交付	5.3.1 质量控制知识 5.3.2 项目交付知识
	5.4 指导与培训	5.4.1 能整理产品使用手册,组织使用人员参与操作培训 5.4.2 能依据技术培训材料,针对相关从业人员开展专业能力培训	5.4.1 产品使用手册编写方法 5.4.2 技术教学方法

3. 高级

虚拟现实应用开发方向的职业功能包括搭建虚拟现实系统、开发虚拟现实应用、优化虚拟现实效果、管理虚拟现实项目;虚拟现实内容设计方向的职业功能包括搭建虚拟现实系统、设计虚拟现实内容、优化虚拟现实效果、管理虚拟现实项目(表7-3)。

表 7-3　高级专业能力要求和相关知识要求

职业功能	工作内容	专业能力要求	相关知识要求
1.搭建虚拟现实系统	1.1 搭建硬件系统	1.1.1 能根据安全施工规范整体规划硬件设施安全方案 1.1.2 能根据硬件系统类型制定统一的施工要求 1.1.3 能根据不同硬件设施制定故障处理规范及流程 1.1.4 能对虚拟现实显示设备进行标准化测试 1.1.5 能搭建大范围增强现实交互环境 1.1.6 能使用增强现实设备,并集成增强现实硬件系统	1.1.1 信息系统安全施工规范 1.1.2 典型虚拟现实硬件系统知识 1.1.3 故障管理知识 1.1.4 虚拟现实硬件相关标准 1.1.5 大范围增强现实交互系统知识 1.1.6 增强现实设备标定、跟踪定位等基础知识
	1.2 部署软件系统	1.2.1 能根据权限安全规范审核源码,制定软件权限安全方案 1.2.2 能为软件开发部门提供整体规划软件开发、配置及扩展方案的意见 1.2.3 能根据软件特点制定软件升级策略 1.2.4 能根据调试结果制定软件部署优化方案	1.2.1 软件权限安全规范 1.2.2 虚拟现实应用开发基础知识 1.2.3 虚拟现实软件系统运营、升级知识 1.2.4 虚拟现实软件相关标准
2.开发虚拟现实应用	2.1 开发应用程序	2.1.1 能根据应用软件开发需求设计系统架构 2.1.2 能对软件最终效果进行优化,提升软件运行效率 2.1.3 能针对典型的业务需求提炼出相应的软件工程模板 2.1.4 能制定软件开发规范,统一项目组内的编程规范 2.1.5 能通过修改源码定制虚拟现实引擎及相关工具编辑器 2.1.6 能接入增强现实设备,定制开发增强现实应用程序	2.1.1 软件架构设计知识 2.1.2 软件优化知识 2.1.3 设计模式知识 2.1.4 软件开发相关标准 2.1.5 虚拟现实引擎及相关工具编辑器扩展相关知识 2.1.6 增强现实软件开发知识
	2.2 测试应用	2.2.1 能根据项目进度制订软件测试计划 2.2.2 能根据测试计划协调人力、设备等测试资源 2.2.3 能根据测试计划管控软件缺陷和软件配置 2.2.4 能根据性能需求进行系统深度性能优化测试	2.2.1 软件配置项管理知识 2.2.2 软件性能测试知识 2.2.3 软件测试相关标准
	2.3 与第三方系统的数据交互	2.3.1 能通过 TCP、UDP 等常用通信接口与第三方系统通信 2.3.2 能根据第三方系统数据格式制订通信协议	2.3.1 计算机网络数据通信知识 2.3.2 数据结构知识
3.设计虚拟现实内容	3.1 采集数据	3.1.1 能针对不同项目需求编辑原始数据 3.1.2 能使用全景相机进行全景视频数据采集 3.1.3 能对数据进行分类存储并制定相应调用方案 3.1.4 能采用先进数字角色采集技术进行数字人资产采集	3.1.1 数字资产调整相关知识 3.1.2 全景视频录制相关知识 3.1.3 数字资产类型管理相关知识 3.1.4 数字角色采集技术相关知识

职业功能	工作内容	专业能力要求	相关知识要求
3. 设计虚拟现实内容	3.2 制作三维模型	3.2.1 能使用数字雕刻软件制作复杂造型模型 3.2.2 能使用三维建模软件制作生物类型三维模型 3.2.3 能使用各种建模软件的插件制作特殊需求的三维模型 3.2.4 能设计制作 LOD 模型 3.2.5 能规划三维模型资产制作流程方案和规范标准	3.2.1 数字雕刻软件使用知识 3.2.2 生物模型制作要求 3.2.3 三维建模插件使用相关知识 3.2.4 LOD 模型设计制作相关知识 3.2.5 三维模型资产制作流程方案和规范标准制定相关知识
	3.3 制作材质	3.3.1 能制作水面材质并且表现出水面的反光和折射等属性 3.3.2 能制作具有次表面散射属性的材质 3.3.3 能制作具有自发光属性的材质	3.3.1 水面材质制作相关知识 3.3.2 次表面散射材质制作相关知识 3.3.3 自发光材质制作相关知识
	3.4 处理图像	3.4.1 能使用图像处理软件调整不同风格的图片 3.4.2 能使用图像处理软件调整和编辑法线、高度等类型的贴图 3.4.3 能使用图像处理软件对三维渲染图片进行后期加工 3.4.4 能使用图像处理软件制作虚拟现实项目宣传图片	3.4.1 图像风格化处理相关知识 3.4.2 法线、高度等类型贴图相关知识 3.4.3 图片后期处理相关知识
	3.5 创建与渲染场景	3.5.1 能使用虚拟现实引擎及相关工具搭建、编辑各种风格的场景 3.5.2 能使用虚拟现实引擎及相关工具进行后期处理 3.5.3 能使用虚拟现实引擎及相关工具管理和优化美术资源 3.5.4 能使用虚拟现实引擎及相关工具的材质编辑器制作复杂材质	3.5.1 三维场景风格化相关知识 3.5.2 虚拟现实引擎及相关工具后期处理模块相关知识 3.5.3 美术资源使用、管理和优化相关知识 3.5.4 虚拟现实引擎及相关工具材质系统相关知识
	3.6 制作特效	3.6.1 能使用虚拟现实引擎及相关工具模拟火焰、火光等特效 3.6.2 能使用虚拟现实引擎及相关工具模拟水面、瀑布、油等特效 3.6.3 能使用虚拟现实引擎及相关工具模拟爆炸、破碎等动态特效 3.6.4 能使用虚拟现实引擎及相关工具制作下雨、闪电、暴风雪等特效	3.6.1 火焰特效制作知识 3.6.2 液体特效制作知识 3.6.3 物理属性特效制作知识 3.6.4 天气系统制作知识
	3.7 设计用户界面	3.7.1 能设计静态交互界面和动态交互界面 3.7.2 能分析用户使用软件的习惯,并制定相应的用户界面方案	3.7.1 虚拟现实引擎及相关工具 UI 状态相关知识 3.7.2 用户体验与用户界面设计相关知识

职业功能	工作内容	专业能力要求	相关知识要求
3. 设计虚拟现实内容	3.8 制作动画	3.8.1 能使用虚拟现实引擎及相关工具分割、调用动画文件 3.8.2 能使用动作捕捉设备获取三维数据,并驱动动画 3.8.3 能规划项目动画方案	3.8.1 虚拟现实引擎及相关工具动画模块相关知识 3.8.2 动作捕捉设备相关知识 3.8.3 虚拟现实引擎及相关工具动画方案规划、脚本设计及制作知识
4. 优化虚拟现实效果	4.1 视觉表现	4.1.1 能根据项目需求制定模型、材质等素材的原型设计方案 4.1.2 能根据项目风格实现底层渲染管线搭建	4.1.1 计算机图形学相关知识 4.1.2 脚本语言编写知识
	4.2 优化性能	4.2.1 能制定美术内容制作指南和工作流程 4.2.2 能根据项目情况在美术表现和程序代码之间找到最适用的方案	4.2.1 实时渲染相关知识 4.2.2 计算机图形渲染软硬件工作原理
5. 管理虚拟现实项目	5.1 对接项目需求	5.1.1 能与业务部门合作引导客户需求 5.1.2 能挖掘行业普遍需求,提炼产品价值特征,整理竞品分析报告 5.1.3 能建立目标市场分析模型,对市场策略制定提出建议	5.1.1 系统需求分析知识 5.1.2 市场营销知识
	5.2 设计解决方案	5.2.1 能解决客户技术咨询难题,并提供技术解决方案 5.2.2 能根据产品功能设计和技术架构输出产品的配套文档,并根据项目需求有针对性地设计解决方案 5.2.3 能参与项目架构设计与产品设计,并提出建设性意见	5.2.1 虚拟现实系统架构分析知识 5.2.2 虚拟现实产品设计知识
	5.3 管理项目进程	5.3.1 能根据实际情况完成项目策划,并输出项目策划方案 5.3.2 能协调各方资源,整体管控项目进度和质量 5.3.3 能识别各种风险,处理项目生命周期内的各种突发状况	5.3.1 项目策划知识 5.3.2 风险管控知识 5.3.3 虚拟现实引擎及相关工具和项目源码安全审查相关知识
	5.4 指导与培训	5.4.1 能制定技术人员培训方案 5.4.2 能编写技术培训材料 5.4.3 能对相关从业人员开展专业能力指导培训	5.4.1 培训方案制定方法 5.4.2 技术培训材料编写方法

　　本《标准》以《人力资源社会保障部办公厅 市场监管总局办公厅 统计局办公室关于发布智能制造工程技术人员等职业信息的通知》(人社厅发〔2020〕17号)为依据,按照《国家职业技术技能标准编制技术规程》有关要求,坚持"以职业活动为导向,以专业能力为核心"的指导思想,在充分考虑科技进步、社会经济发展和产业结构变化对虚拟现实工程技术人员专业要求的基础上,以客观反映虚拟现实技术发展水平及其对从业人员的专业能力要求为目标,对虚拟现实工程技术从业人员的专业活动内容进行规范和细致的描述,明确了各等级专业技术人员的工作领域、工作内容以及知识水平、专业能力要求。

7.2 虚拟现实就业岗位

随着科技的飞速发展,虚拟现实技术已经逐渐渗透到人们生活的方方面面。从游戏娱乐到教育培训,从医疗健康到工业制造,VR技术正以其独特的魅力和强大的功能,为各行各业带来前所未有的变革。因此,虚拟现实技术专业的毕业生在就业市场上备受青睐,拥有广阔的发展前景。本节将为虚拟现实技术专业的学生提供全面的就业指导,帮助大家更好地规划职业生涯,迈向成功的未来。

7.2.1 虚拟现实行业概述与就业前景

1. 行业背景与发展

虚拟现实技术起源于20世纪60年代,经过几十年的发展,如今已进入爆发期。随着计算机硬件性能的提升、传感器技术的发展以及网络带宽的增加,VR技术不断突破瓶颈,实现了质的飞跃。当前,全球VR市场规模持续扩大,预计未来几年将保持高速增长。特别是在5G技术的推动下,VR应用将进一步拓展至更多领域,为行业发展注入新的活力。

2. 就业前景分析

随着VR技术的普及和应用,对具备专业技能和创新能力的虚拟现实人才的需求日益增长。根据市场调研数据显示,未来几年内,VR开发工程师、VR内容设计师、VR交互设计师等岗位将成为热门职业。此外,随着VR技术在教育、医疗、工业等领域的深入应用,相关领域的VR专业人才也将受到市场的热烈欢迎。因此,虚拟现实技术专业的毕业生在就业市场上具有极大的优势和竞争力。

1)市场需求持续增长

虚拟现实技术在多个领域的应用越来越广泛,包括游戏、教育、医疗、建筑、军事等。随着这些行业对虚拟现实技术需求的不断增加,市场对虚拟现实技术人才的需求量也在持续增长。

根据权威机构的数据,虚拟现实技术专业毕业生的薪酬呈现逐年增长的趋势,这进一步证明了该专业的就业前景广阔。

2)就业方向多样化

虚拟现实技术专业的毕业生可以选择从事虚拟现实开发与应用工作,例如VR游戏开发工程师、VR应用程序设计师等。这些岗位需要毕业生具备扎实的编程基础和创新思维,能够开发出具有吸引力的虚拟现实产品或应用。

毕业生还可以选择从事教育虚拟现实应用的设计与开发工作,为教育机构提供更加生动、直观的教学辅助工具。此外,在医疗领域,虚拟现实技术也展现出了巨大的潜力,毕业生可以从事医疗模拟系统的开发等工作。

建筑行业也是虚拟现实技术专业毕业生的重要就业方向之一。虚拟现实技术可以模拟建筑物的真实效果,帮助设计师更好地展示设计效果。

除了以上几个主要的就业方向外,虚拟现实技术专业的毕业生还可以根据自己的兴趣和能力选择其他领域进行发展,如旅游、工业仿真等。

3)政策支持与产业发展

国家高度重视虚拟现实技术在各行业的应用。早在2016年,我国就在《“十三五”国家信息化规划》中明确提出“加强虚拟现实技术基础研发与前沿布局”。随着一系列政策文件的出台,虚拟现实技术得到了更多的支持和推动。

随着 5G、大数据、人工智能等技术的不断成熟,虚拟现实技术迎来了新的发展机遇。据预测,虚拟现实与文化娱乐、医疗健康、工业生产、教育培训等领域的结合将开启千亿级的市场规模。

4) 个人发展与挑战

虚拟现实技术专业不仅为毕业生提供了广阔的就业空间,还为他们的个人发展提供了更多的可能性。毕业生可以通过不断学习和提升自己的技能水平,在虚拟现实技术领域取得更高的成就。

然而,虚拟现实技术领域也面临着一些挑战,如技术更新迅速、市场竞争加剧等。因此,毕业生需要保持持续学习的态度,不断提升自己的竞争力和适应能力。

综上所述,虚拟现实技术专业的毕业生就业前景广阔,就业方向多样化。随着技术的不断发展和应用的扩大,虚拟现实技术领域的就业前景将更加乐观。

7.2.2　虚拟现实技术专业就业岗位与职责

虚拟现实技术通过计算机生成逼真的三维环境,用户可以通过头戴式显示器(如 Oculus Rift、HTC Vive)和控制器与这些虚拟世界进行互动。与传统的屏幕体验不同,VR 创造了一种沉浸式体验,用户能够"进入"虚拟世界并与其互动。随着硬件技术的改进和软件开发工具的进步,VR 正从游戏和娱乐领域拓展到多个行业的实际应用。

1. VR 技术应用的主要行业

(1) 游戏与娱乐:VR 最早在游戏领域取得了成功,通过提供高度沉浸式的游戏体验,VR 游戏逐渐获得了大量玩家的青睐。游戏公司(如 Valve、Oculus Studios 等)正不断推动 VR 游戏的前沿发展。

(2) 医疗保健:VR 技术用于模拟手术、心理治疗(如治疗恐惧症和创伤后应激障碍)以及物理康复训练。VR 的沉浸特性为病患和医护人员提供了全新的训练与治疗手段。

(3) 教育与培训:VR 使得复杂的概念、操作训练或危险场景的模拟成为可能,如用于飞行员培训、医学生的解剖学习和工业安全培训等。

(4) 建筑与设计:VR 可以帮助建筑师和设计师展示建筑模型,让客户在建造前就可以"走进"建筑,体验空间布局并提出修改意见。

2. 主要就业岗位

对于本科生而言,虚拟现实技术专业提供了多样化的就业岗位。以下是一些主要的就业方向及岗位。

1) 技术类岗位

(1) VR 程序员/开发工程师:参与虚拟现实产品的设计、开发和测试工作,负责编写和维护虚拟现实应用程序的代码。

(2) VR 交互工程师:专注于设计用户与虚拟环境之间的交互方式,提升用户体验。

(3) VR 3D 建模师:负责创建虚拟现实场景中的三维模型,为虚拟现实应用提供逼真的视觉效果。

(4) VR 特效师:为虚拟现实应用添加特效,如光影效果、粒子效果等,增强应用的视觉冲击力。

(5) VR 后期制作:处理虚拟现实视频的后期剪辑、合成和特效添加等工作。

(6) VR 引擎应用工程师:掌握虚拟现实引擎(如 Unity、Unreal Engine 等)的应用,从事游戏开发、影视制作、教育培训等多个领域的相关工作。

2）内容制作类岗位

（1）游戏开发工程师：在游戏公司从事 VR 游戏的策划、设计、编程和测试等工作。

（2）影视制作人员：参与 VR 电影的拍摄、制作和后期处理等工作，为影视行业提供虚拟现实内容支持。

（3）教育培训内容开发者：在教育机构从事 VR 教学资源的开发和应用工作，利用虚拟现实技术提升教学效果。

3）设计类岗位

（1）虚拟现实产品设计师：负责虚拟现实产品的整体设计和规划，确保产品符合用户需求和市场趋势。

（2）UI/UX 设计师：为虚拟现实应用设计用户界面和用户体验，提升应用的易用性和吸引力。

4）其他相关岗位

（1）虚拟现实产品销售与市场营销：负责虚拟现实产品的市场推广、销售和客户支持等工作。

（2）虚拟现实技术支持与咨询：为客户提供虚拟现实技术的解决方案和技术支持，解决客户在使用过程中遇到的问题。

（3）软硬件系统搭建与维护：负责虚拟现实系统的软硬件搭建、配置和维护工作，确保系统的稳定运行。

此外，随着虚拟现实技术的不断发展和普及，越来越多的行业开始应用虚拟现实技术，如医疗、房地产、军事等。因此，虚拟现实技术专业的毕业生还可以在这些行业中找到适合自己的就业岗位。

总的来说，虚拟现实技术专业为本科生提供了广阔的就业前景和多样化的就业岗位。毕业生可以根据自己的兴趣和专长选择合适的岗位，并在工作中不断学习，提升自己的技能水平。同时，随着虚拟现实技术的不断发展和创新，未来还将涌现出更多就业机会和新的岗位。

3. 岗位职责与要求

对于每个岗位，其具体职责和所需技能各有不同。以 VR 开发工程师为例，其职责主要包括：

- 参与 VR 项目的需求分析和方案设计；
- 负责 VR 场景的搭建和角色模型的创建；
- 实现 VR 产品的交互逻辑和功能模块；
- 对 VR 产品进行调试和优化，提高用户体验；
- 编写相关技术文档和测试报告。

为了胜任这一岗位，学生需要具备扎实的编程基础、良好的逻辑思维能力和创新精神。同时，熟悉 Unity3D、Unreal Engine 等主流 VR 开发引擎也是必需的技能之一。

7.2.3　虚拟现实技术专业就业准备与技巧

1. 知识储备与技能提升

作为虚拟现实技术专业的学生，在校期间应深入学习相关课程，掌握扎实的理论基础。同时，还要通过实践项目、实习等方式提升实际操作能力，积累项目经验。此外，还应关注行业动态和技术发展趋势，了解最新的 VR 技术和应用领域。

2. 简历制作与面试技巧

简历是求职过程中的重要敲门砖。在制作简历时,要突出自己的专业能力和实践经验,简洁明了地展示自己的优势。在面试过程中,要保持自信大方、积极沟通的态度,充分展示自己的专业知识和技能水平。同时,注意着装得体、仪态端庄,给面试官留下良好的第一印象。

3. 职业素养与团队合作

职业素养和团队合作精神在职场中至关重要。作为即将步入社会的大学生,应培养良好的职业道德、沟通能力和团队协作能力。在工作中要尊重他人、积极沟通、互相支持,共同完成任务目标。同时,要保持持续学习和创新的精神,不断提升自己的专业素养和综合能力。

7.2.4　虚拟现实技术专业就业资源与途径

1. 就业信息获取渠道

学生可以通过多种渠道获取就业信息。首先,可以关注学校的就业指导中心和招聘网站,了解最新的招聘信息和行业动态。其次,可以利用社交媒体平台建立人脉关系,与行业内的专家和企业建立联系。此外,还可以参加各类招聘会和行业交流活动,与企业面对面交流并了解行业最新动态。

2. 校园招聘与实习机会

学校通常会组织校园招聘活动,邀请企业来校宣讲并招聘优秀毕业生。学生应积极参加这些活动,了解企业文化和招聘需求,争取获得实习或就业机会。同时,利用寒暑假等时间参加实习也是非常重要的。通过实习可以积累实际工作经验、提升专业技能并拓展人脉资源。

3. 行业交流与人脉拓展

参加虚拟现实技术相关的行业交流活动和学术会议是拓展人脉资源的好机会。在这些活动中,可以结识业内人士,了解行业最新动态并学习先进的技术和管理经验。此外,还可以加入相关的行业协会或社群组织,与志同道合的人一起交流学习并分享经验心得。

7.2.5　虚拟现实技术专业职业规划与发展

1. 短期职业规划

对于刚刚步入职场的虚拟现实技术专业的毕业生来说,制定一个明确的短期职业规划非常重要。首先需要根据自己的兴趣和优势选择一个适合自己的岗位并努力提升自己的专业能力,同时在工作中要不断学习和成长,积累实践经验并拓展自己的人际关系网络,为未来的职业发展打下坚实的基础。

2. 长期职业发展

在长期职业发展中,虚拟现实技术专业的毕业生需要关注行业趋势和技术变革,不断调整和完善自己的职业规划。一方面要不断学习新技术和新知识以保持自己的竞争力;另一方面要积极参与项目实践以锻炼自己的项目管理和团队协作能力,逐步成长为行业内的专家和领军人物。同时,要关注跨学科领域的融合,探索虚拟现实技术在更多领域的应用前景,为自己的职业发展开辟更广阔的空间。

7.2.6　结语

虚拟现实技术作为一个充满无限可能的领域,为从业者提供了广阔的舞台和发展空间。作为即将步入社会的虚拟现实技术专业的毕业生,我们应该珍惜机遇,努力学习,不断提升自己的专业素养和实践能力,以适应不断变化的行业需求。同时,要保持敏锐的市场洞察力和创新精神,积极探索新的应用场景和技术解决方案,为虚拟现实行业的发展贡献自己的力量。相信在未来的日子里,我们将共同见证虚拟现实技术的蓬勃发展,并在其中找到属于自己的价值和意义。

7.3 虚拟现实行业发展概况和前景

视频7-3 虚拟现实技术专业就业指导

7.3.1 虚拟现实行业发展概况

1. 全球虚拟现实行业概况

全球虚拟现实行业市场规模持续扩大,潜力巨大,处于开发中,全球 VR 市场规模接近千亿,AR 与内容应用成为首要增长点。据 IDC 等机构统计,2020 年全球 VR 市场规模约为 900 亿元人民币(VR 市场 620 亿元,AR 市场 280 亿元)。2020—2024 年全球 VR 产业规模年均增长率约为 54%,其中 VR 增速约为 45%,AR 增速约为 66%。2024 年两者份额均为 2400 亿元人民币。从产业结构看,终端器件市场规模占比位居首位,2020 年规模占比逾四成。随着传统行业的数字化转型与信息消费升级等的常态化,内容应用市场将快速发展,2024 年市场规模超过 2800 亿元。

2. 我国虚拟现实行业发展概况

我国虚拟现实市场规模在过去几年呈现持续增长的趋势。据预测,我国 VR 市场在 2024—2029 年将继续保持较快的增长速度。全球范围内,虚拟现实市场规模预计将以年均复合增长率(CAGR)37.71% 的速度增长,至 2028 年达到 4724.98 亿元人民币。这一增长得益于消费者对 VR 技术认知度的提高、VR 设备价格的下降以及技术的不断进步。同时,我国对 VR 产业扶持力度大,在各地建有 VR 产业基地、VR 产业园,如南昌 VR 产业基地、福建虚拟现实产业基地、光谷 VR/AR 产业基地等。我国政府对虚拟现实行业给予了高度关注和支持,近年来,各级政府相继出台多项政策措施,旨在推动虚拟现实技术的研发、人才培养和产业化进程。相关政策重点如下。

- 技术创新:鼓励企业加大研发投入,推动关键技术的突破。
- 人才培养:设立专项基金支持虚拟现实相关的教育培训项目。
- 产业生态建设:扶持虚拟现实产业园区,促进上下游产业链的协同发展。
- 市场准入与监管:简化市场准入流程,加强市场监管,保护消费者权益。

7.3.2 虚拟现实行业发展前景

随着技术的不断成熟和应用场景的扩展,虚拟现实市场规模将持续扩大。

(1)技术创新与应用深化。5G、人工智能、大数据、云计算等技术的加速发展为虚拟现实产业带来了新的机遇。这些技术的进步显著提升了硬件设备的性能并降低了成本,使得虚拟现实体验更加真实和自然。例如,随着 5G 及 6G 的高带宽、低时延特性的普及,未来虚拟现实设备的应用场景将更加广泛,包括超高清流媒体、室外场景应用等。预计未来将出现更多基于 5G、AI 等先进技术的虚拟现实应用,为用户提供更加沉浸式的体验。

(2)内容生态丰富化。内容创作将成为推动行业发展的关键因素之一,多样化的 VR 内容将吸引更多用户。

(3)跨界融合加速。虚拟现实技术已经在多个领域得到应用,如娱乐、教育、医疗、工业等。在娱乐领域,虚拟现实游戏已经成为一种新型的游戏方式,吸引了大量年轻用户关注。在教育领域,虚拟现实技术为远程教育和职业技能培训提供了全新的解决方案,提高了学习效率和体验。在医疗领域,虚拟现实技术用于手术模拟和康复训练,为医疗行业的发展带来了新的机遇。虚拟现实技术在教育、医疗、房地产等多个领域的应用将不断深化,与传统产业的融合将进一步加速。

(4)硬件设备轻量化与便携化。随着技术的进步,VR设备将更加轻便、舒适,从而优化用户体验。

(5)政策支持力度加大。政府将继续出台相关政策,为虚拟现实企业提供更多的支持和优惠条件。近年来,我国政府出台了一系列政策,鼓励虚拟现实产业的发展与创新,例如《电子信息制造业2023—2024年稳增长行动方案》提出要落实《虚拟现实与行业应用融合发展行动计划(2022—2026年)》,推动虚拟现实产业核心技术创新能力的提升。预计到2025年,我国虚拟现实产业整体实力将进入全球前列。

虚拟现实行业正处于快速发展阶段,市场规模不断扩大,竞争格局日趋复杂。目前,全球虚拟现实行业的企业主要分布在头戴设备显示、输入及反馈设备、全景摄像设备、内容制作和行业应用领域。国内外企业纷纷通过投资和合作开发等形式打破软硬件、渠道和内容之间的壁垒,构造VR生态闭环。例如,Meta、Pico等企业在虚拟现实市场上占据了较大份额,推动了市场的进一步发展。面对全球市场的挑战和机遇,虚拟现实企业需要不断创新技术,紧跟政策导向,加强跨行业合作,以实现可持续发展。

虚拟现实市场需求旺盛,市场规模持续扩大,未来发展前景广阔。根据IDC的数据,2023年全球AR/VR设备出货量约为1010万台,2024年达1090万台。我国市场在全球虚拟现实市场中占据重要地位,预计到2029年,我国虚拟现实行业市场规模或超过500亿元。

综上所述,虚拟现实行业在未来具有广阔的发展前景。随着技术的不断进步、应用领域的不断扩展以及政策支持的持续加码,虚拟现实技术将在更多领域得到应用,为人们带来更加丰富多彩的生活体验和工作方式。然而,行业的发展也面临一些挑战,如硬件设备的成本仍然较高、用户体验需要进一步提升等。因此,虚拟现实行业需要在不断创新和提升自身实力的同时,积极应对市场变化和技术挑战,以实现可持续发展。

小结

本章从虚拟现实职业标准、虚拟现实就业岗位、虚拟现实行业发展前景三方面对本专业学生进行了就业指导。通过本章的学习,读者应重点掌握以下内容。

1. 了解虚拟现实技术专业的职业标准。
2. 了解虚拟现实技术专业的就业岗位与要求。
3. 了解虚拟现实技术行业的发展前景。

习题

论述题(不少于3000字):
请对自己未来的职业进行规划和论述。